SiCp/石墨烯增强铝基复合材料及其制备技术

杜晓明 刘凤国 王承志 曹磊 著

SiCp/ Graphene Reinforced
Aluminum Matrix Composite and
Its Preparation Technology

化学工业出版社

·北京·

内容简介

本书主要针对 SiCp（SiC 颗粒）和石墨烯增强铝基复合材料的制备技术及结构和性能进行了全面系统的介绍，进而指出具有高比强度、高比模量和良好的减摩性与高导热性的石墨烯增强铝基复合材料对工程装备与结构轻量化的重要科学意义和工程应用价值。内容涵盖了 SiCp、石墨烯以及二者混杂增强的铝基复合材料的多种制备技术、界面微观结构表征、力学性能和磨损性能测试以及相关的数值模拟等多个方面的最新研究成果。重点介绍从单一 SiCp、石墨烯到二者混杂增强纯铝基、7075 铝合金和 2024 铝合金基体复合材料的制备技术及其结构与性能的演化规律。同时结合数值模拟技术对铝基复合材料的界面复合机理、服役过程中的变形行为和损伤破坏机理进行分析。

本书可作为金属基复合材料开发和应用的科技人员和工程技术人员的参考书，也可用作全国高等学校与科研院所金属基复合材料相关专业的研究生教材。

图书在版编目（CIP）数据

SiCp/石墨烯增强铝基复合材料及其制备技术/杜晓明等著
. —北京：化学工业出版社，2022.12
ISBN 978-7-122-42361-0

Ⅰ. ①S⋯　Ⅱ. ①杜⋯　Ⅲ. ①铝基复合材料　Ⅳ. ①TB333.1

中国版本图书馆 CIP 数据核字（2022）第 189501 号

责任编辑：韩庆利　　　　　　　　　　　文字编辑：姚子丽　师明远
责任校对：李　爽　　　　　　　　　　　装帧设计：刘丽华

出版发行：化学工业出版社（北京市东城区青年湖南街 13 号　邮政编码 100011）
印　　装：涿州市般润文化传播有限公司
787mm×1092mm　1/16　印张 15　字数 330 千字　2022 年 12 月北京第 1 版第 1 次印刷

购书咨询：010-64518888　　　　　　　　售后服务：010-64518899
网　　址：http://www.cip.com.cn
凡购买本书，如有缺损质量问题，本社销售中心负责调换。

定　　价：78.00 元

前　言

　　我国新型装备和工业产品减重节能的技术需求以及国家节能减排和可持续发展的战略需求，对结构材料提出了更轻质、更高性能的发展要求，而广泛应用复合材料是实现轻量化的一个有效途径。相比于传统增强体（包括陶瓷颗粒、碳纤维、碳纳米管等），石墨烯具有更低的密度，更高的比模量、比强度、热导率、电导率以及低的热膨胀系数，因此石墨烯自诞生起就被认为是一种非常有前途的增强体。与轻质的铝/镁合金复合，在提高其力学性能的同时，可以显著提高基体合金的电导率、热导率，将会成为电力输送、电子封装和抗磨减摩材料的首要选择，在航空航天、国防军事、先进装备和高端制造行业等领域将有重要应用价值。

　　近年来石墨烯增强铝基复合材料的研究不断取得突破性进展，充分展示了其在理论研究和实际应用领域的巨大潜力和发展前景，引起了科研工作者的广泛关注。然而该领域的研究仅处于起步阶段，在石墨烯增强铝基复合材料的制备、成型加工、性能和界面微结构表征中还存在很多亟待解决的问题，如对石墨烯与铝合金基体间的界面润湿行为的调控机理认识不够清楚，石墨烯片结构的各向异性对铝合金基体的力学性能和物理性能的影响规律研究并不充分，石墨烯增强铝基复合材料的制备和成型工艺有待于进一步优化。

　　全书共 7 章：第 1 章介绍了石墨烯增强铝基复合材料的研究现状、应用领域及发展趋势；第 2 章介绍了增强体表面改性的主要工艺过程以及应用；第 3 章介绍了 SiCp 增强铝基复合材料的制备技术、结构和性能；第 4 章介绍了石墨烯增强铝基复合材料的制备技术以及影响复合材料组织和性能的主要因素；第 5 章介绍了纳米相混杂增强铝基复合材料制备实现过程中两种途径的研究成果，进而深入探究复合增强相增强铝基复合材料的协同作用机制；第 6 章研究石墨烯增强铝基复合材料的热轧制变形、热压缩变形以及高应变冲击压缩变形对复合材料组织和力学性能的影响规律，阐明石墨烯增强铝基复合材料在动/静态载荷下的变形行为和损伤机制；第 7 章采用数值模拟技术研究复合材料在动态载荷下的变形行为及损伤机制。同时对不同影响因素下铝基复合材料的导热性能进行研究，揭示复合材料的导热机制。本书基于笔者及其团队的科研工作，是在笔者指导的硕士生郑凯峰、齐浩天、郭爽、房官尚的四份硕士论文基础上，结合理论和实验两方面，进行的开拓性研究。笔者及其团队已陆续在国内外刊物上发表论文 20 余篇，其中被 SCI 收录 15 篇。

　　此外，本书也指出了石墨烯增强铝基复合材料在复合界面设计、性能调控和未来工程化应用方面的发展趋势，为广大读者提供开发新型高性能铝基复合材料的设计思路。笔者期望本书能对高等院校复合材料专业领域的学生和科技工作者起到借鉴作用。

　　本书由杜晓明教授统稿定稿，各章的编写人员如下：

　　第 1 章、第 4 章、第 5~7 章：杜晓明、刘凤国；第 2 章和第 3 章：杜晓明、曹磊。

　　本著作撰写过程中，沈阳理工大学王承志教授提供了许多实验数据，并完成了全稿的审阅，在此表示诚挚的感谢。硕士生石亚宁、王雪、卢志轩、马雪在本书的编写、素材整理和校核等方面做了许多工作，在此表示衷心的感谢。

　　本著作的出版得到了沈阳理工大学材料成型及控制工程国家级"一流专业"建设经费、2020年辽宁省创新人才支持计划和2020年沈阳市中青年科技创新人才支持计划（RC200355）的资助，在此表示感谢。

　　由于笔者水平有限，不足之处在所难免，敬请同行专家学者和广大读者批评指正和不吝赐教。对此笔者将非常感谢。

　　最后，请允许笔者也对家人的全力支持和关心表示衷心感谢，因为他们的无私奉献，本书得以顺利完成。

笔者

于沈阳理工大学

目　录

1

绪　论

1.1　铝基复合材料概论

伴随着现代科学技术的快速发展，人们对材料性能的要求也不断提高，不仅希望材料具有优异的力学性能，并且某些特殊性能和良好的综合性能也是人们所期待的。而单一的工程材料已经很难满足这些方面的要求，因此人们设法采用一些可能的工艺将两种或两种以上物理及化学性质、组织结构不同的物质结合在一起，从而形成一类新的多相材料，也就是所谓的复合材料。

复合材料按照基体材料可分为金属基复合材料、树脂基复合材料、陶瓷基复合材料、碳/碳复合材料以及水泥基复合材料等。

复合材料是由有机高分子、无机非金属或金属等几类不同材料通过复合工艺组合而成的新型材料。它与一般材料的简单混合有本质区别，既保留原组成材料的重要特色，又通过复合效应获得原组分所不具备的性能。可以通过材料设计使原组分的性能相互补充并彼此关联，从而获得更优越的性能，因此复合材料在材料的研究和应用中占据非常重要的地位，在工业生产和工业产品中的比例越来越高，起到的作用也越来越突出。

1.1.1　铝基复合材料定义

金属基复合材料（metal matrix composite，MMC）一般是以金属或合金为基体，并以纤维、晶须、颗粒等为增强体的复合材料。主要有以高性能增强纤维、晶须、颗粒等增强的金属基复合材料，金属基体中反应自生增强复合材料，层板金属基复合材料等品种。这些金属基复合材料既保持了金属本身的特性，又具有复合材料的综合特性。通过不同基体和增强物的优化组合，可获得各种高性能的复合材料，其具有各种特殊性能和优异的综合性能。

金属基复合材料按基体材料类型分类，有铝基、镁基、锌基、铜基、铅基、镍基、耐热金属基、金属间化合物基等复合材料。

其中，铝基复合材料（aluminium metal matrix composite）是指基体材料为铝或铝合金的一类金属基复合材料，是金属基复合材料中应用最广的一种。由于铝合金基体为面心立方结构，因此具有良好的塑性和韧性，再加之它所具有的易加工性、工程可靠性及价格低廉等优点，为其在工程上应用创造了有利的条件。在制造铝基复合材料时通常并不是使用纯铝而是用各种铝合金。这主要是由于与纯铝相比铝合金具有更好的综合性能，至于选择何种铝合金作为基体，则往往根据对复合材料的性能需要来决定。

1.1.2 铝基复合材料分类

铝基复合材料是以铝或者铝合金为基体，并用其他材料（主要是陶瓷，如 SiC、Al_2O_3、B_4C、TiB_2 等）进行增强的金属基复合材料。陶瓷材料或纤维材料是目前铝基复合材料常用的增强体，铝基复合材料按照增强体类型可分为连续纤维增强铝基复合材料和非连续增强铝基复合材料两大类。

连续纤维增强铝基复合材料指的是长纤维增强铝基复合材料，纤维比较长而且是主要的承力组元。长纤维在沿轴方向上有很高的弹性模量以及强度，因此纤维增强的铝基复合材料具有很高的韧性和强度。然而由于连续纤维增强的铝基复合材料具有明显的各向异性，并且增强体材料价格比较高，制备工艺相对复杂，因而目前主要应用于一些高性能材料的制备。碳纤维、Al_2O_3 纤维、B 纤维、SiC 纤维等是目前主要应用的几种连续纤维增强体[1,2]。

对于非连续增强铝基复合材料，根据增强体形态的不同又可分为短纤维/晶须增强和颗粒增强两种。按照复合材料的一些相关理论，对于非连续增强复合材料，金属基体在承受外力载荷时通常起主导作用。非连续增强铝基复合材料加入增强体是利用增强体材料的尺寸稳定性、热稳定性、高硬度以及钉扎效应来弥补金属基体的不足，从而使复合材料拥有高耐磨性、高弹性模量、高硬度、高强度等特性。

短纤维/晶须增强体主要有 BN、Al_2O_3、C、硅酸铝等，长度一般为几毫米。颗粒增强体主要有 SiC、Al_2O_3、TiB_2、TiC、AlN、BN、Si_3N_4、B_4C、MgO、ZrC、ZrO_2 等[3]，增强颗粒的纵横比通常小于 5。增强体制备技术的快速发展，特别是短纤维和颗粒增强体材料制备工艺的提高，使得非连续增强铝基复合材料的应用和研究均得到了较快的发展。

图 1-1 所示为不同增强体类型的铝基复合材料中增强体的形态及分布示意图。

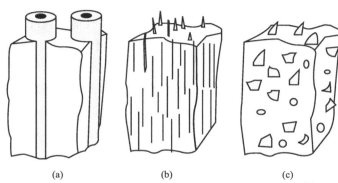

(a)　　　　　　　　(b)　　　　　　　　(c)

图 1-1 铝基复合材料中增强体的形态及分布示意图 [1]

（a）纤维增强；（b）短纤维/晶须增强；（c）颗粒增强

不同增强体的性质和类别决定了铝基复合材料的类别，对铝基复合材料最终性能获得和表现至关重要，对铝基复合材料增强材料的要求通常如下：

- 低密度；
- 机械兼容性（热膨胀系数低，但适合于基体）；
- 化学兼容性；
- 热稳定性；
- 高弹性模量；
- 高压缩和拉伸强度；
- 良好的加工性能；
- 经济效益。

这些要求只能通过使用非金属无机增强材料来实现，通常使用陶瓷颗粒、陶瓷纤维或碳纤维。最终使用何种陶瓷增强材料取决于选定的基体合金和预期应用的需求概况。

表1-1总结了颗粒增强铝基复合材料常用的增强颗粒材料的性能。增强颗粒的几何形状是多种多样的，可以是球形、块状、片状或针状等。

▫ 表1-1 铝基复合材料常用增强颗粒性能

复合材料	SiC	Al_2O_3	AlN	B_4C	TiB_2	TiC	BN
晶体类型	六方	六方	六方	菱方	六方	立方	六方
熔点/℃	2300	2050	2300	2450	2900	3140	3000
杨氏模量/GPa	480	410	350	450	370	320	90
密度/(g/cm³)	3.21	3.9	3.25	2.52	4.5	4.93	2.25
热导率/[W/(m·K)]	59	25	10	29	27	29	25
莫氏硬度	9.7	6.5		9.5			1.0~2.0
热膨胀系数/10⁻⁶K⁻¹	4.7~5.0	8.3	6.0	5.0~6.0	7.4	7.4	3.8

近年来，一类新的非连续增强添加相以新型碳质纳米材料的形式出现，即碳纳米管、富勒烯和石墨烯。当将这些增强材料加入纯铝或铝合金基体中时，它们不仅提高了基体金属的物理和力学性能，还增加了多种功能性能，如导热、导电性能，表面自润滑等[4,5]。

1.1.3 铝基复合材料研究现状

金属基复合材料由于具有高的比强度、高的比模量、耐高温、耐磨损以及热膨胀系数小、尺寸稳定性好等优异的物理性能和力学性能得到了令人瞩目的发展，成为各国高新技术研究开发的重要领域。

金属基复合材料中被研究最多和最主要的复合材料是铝基复合材料。铝是当今世界上第二种使用十分广泛的金属，仅次于铁。它具有低密度（2.7g/cm³），同时具备优异的可塑性、耐腐蚀性，拥有良好的物理性能和力学性能。铝基复合材料作为金属基复合材料的一部分，具有高比模量、高比强度、低热膨胀系数的特点，同时具备较好的力学性能和耐磨性能，展现出了良好的应用前景，一直都是研究的热点。其研究开始于20世纪50年代，各国在研发上都投入了大量的人力物力，近年来无论从理论上还是技术上都取得了较大进步。

目前开发的铝基复合材料有连续纤维增强的也有颗粒或晶须增强的，主要有 SiC/Al、B/Al、BC/Al、Al_2O_3/Al 等，其中，SiC/Al 和 B/Al 复合材料发展最快，目前美国能制造各种型材、管材等，这些材料用于航空器上，可使质量减小。铝基复合材料已经应用于制造战斗机、直升机等的机翼、方向舵、襟翼、机身及蒙皮等部件[6,7]。

我国较全面地开展了铝基复合材料方面的研究工作，包括纤维增强、颗粒增强、层压复合、喷射沉积和原位生成等方面的研究，取得了较大进展，正走向实用。在国内，采用压力铸造高体积分数 SiCp/Al 复合材料制作基座替代 W-Cu 基座、封装微波功率器件，有望在封装领域大量替代 W-Cu、Mo-Cu 等材料。

在强化机制与制备加工研究基础上，铝基复合材料的研制水平逐渐成熟。通过多年研究积累，我国在铝基复合材料性能与研制能力方面获得了重要突破，几种典型铝基复合材料（如 SiCp/Al、Al_2O_3/Al）正逐渐获得航空航天、交通运输及电子仪表等领域的认可。今后，随着研究水平稳步提高以及新型复合材料的研发，铝基复合材料有望在更多领域得到应用。

铝基复合材料中，非连续增强铝基复合材料的研究已有五十余年的历史，近年来更是发展迅速。其品种有碳化硅、碳化硼、氧化铝等颗粒和晶须增强铝基复合材料、短纤维增强铝基复合材料等。它们具有比强度高、比模量高、耐磨性好、热导率高、热膨胀系数低等优异性能，特别是它的可设计性好。人们可以通过对增强颗粒的种类、含量、尺寸、形状以及铝合金基体的优化选择，来获得各种不同的性能，从而满足各种实用构件的性能要求。

纵观国内外，对铝基复合材料的应用研究方面，主要集中在 SiC 颗粒（SiCp）增强铝基复合材料，并且取得了很大的成就。SiC 颗粒增强铝基复合材料强度高、耐磨性超强、耐腐蚀性能好，可以广泛用于航空航天制造和汽车机械业。进入21世纪，关于 SiC 颗粒增强铝基复合材料的研究工作更是如火如荼地开展，SiC 颗粒增强铝基复合材料成为近年来在世界范围内发展最迅速、应用前景最广的一类颗粒增强金属基复合材料。

这种新型铝基复合材料密度仅为钢的1/3，但比强度比纯铝和中碳钢都高，具有极强的耐磨性，可以在300～350℃的高温下稳定工作，其中颗粒含量可在0～75%范围内变化，如用于高性能结构件或耐磨构件，可选择体积分数为10%～20%的碳化硅颗粒增强铝合金复合材料，而应用于高集成度电子器件底板、空间探测用光学反射镜，则可选用体积分数为60%～75%的碳化硅颗粒增强铝基复合材料，它们具有很高的模量、高热导率和低的热膨胀系数。另外，可采用传统的金属成型加工设备和方法，如挤压、轧制、锻造、精密铸造等进行加工成型，制造成本低，适合批量生产，因此，在航天、电子信息、核能、先进武器、现代交通等高技术领域有着广泛的应用前景。被美国、日本和德国等发达国家应用于汽车发动机活塞、齿轮箱、飞机起落架、高速列车以及精密仪器的制造等，并形成市场化的生产规模。

1.2 SiCp/石墨烯增强铝基复合材料的制备技术

1.2.1 主要制备技术分类

铝基复合材料的制备技术有很多种，它们都具有各自的特点，本书主要关注和介绍的是颗粒增强铝基复合材料的主要制备技术。总的来说，较成熟的颗粒增强铝基复合材料制备技术主要可以分为两大类，一类是固相过程，一类是液相过程。

固相过程的制备技术主要有粉末冶金法、扩散连接和搅拌摩擦焊等，其中粉末冶金工艺路线又包括传统的粉末混合、烧结和热压，机械合金化和烧结，冷/热等静压以及放电等离子烧结等。

液相过程的制备技术主要有熔体搅拌铸造、挤压铸造、熔体浸渗、原位（反应）铸造、喷射沉积和增材制造等。

除此之外还有涂敷类的技术，如热喷涂、冷喷涂和物理气相沉积等。铝基复合材料的各种制备技术各有优缺点，表1-2所示为几种主要制备方法的技术概况及其优缺点。

表1-2 铝基复合材料的主要制备方法及优缺点

制备方法	技术概况	优点	缺点
粉末冶金法	将基体金属粉末和增强颗粒粉末配料通过一定方式混合均匀，于一定的压力和温度条件下进行压制及烧结成型	增强颗粒尺寸、含量易调节，增强相分布均匀，体积分数可达70%，界面反应易于控制	工艺复杂，制备周期长，制造成本较高，所制零件的结构、形状和尺寸都受到一定的限制
搅拌铸造法	将增强颗粒直接加入基体铝熔体，通过一定方式的搅拌使颗粒均匀地分散在金属熔体中，然后浇注成型	生产工艺相对简单、生产效率高、生产成本低	增强相的体积分数有限（通常不大于30%），分布不易均匀化，界面反应较严重，在强烈的搅拌作用下易造成卷气和夹杂等缺陷
熔体浸渗法	将增强体制成相应形状的预制件，放入模具内，浇注金属液，通过加压或金属液自身重力及毛细作用等，使金属液渗入预制件间隙，凝固后即得到铝基复合材料。所加压力可采用液体压力(挤压铸造)和气体压力等	可以制备高体积分数增强体复合材料；可在一定程度上排除对增强物与金属液结合有重要影响的润湿性、反应性、相对密度差等重要因素的干扰作用	预制件不易制备，压力渗透过程中预制件容易变形，而无压浸渗对工艺参数要求较高，金属熔体不易充分渗入
喷射沉积法	液态金属在高压下雾化，并在其流出时将增强颗粒喷射入金属液中，两相混合的雾化液体随后在容器中沉积成型	可直接由液态金属雾化和沉积形成具有快速凝固组织和性能特征及一定形状的坯件，增强颗粒在基体中分布较均匀，界面反应较小，晶粒细小	增强颗粒的利用率低，设备昂贵、孔隙率高、材料制备成本高
原位复合法	是指液态铝合金或铝基粉末与加入的其他物质发生反应原位生成增强相的方法	增强体表面无污染，与基体相容性好，结合强度高	增强相的形态、均匀化分布及有害反应等难以有效控制

颗粒增强铝基复合材料的性能通常与增强颗粒的直径、间距、分布、体积分数以及界面结构等有很大关联[8]，而这些因素在很大程度上取决于制备方法和制备技术，颗粒增强铝基复合材料性能的优劣和改进也很大程度上受制于制备技术的优化和改进。

图1-2所示为不同制备方法制得的SiC颗粒增强铝基复合材料的显微组织，可以看出，SiC颗粒的分布情况和在基体中的分散程度主要取决于不同的制备方法。普通重力铸造SiC颗粒有明显偏聚现象[图1-2(a)]，而使用压铸时，颗粒的分布更为优化[图1-2(b)]。粉末挤压制备的复合材料，可获得更好的结果[图1-2(c)]，而铸造再挤压[图1-2(d)]也可以获得类似的颗粒分布比较均匀的效果。

本书主要针对颗粒增强铝基复合材料制备技术中较成熟的搅拌铸造、粉末冶金、喷射沉积和放电等离子烧结技术，对其基本原理和研究进展进行论述。

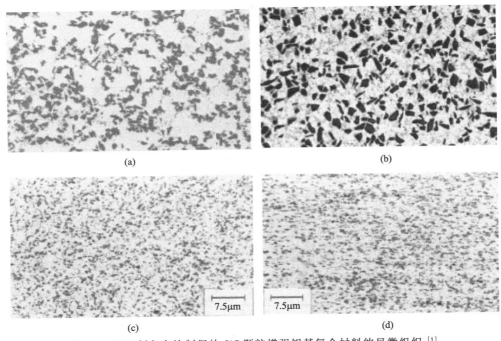

图1-2 不同制备方法制得的SiC颗粒增强铝基复合材料的显微组织[1]

（a）普通重力铸造；（b）压铸；（c）粉末挤压；（d）铸造再挤压

1.2.2　搅拌铸造

搅拌铸造是指将增强相加入完全熔化或者部分熔化的铝基体中，随后伴随着不断搅拌来获得复合材料的一种工艺方法。为了使增强相能够更加均匀地分散到熔融状态的铝基体中，通常采用机械、电磁、超声等方法对熔融状态的铝基体进行搅拌。

在制备颗粒增强铝基复合材料的各种工艺路线中，搅拌铸造因其工艺简单、灵活且具有大量生产适用性而被商业化使用。这是所有可用路线中最经济的方法[9]。通过该路线可以制造大尺寸部件，对铸锭也可以采用传统的金属加工路线，如挤压、锻造、轧制等。

图1-3所示为搅拌铸造工艺示意图。

在图 1-3 所示的搅拌铸造过程中，通过机械搅拌在熔融基体中分布颗粒增强体。机械搅拌是这一过程的关键要素。使用此方法可以制备体积分数达到 30% 的铝基复合材料。同时，搅拌铸造后的复合材料还可以进一步挤压，以减小孔隙率，细化微观结构，并使增强相分布均匀。在熔化和铸造过程中，由于增强相颗粒的上浮或沉降而导致的增强相颗粒偏析是搅拌铸造过程的主要问题之一。增强颗粒在最终固态基体中的分布取决

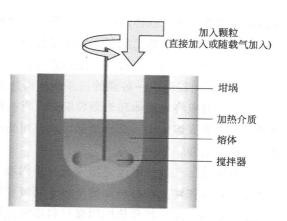

加入颗粒
（直接加入或随载气加入）

坩埚

加热介质

熔体

搅拌器

图 1-3　搅拌铸造工艺示意图

于混合强度、颗粒与熔体的润湿条件、凝固速度和相对密度。而机械搅拌器的几何形状、搅拌器在熔体中的位置、熔体温度以及添加颗粒的性质决定了颗粒在熔体中的分布。

采用该方法的主要代表企业是美国的 Alcan 公司[10]，该公司建成了年产 12000t 的颗粒增强铝基复合材料生产基地，采用此工艺可大批量生产制备碳化硅颗粒增强铝基复合材料。但是，在搅拌铸造法制备过程中，如果陶瓷颗粒含量过高或粒度小时易产生团聚，因此颗粒的加入量受到一定限制，其加入量一般在 30% 以下，但增强体颗粒的粒径一般不宜过小，以大于 10μm 为宜[11]。

搅拌铸造法作为生产颗粒增强铝基复合材料的一种重要和广泛的方法，它既有优点，也有缺点。优点主要包括基体材料连续、高生产率、低成本和简单的设备，能够制造大尺寸的部件[12]。另外，搅拌铸造工艺比粉末冶金工艺更难控制，需要考虑几个因素，例如增强体在基体熔体中难以分散，导致颗粒分布不均匀，存在孔隙；增强体和熔融金属基体之间发生化学反应的可能性，以及这些相之间的润湿性。在理想情况下，搅拌铸造铝基复合材料应具有基体中增强颗粒分布均匀、孔隙率小、基体和增强颗粒之间结合或润湿性良好等特点，同时各相之间不会发生化学反应[13]。

如上所述，颗粒在基体熔体中的不均匀分布是搅拌铸造法的主要问题之一，这主要与两相之间的密度不匹配有关。熔体温度、浇注速率、搅拌器的形状和搅拌速度、浇注系统、将颗粒引入基体熔体的方法、凝固速率和类型、熔体数量和性质等都会对基体中颗粒的分布有影响。

例如，用于获得液态金属中增强颗粒良好分布的最佳方法之一是涡流法，其中熔体被剧烈搅拌，在其表面形成涡流，然后增强粒子从这个漩涡的侧面被引入。搅拌过程中漩涡的发展有助于将颗粒转移到基体熔体中，因为熔体内外表面之间的压差将颗粒吸入液体[14]。然而，熔体表面的气泡和其他杂质也被吸入液体中，导致最终铸件中出现大量气孔和夹杂物。二次加工技术，如挤压，可以改变颗粒的分布，但即使在高变形水平下也无法实现完全分散。应注意的是，较小颗粒（如纳米颗粒）因其固有的较大表面积和团聚趋势，在金属基体中的均匀分散更为困难。还有许多其他因素可能会影响铸造产品的最终机

械性能，如熔体和增强体之间的润湿性，以及最终成分中是否存在孔隙。

针对上述搅拌铸造工艺制备铝基复合材料存在的问题，国内外研究人员开展了大量研究工作，提出了一些工艺改进措施和方法。

Su 等人[15]设计了一种新的三步搅拌铸造方法，用于制备纳米颗粒增强复合材料。首先，使用球磨机将增强体和铝颗粒混合，以打破纳米颗粒的初始聚集。然后通过机械搅拌将复合粉末并入熔体中。充分搅拌后，使用超声波探头或换能器对复合料浆进行超声波处理，以改善增强颗粒的分布。

搅拌铸造工艺的一种改进措施是在半固态下进行搅拌，也称两步法搅拌铸造工艺。在此过程中，首先将复合材料加热至高于其液相线温度，然后冷却至液相线和固相线之间的温度至半固态。然后将预热的增强材料添加并混合到半固态基体材料中，再次将半固态浆料加热至完全呈液态并充分混合。双搅拌铸造制备的复合材料微观结构比常规搅拌制备的复合材料更均匀。这种两步混合方法之所以有效主要是因为半固态下高黏度熔体的研磨作用，半固态颗粒的混合有助于破坏颗粒表面周围的气层，从而提高颗粒与熔融金属之间的润湿性。

近年来，铝基复合材料中加入石墨烯、碳纳米管等高性能的增强相，可大幅提高铝基复合材料的性能，但采用常规的搅拌铸造方法很难使易团聚的纳米石墨烯或碳纳米管等均匀分散在铝基体中，因此，研究人员采用一些特殊手段，提高搅拌铸造时纳米增强相在基体中的分散程度。

Kumar 等人[16]尝试使用超声空化辅助搅拌铸造工艺将石墨烯和 SiC 颗粒加入铝合金基体中。A356 合金在 N_2 气氛下熔化，然后向熔体中添加预热的增强颗粒。在 630℃下搅拌 5min 后，对熔体进行超声波处理 10min。最后，将金属液倒入预热的金属模具中。在熔融过程中应用超声振动，细化了铝合金基体的晶粒，改善了纳米增强颗粒的分布。

Alipour 等人[17]采用了球磨和超声波辅助搅拌铸造相结合的方法，以便在 7068 铝合金基体中形成均匀分布的石墨烯。将铝粉和石墨烯纳米片分散液球磨制备铝/石墨烯纳米片复合粉末，同时，7068 铝铸锭在约 750℃下熔化。将预热的铝/石墨烯纳米片粉末添加到铝合金熔体中，在机械搅拌作用下搅拌 10～15min，然后使用 2000W 超声仪进行 1min 的超声处理，随后将金属液进行浇铸。添加石墨烯纳米片可以显著地将粗大的柱状初生 α-Al 晶粒细化为细小等轴晶。然而，当石墨烯质量分数超过 0.5％时，铝晶粒尺寸不会进一步改变。

1.2.3　粉末冶金

粉末冶金法是制备铝基复合材料的传统方法，其原理是将基体金属粉末和增强体按要求的比例在适当的条件下均匀混合，然后再压坯、烧结或者挤压成型，或者直接用混合料进行热挤压成型，也可以将混合料压坯后加热到基体金属的固-液相温度区内进行半固态成型，从而获得复合材料。

粉末冶金法在某些情况下，可采用二次机械变形处理，如挤压、锻造、轧制、搅拌摩擦加工和等通道角挤压等，以进一步将压坯固结成全致密产品。粉末冶金是生产铝基复合材料常用的固态方法之一，避免了在液态过程中容易发生的偏析效应和脆性反应产物的形成，且粉末冶金法可以获得具有极高机械性能的颗粒增强铝基复合材料。

粉末冶金法的优点在于设备简单、增强相和基体可以按任何比例混合，而且配比控制准确、方便，工艺成熟，成型温度较低，基本上不存在界面反应、质量稳定，增强体体积分数可较高，增强相的含量可以超过 50%，并且制备出的材料性能优越，界面结合强度大，可以实现近终成型或者最终成型，达到节约材料的目的。

缺点是设备成本高，颗粒不容易均匀混合，容易出现除气不完全的情况，造成复合材料内部存在大量气孔的现象。粉末冶金原料成本高是粉末冶金工艺的主要限制之一，另外粉末冶金技术由于受到工艺和设备的限制，制备尺寸过大或形状复杂的零件较为困难或成本太高，只能制备尺寸较小、形状简单的零件。

常见粉末冶金法制备颗粒增强铝基复合材料的工艺流程如图 1-4 所示。

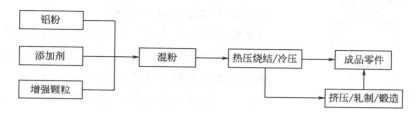

图 1-4　粉末冶金法制备颗粒增强铝基复合材料工艺流程

在粉末冶金方法方面具有代表性的如英国 Aerospace Metal Composites Limited（AMC）采用机械合金化粉末冶金方法研制出了高强度高塑性的 25% SiCp/2124 复合材料；美国 DWA 公司采用粉末冶金法研制出了高强度高韧性的 15% SiCp/2009 和 25% SiCp/6092 复合材料[18]。近年来，粉末冶金制备颗粒增强铝基复合材料已经逐步向商业化生产过渡。

最近，Wang 等人[19]采用带浆料前处理的粉末冶金工艺制备了质量分数 0.3% 石墨烯/Al 纳米复合材料，随后进行了烧结和热挤压。球形铝粉首先球磨成片状，然后用质量分数 3% 的聚乙烯醇（PVA）处理。因此，亲水性 PVA 分子被引入铝表面。PVA 是一种水溶性聚合物，广泛用作粉末冶金加工的黏合剂、表面活性剂和加工剂。PVA 处理显著提高了铝粉的润湿性，在铝和氧化石墨烯（graphene oxide，GO）之间产生了强大的氢键。将 PVA 改性铝粉添加到装有去离子水的容器中，形成粉末浆料。在机械搅拌下滴加 GO/水分散体，然后过滤，以获得 GO/Al 粉末。这些复合粉末在 550℃ 氩气气氛下进行热退火，以将氧化石墨烯（GO）还原为石墨烯片（GNS）或热膨胀氧化石墨烯 TRG（thermal reduced graphene oxide）。将 TRG/Al 粉末压实、烧结并最终挤出以形成致密复合材料。

相比之下，Koratkar 等人通过球磨、热等静压和挤压将 TRG 与铝粉直接混合，制备了质量分数 0.1% TRG/Al 纳米复合材料[20]。硬脂酸用作过程控制剂以防止结块。为了进行比较，他们还在相同的加工条件下制备了纯铝和质量分数 1% MWNT/Al 试样。他们报告说 TRG 促进了加工过程中 Al_4C_3 的形成，由于 GO 的热剥离/还原，TRG 石墨基面上的褶皱特征和缺陷是促进 Al_4C_3 形成的原因。

1.2.4 喷射沉积

喷射沉积工艺是一种新颖的金属基复合材料制备技术，它是把粉末冶金和快速凝固技术综合在一起的一种技术，该工艺是由英国 Singer 教授首创并于 1970 年对外公布[21]。该工艺制备颗粒增强金属基复合材料的原理为：熔化的金属液在高压惰性气体流的作用下雾化，同时将增强相颗粒喷入金属雾化射流中，使二者均匀混合喷射沉积到预处理的基板上，快速凝固形成所需材料。喷射沉积工艺示意图如图 1-5 所示。

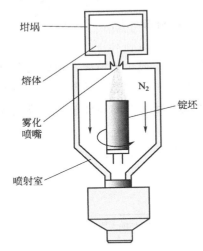

图 1-5 喷射沉积工艺示意图[1]

采用喷射沉积工艺制备金属基复合材料，主要优势是其冷却速度可以达到 $10^3 \sim 10^6$ K/s，因而能够在很大程度上避免增强体颗粒与基体的界面反应以及铸造过程中大量存在的宏观偏析现象，从而使材料具有细小的等轴晶组织及优良的综合力学性能。

另外这种方法的特点是增强体颗粒的体积分数可以任意调节；增强体的粒度也不会受到不必要的限制；由于增强体颗粒与基体熔液接触时间非常短，因此二者之间的反应可以得到控制，很大程度上改善了二者的界面结合状态；基体不仅保持了雾化沉积、快速凝固的特点，而且晶粒十分细小，可以有效地缩短生产周期，降低成本，便于实现工业化生产。

不过该方法也存在一定缺点，由于喷射沉积在成型过程中复合材料坯料中存在较多孔洞，造成复合材料致密度不够，需要进行二次加工。此外，由于不同种金属基体凝固时间不同，也将导致凝固过程难以控制和增强相分布不均的问题[22]。

Zhang 等[23]通过喷射沉积法制备铝基复合材料，实验结果表明，制备的铝基复合材料拉伸强度为 452MPa，伸长率达到 14%。该方法制备的复合材料性能明显优于常规铸造的复合材料。

Sun 等[24]研究了喷射沉积 SiC 颗粒增强 Al-Zn-Mg-Cu 合金复合材料，并在不同的挤压比下进行挤压。通过对复合材料微观结构进行观察发现，在沉积过程中，SiC 颗粒主要附着在合金液滴表面，导致复合材料中的 SiC 颗粒分布不均匀。室温拉伸试验表明，随着挤出比的增加，复合材料的力学性能得到了改善。

1.2.5 放电等离子烧结

众所周知，常规烧结需要高温和较长的加工时间才能获得更致密的产品，烧结过程中的晶粒长大是常规粉末烧结获得高性能复合材料需要解决的一大问题[25]。相比之下，放电等离子烧结（spark plasma sintering，SPS）作为一种新型快速烧结技术，具有加工温度低、烧结时间短的优点，可用于制备颗粒增强铝基复合材料[26,27]。

放电等离子烧结又称等离子活化烧结，是一种 20 世纪 90 年代兴起的新型快速烧结技术，该技术是通过粉末之间放电产生的高温等离子体实现较低温度下的快速致密化[28]。SPS 融合了等离子活化、热压、电阻加热等技术的优点，因而具有升温速度快、烧结温度低、烧结时间短等优点，在制备纳米材料、复合材料等方面显示了极大的优越性[29]。

放电等离子烧结技术示意图如图 1-6 所示[30]，主要过程为直流脉冲通过导电石墨模具，其中粉末材料被单轴压制，当材料颗粒之间的接触点出现火花放电时，会产生局部高温条件，导致快速加热，从而提高烧结速率。与常规烧结方法相比，放电等离子烧结时，高密度的电流使其具有极快的升温速度（最高可达 600℃/min 以上）；局部放电可以轻松地破坏颗粒表面的氧化层；短时高温可以净化和活化颗粒表面[30]。放电等离子烧结平均烧结温度更低（比大部分常规烧结方法低 100~300℃），烧结时间更短（0~10min），更易于获得精细的组织结构，其快速的致密化过程，使粉末在烧结后仍然可以保持原有的一些亚微米或纳米结构[31,32]，因此，SPS 独特的烧结机理可以有效抑制烧结过程中晶粒的长大，特别适用于在常规烧结过程中普遍存在晶粒长大的纳米粉末的固结。但放电等离子烧结技术也存在粉末压坯中的温度分布不均匀的问题[33]。

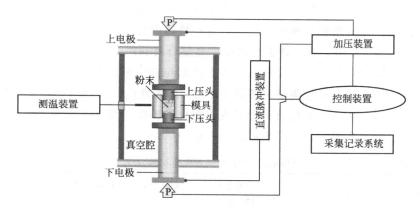

图 1-6 放电等离子烧结技术示意图[30]

一些研究人员已经使用放电等离子工艺制造了碳纳米管和石墨烯增强铝基复合材料[34-36]。Bisht 等人[37]在溶液辅助混合后通过 SPS 生产了 Al/石墨烯复合材料。利用超声波将不同含量的石墨烯纳米片（graphene nanoplatelet，GNP）（质量分数 0.5%、1%、3% 和 5%）和铝粉颗粒分散在丙酮中，然后将干燥的粉末混合物在最大压力为 50MPa、温度为 550℃的氩气气氛下在 SPS 炉中烧结，保持时间为 40min。尽管使用质量分数 0.5% 和 1% 石墨烯纳米片（大于 99.8%）增强的铝基复合材料实现了较高的相对密度，但在 GNP 质量分数大于 1% 时，由于 GNP 的团聚，相对密度降低了。放电等离子烧结压坯的微观组织观察表明，由于 GNP 在晶界的钉扎作用，GNP 的加入有助于均匀的晶粒尺寸分布，从而限制了烧结过程中的晶粒生长。然而，当 GNP 质量分数为 3% 时，可以清楚地观察到 GNP 沿晶界聚集为黑色区域，因此平均晶粒尺寸增大。此外，X 射线衍射（XRD）和透射电子显微镜（TEM）扫描结果未显示在铝与 GNP 的界面处形成明显数量的碳化物层。

1.3 SiCp/石墨烯增强铝基复合材料性能特点及应用

1.3.1 性能特点

金属基复合材料的性能取决于所选用金属或合金基体和增强体的特性、含量、分布等。通过优化组合，不仅可以获得基体金属或合金具备的良好的导热、导电性能，抗苛刻环境能力，抗冲击、抗疲劳性能和抗断裂性能，还可以使其具有高强度、高刚度，出色的耐磨性能和更低的热膨胀系数（CTE）。颗粒增强铝基复合材料是将增强体颗粒加入铝合金后，引起基体合金微观结构的变化，同时使合金的性能发生改变的一种复合材料。综合归纳颗粒增强铝基复合材料的性能特点如下。

（1）高比强度、高比模量

由于在铝合金基体中加入了适量的高强度、高模量的颗粒增强体，可以明显提高铝基复合材料的比强度和比模量。表 1-3 中给出一些颗粒增强铝基复合材料基本力学性能数据。从表中可以看出，增强颗粒的加入，使复合材料的屈服强度、抗拉强度和弹性模量都得到了明显提高，但却使伸长率显著降低。这些特性改善的数量级取决于颗粒含量和所选的制造工艺。在表 1-3 中，通过铸造法制备铝基复合材料时，颗粒添加量的上限约为 20%（体积分数）。该限值在技术上是合理的，因为该颗粒含量可以使 A356 铝合金基复合材料达到超过 350MPa 的最大抗拉强度和接近 100GPa 的弹性模量。通过无压浸渗工艺可以获得更高的颗粒含量，然而，复合材料会呈现出陶瓷的特征，变得更容易发生脆性破坏，并且在拉伸期间，会发生没有塑性变形的过早破坏。

▫ 表 1-3 典型颗粒增强铝基复合材料的力学性能[1]（所有试样均为 T6 热处理）

制备工艺	铝合金+增强体	热膨胀系数 /$10^{-6}K^{-1}$	屈服强度 /MPa	抗拉强度 /MPa	伸长率 /%	弹性模量 /GPa
铸造	A356+20% SiC	—	297	317	0.6	85
无压浸渗	A356+10% SiC	—	283	303	0.6	81
	A356+15% SiC	—	324	331	0.3	90
	A356+20% SiC	—	331	352	0.4	97
粉末冶金+挤压	6061+20% SiC	15.3	397	448	4.1	103
	6061+30% SiC	13.8	407	496	3.0	121
	6061+40% SiC	11.1	431	538	1.9	138
喷射成型+挤压	2618+13% SiC	19.0	333	450	—	75
铸造	A356	—	200	255	4.0	75
粉末冶金+挤压	6061	23.0	276	310	15.0	69
喷射成型+挤压	2618	23.0	320	400	—	75

对于喷射成型铝基复合材料（表 1-3），颗粒含量限值约为 13%～15%（体积分数）。

然而，使用特殊合金系统，例如添加锂，性能仍可能得以进一步提升。在粉末冶金制备的铝基复合材料中，由粉末混合物挤压而成的复合材料，颗粒含量可增加到 40% 以上，并且可以获得极高的强度（高达 538MPa）、极高的弹性模量（高达 138GPa）和较低的热膨胀系数（约 $11.1 \times 10^{-6} K^{-1}$），但同样伸长率也会随之变差，但是，仍然比铸造铝基复合材料的要好。

石墨烯、碳纳米管等纳米相增强铝基复合材料可以实现极少加入量的情况下，复合材料强度大幅提升，同时对塑性影响较小。

Wang 等人[19]进行了一项初步研究，采用浆料基工艺，然后烧结和热挤压，制备质量分数 0.3% 石墨烯/Al 纳米复合材料。在纯铝中加入质量分数 0.3% 的石墨烯可将其抗拉强度从 154MPa 提高到 249MPa，抗拉强度提高 62%。石墨烯的加入使铝的断裂应变从 27.5% 降低到 12.7%。强度增强归因于形成了强界面结合，因而在基体-石墨烯界面上能有效地传递应力。

（2）导热性能好

在铝基复合材料中加入导热性好的增强体可以进一步提高铝基复合材料的热导率，使复合材料的热导率比金属基体高。良好的导热性可以有效地传热，减小构件受热后产生的温度梯度并迅速散热，这对尺寸稳定性要求高的构件和高集成度的电子器件尤为重要。良好的导电性可以防止飞行器构件产生静电聚集的问题。导热用铝基复合材料具备较高的热导率、较低的热膨胀系数、较小的密度等优点，主要应用于微波电路封装、航空航天及武器等领域[38,39]。

铝基复合材料主要是通过加入碳化硅、氮化铝、金刚石、石墨片、纳米碳材料等导热性好的增强体，以实现高导热性以及其他复合作用。

碳化硅颗粒质地较硬，热导率可达到 290W/(m·K)，密度为 $3.2 \times 10^3 kg/m^3$，热膨胀系数为 $3.7 \times 10^{-6} K^{-1}$。对铝-碳化硅复合材料而言，基于各组元的物理特性，其具备较高的热导率、较低的热膨胀系数及较小的密度等优良特性。实际上，铝-碳化硅复合材料也被称为第二代热管理材料[40]。

对于铝-碳化硅复合材料，Mizuuchi 等人[41]采用放电等离子烧结技术制备得到的复合材料 SiC 体积分数达到 70%，此时复合材料的热导率为 252W/(m·K)，Tan 等人[42]则采用真空热压法制备 Al-40% SiC 复合材料，其热导率可达 272W/(m·K)。

随着高功率电子技术的快速发展，碳作为一种极具吸引力的增强体，广泛应用于铝基导热复合材料的研究中，它们也因此被称为第三代热管理材料[40]。碳的存在形式有金刚石、石墨片、石墨烯、碳纳米管等，其中铝/金刚石复合材料为各向同性复合材料，而铝-石墨片/碳纳米管的导热特性在各个方向存在一定的差异。

金刚石具有优异的物理特性，其室温热导率高达 600～2200W/(m·K)，热膨胀系数约为 $0.8 \times 10^{-6} K^{-1}$，且不存在各向异性。Tan 等人[42]采用真空热压法制备了金刚石体积分数为 40% 的铝-金刚石复合材料，当金刚石颗粒大小由 30μm 增大到 200μm 时，材料的热导率由 313W/(m·K) 提高到 475W/(m·K)。金刚石较高硬度导致的铝-金刚石复合材料的后续加工性差以及成本高等因素限制了该复合材料的大规模工业应用。

超高的热导率使石墨烯和碳纳米管等纳米碳材料成为高导热铝基复合材料非常有潜力的候选增强相添加物。石墨烯热导率为 $4840\sim5300W/(m\cdot K)$，单壁碳纳米管热导率为 $3500W/(m\cdot K)$，多层壁碳纳米管热导率$>3000W/(m\cdot K)$，明显高于铝［约 $238W/(m\cdot K)$］，且它们的热膨胀系数为负值，因此石墨烯片和碳纳米管的加入可以显著提高金属的导热性并降低热膨胀系数[43]。石墨烯、碳纳米管等铝基复合材料虽然潜力很大，但目前制备的材料导热性尚不理想，与理论预期效果差距较大，后续该类复合材料还有很大的改进空间。

（3）热膨胀系数小，尺寸稳定性好

表征材料受热时线度或体积变化程度的热膨胀系数，是材料的重要热物理性能之一。在工程技术中对于那些在温度变化条件下使用的结构材料，热膨胀系数不仅是材料的重要使用性能，而且是进行结构设计的关键参数。材料热膨胀性能的重要性还在于它与材料抗热震的能力、受热后的热应力分布和大小密切相关。

颗粒增强铝基复合材料中所用的颗粒增强相如 SiC、Al_2O_3 等既具有很小的热膨胀系数，又具有很高的模量（见表 1-1）。加入相当含量的增强体不仅能大幅度提高材料的强度和模量，也使其热膨胀系数明显下降，并可通过调整增强体的含量获得不同的热膨胀系数，以满足各种工况要求。通过选择不同的基体金属和增强体，以一定的比例复合在一起，可得到导热性好、热膨胀系数小、尺寸稳定性好的铝基复合材料。

图 1-7 所示为 SiCp/Al 复合材料与铝基体材料热膨胀性能的比较，可见 SiC 颗粒加入后热膨胀系数明显降低，而且图中 SiCp/6061Al 复合材料热膨胀系数与 SiC 颗粒体积分数的关系也表明复合材料的热膨胀系数在一定范围内可调。因此，颗粒增强铝基复合材料在光学仪表和航空电子元件领域用于制作尺寸稳定性要求高的零部件时具有较好的应用前景。

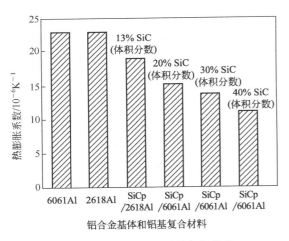

图 1-7　SiCp/Al 复合材料与铝基体
材料热膨胀性能对比

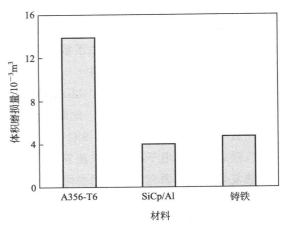

图 1-8　SiCp/Al 复合材料与铸铁、
基体金属耐磨性比较

（4）耐磨性好

铝基复合材料与基体合金相比，加入陶瓷晶须、颗粒可以获得很好的耐磨性，并随着加入颗粒尺寸的减小和数量的增多而变强。陶瓷材料硬度高、耐磨、化学性质稳定，用它们来增强金属不仅提高了材料的强度和刚度，也提高了复合材料的硬度和耐磨性。图 1-8 是碳化硅颗粒增强铝基复合材料的耐磨性与基体材料和铸铁耐磨性的比较[44]，可见 SiCp/Al 复合材料的耐磨性比铸铁还好，比基体金属高出几倍。SiCp/Al 复合材料因其高耐磨性在汽车、机械工业中有重要应用前景，可用于汽车发动机、制动盘、活塞等重要零件，能明显提高零件的性能且延长其使用寿命。

1.3.2 应用情况

近年来，随着人们对材料轻量化要求的不断提高，铝基复合材料的应用领域也越来越广泛，目前铝基复合材料已经被应用于航天领域、军事领域、汽车领域等，拥有较好的应用前景。铝基复合材料中应用最广泛的是 SiCp 增强的铝基复合材料，其力学性能出众，比强度和比刚度高于传统的铝合金，弹性模量甚至超过钛合金，在用作高性能结构材料时，可很大程度提高结构安全性和优化结构设计。同时，由于颗粒增强铝基复合材料具有优异的物理性能，因此在某些特殊环境下也可作为功能材料来使用。

（1）航空航天及军事领域

金属基复合材料的研究最先是在航空航天及军事领域进行，并取得了重大突破。SiCp 增强铝基复合材料在这个领域应用也相对比较广泛。在 20 世纪 80 年代末期，SiCp 增强铝基复合材料就已在航空航天领域开始应用。

美国 DWA 特种复合材料公司，采用体积分数为 25% SiCp 增强 6061 铝合金基复合材料取代 7075 铝合金，生产了航空结构导槽、角材，其密度下降 17%，弹性模量却提高了 65%。英国的 BP 金属复合材料公司用体积分数为 17% SiCp 增强的 2124 铝合金、8090 铝锂合金复合材料来制作飞机和导弹零件用薄板材、锻件、挤压件，其弹性模量可达到 100GPa 以上。普惠公司研制的一款航空发动机，就是以 DWA 公司生产的 SiCp 增强变形铝合金复合材料制作风扇机匣导流叶片。同时应用结果表明：作为风扇导流叶片，铝基复合材料耐冲击能力要比树脂基复合材料好很多，且很轻微的损伤都很容易被找出。SiCp 增强铝基复合材料相比树脂基复合材料，其抗冲蚀能力提高了 7 倍以上，同时成本下降了三分之一以上。

同样由 DWA 公司制作的 SiCp/6092 铝合金复合材料已经用于 F-16 喷气战斗机的机身尾翼，从而使飞机高速飞行更加稳定，尾翼设计寿命可达到惊人的 7000h，是原来尾翼使用寿命的 2 倍以上。此外，有报道称用 SiCp/Al 复合材料已成功制造出导弹壳体、直升机支架和阀体、雷达天线、火箭发动机零件、轻型坦克的履带板、飞机常平环、直升机起落架、飞机液压管、穿甲弹弹托、导弹镶嵌结构件等一系列军事用品。航空航天、军事领域的快速发展不断对材料提出新的高性能要求，促进了金属基复合材料的飞速发展[6,18]。

（2）电子领域

伴随着电子工业和电子器件的发展，元器件电子封装的密集性对材料的要求变得越来越高，开发研制出高导热性能及低热膨胀系数的电子封装材料已成为目前亟待解决的关键问题。而 SiCp 增强的 Al 基复合材料，热膨胀系数相对较小，同时可以根据需要进行调节，逐渐发展成为当下一种新型封装材料。另外，SiCp 增强 Al 基复合材料还可以用于制造惯性导航系统的红外观测镜、精密零件、激光陀螺仪、旋转扫描仪、反射镜镜子底座等精密部件。例如，SiCp增强Al基复合材料具有较高的压缩应变抗力及微屈服强度，可以用来取代铍合金生产惯性导航元件。同时在红外线自导系统中，采用SiCp增强Al基复合材料代替不锈钢生产万向接头，可减轻50%以上的质量。DWA公司已经研制出了一种超轻的空间望远镜，采用了SiCp增强Al基复合材料制造副镜和支架，使质量在很大程度上减轻。通过控制SiCp的含量，可以使复合材料的反射涂层与热膨胀系数相匹配，在较宽的温度范围有理想的稳定性。在坦克的发射控制镜及红外线观测镜中，也可以使用SiCp增强Al基复合材料来取代铍等贵重金属合金，这样就能够在很大程度上降低成本。

（3）汽车领域

SiCp增强铝基复合材料在汽车行业的应用可以说是金属基复合材料由军事领域成功转向民用工业的一个典型例子。由于该材料具有优良的耐磨性能及耐高温性能，相比传统铸铁刹车盘，具有导热性好、密度低等特点，可以用于生产汽车的轻质、耐磨等部件，例如汽车活塞环缸套、驱动轴、连杆、发动机活塞、齿轮箱、制动盘等。1983年日本的丰田汽车公司把SiCp增强的铝基复合材料用到汽车发动机的活塞上；自1995年起，福特汽车公司已开始采用Alcan公司生产的20% SiCp/Al复合材料制作汽车制动盘等零件，使用结果表明：其降噪性能、耐磨性能、散热性能比原用材料均有不同程度的提高。齐海波等用半固态搅拌熔炼-液态模锻工艺制造了与Santana轿车前制动器相匹配的碳化硅颗粒增强铝基复合材料制动盘，并在SCHEMCK制动试验台上进行了制动性能和摩擦磨损性能的测试，试验结果表明：SiCp/Al复合材料的拉伸性能明显优于传统HT250材料，其摩擦磨损性能符合大众汽车公司的企业标准。美国Lanxide公司用SiCp和Al合金通过浸渗方法制备复合材料，然后采用砂型铸造成型，铸件质量4kg，成型后刹车盘全重仅为2.6kg，而其最高环境工作温度甚至达到500℃[6,18]。

（4）体育产业领域

SiCp增强的铝基复合材料具有密度低、刚性高、弹性模量高、强度高、焊接性能好及成本低等优点，使得用这种材料制成的产品抗疲劳性能好、刚性好、使用寿命更长。美国DWA公司采用粉末冶金法生产出含体积分数20%～65% SiCp的6061铝合金复合材料自行车架，有效降低了车身质量，提高了自行车的骑行性能，这种自行车年产销量已超过5万辆。而BP公司研制出的SiCp/2124Al自行车框架也已在Raleighs赛车上使用。此外Alcan公司及另外一些自行车公司正准备扩大这种SiCp增强铝基复合材料的使用范围，用它来生产自行车圆盘制动器、链环、自行车把、轴件、轮圈等零部件。此外，SiCp增强铝基复合材料还可以用来制作齿轮、高尔夫球头、参赛帆船的桅杆筒、冰雪防滑链等。

（5）其它领域

使用石墨烯与SiCp多元增强铝基复合材料，可以有效改善铝合金的润滑性及耐磨性，提高其黏着磨损和抗咬合性能，而且这种材料还具有优良的减震性和高温尺寸稳定性，因而也可以用于减震抗磨等领域。另外，SiCp增强铝基复合材料还可应用于建筑、卫星、纺织等领域。

在轻量化要求很高的航空领域、军事领域和汽车领域，铝基复合材料具有明显的优势和良好的应用前景。随着铝基复合材料研究的深入，材料的制造成本也会明显降低，逐渐会获得越来越多的应用，进而替代传统材料，拥有广阔的应用市场。

1.4 SiCp/石墨烯增强铝基复合材料研究趋势与展望

1.4.1 存在的主要问题

目前，对于铝基复合材料的研究一直在持续不断地进行着，随着研究和应用的深入，有一些主要问题是需要重点关注和着重解决的。

（1）增强相的分散和团聚问题

颗粒增强铝基复合材料的一个主要和潜在问题是不均匀的颗粒分布问题，这通常取决于制造工艺和制造过程，增强相分布的不均匀导致基体中颗粒团聚或无增强区域的存在。这一问题一方面使复合材料的强化效果达不到预期、塑性降低较大等，另一方面会增加材料在强韧性以及抗疲劳性能方面的分散性。因此这一问题是颗粒增强铝基复合材料广泛关注和一直在解决的问题。

在传统的颗粒增强铝基复合材料制备方法中，粉末冶金法由于制备过程中可以有很充分的混粉和球磨过程，因此增强相可以做到较均匀的分散，但随着加入增强颗粒尺寸的不断减小，甚至纳米级颗粒的加入（如纳米碳材料），颗粒表面能增加，易团聚，对增强相的均匀分散带来了较大的挑战。

搅拌铸造方法制备 SiCp 增强铝基复合材料的过程中，由于 SiCp 密度与铝熔体差别较大，且 SiCp 粒径较小，表面能相对较大而易产生颗粒团聚的现象，这必将会阻碍颗粒在熔体中的均匀分散。根据目前的研究情况，颗粒分散和团聚的解决方法主要包括两种：一是超声扩散[15-17]，就是利用超声设备辅助搅拌，通过超声在液态金属中产生空化紊流、空化高压冲击波、漩涡、微流、射流等多种途径使颗粒分散；二是在电磁搅拌作用下半固态复合[45]，主要是通过半固态的固相流动对团聚的颗粒裹挟、冲击从而达到颗粒均匀分散的目的。含有一定体积分数的固相时还可以防止颗粒由于自身重力作用而在搅拌区下部沉积，使颗粒分布得更为均匀。

同样，制备石墨烯增强铝基复合材料的主要障碍之一是确保石墨烯片在基体中的适当均匀分散。铝基体和石墨烯增强体的较大密度失配通常导致石墨烯在铝基体中的分散性差，这不仅会降低石墨烯的增强效率，也会导致石墨烯片的堆叠以及随后在施加压力下的滑动。石墨烯片之间强烈的范德瓦耳斯相互作用也会导致团聚，通常对复合材料的性能有害。此外，由于石墨烯片与铝基体的润湿性较差，相之间形成的键较弱，进一步阻碍了复合材料力学性能的提高。

因此，针对石墨烯在金属基体中的均匀分散，并增强金属/石墨烯界面结合，开展了大量研究工作。如高能球磨[46]（用于石墨烯的机械剥离，或石墨烯在基体中的更好分散）、CVD[47]（石墨烯和金属的分层沉积）、片状粉末冶金[48]（使用片状金属粉末）和用金属纳米颗粒装饰石墨烯[49]（用于改善润湿性和界面结合）已证明可以改善石墨烯团聚和分散性差的问题。

Liao 等人[50]为了研究如何更好地将碳纳米管分散到铝基体中，采用高能和低能球磨以及加入新型的聚酯黏结剂辅助混合等方法，通过粉末冶金技术制备了多种铝基复合材料样品。结果表明：通过高能球磨后的碳纳米管在铝基复合材料当中分散良好。对比而言，聚酯黏结剂辅助混合方法的最大优点在于保持了碳纳米管的结构和原始形态。从力学性能测试结果可以看出，三种分散方法制备的铝基复合材料与铝基体相比抗拉强度和硬度均有所提高。

（2）界面问题

颗粒增强金属基复合材料的强化机制是由基体和增强体之间的热不匹配引起的位错强化，其基体和增强相均承受载荷。这就要求必须有强的界面结合以有效传递载荷及阻止裂纹扩展。因此复合材料的界面问题，包括基体与增强体之间的润湿性、界面结合及界面反应，这三个方面是影响界面结合状态及强度的主要因素。

复合材料的界面是增强体与基体之间相互结合的、能够使得荷载发生转移的微区。界面问题是复合材料制备的核心问题，对复合材料的设计、制备以及实际应用等过程都有显著的影响。但目前界面研究体系还不完善，包括界面反应控制、界面反应动力学、界面结构及性质、界面对性能的影响规律等方面的研究还有待深入。

用液态搅拌法制备铝基复合材料时，增强物与基体合金之间润湿性的好坏与改善是能否制备优质金属基复合材料的关键。润湿性能将会直接影响复合材料的力学性能。对于多数陶瓷颗粒来说，熔融铝合金的表面张力比较大，其与铝液的润湿性能较差，使颗粒加入和分散困难。而且，当颗粒表面吸附气体、水液等污染物，或者颗粒表面与铝液存在氧化物薄膜时都会阻止铝液与颗粒的真正接触，使两者润湿困难。

改善润湿性可采取的主要措施[51,52]有：在增强颗粒表面涂覆一层润湿性良好的金属（如 Cu、Ni），减小接触角 θ；向基体中加入活性元素，如 Mg、Ca、Ti、Zr、Nb 等，以降低液体的表面张力，提高润湿性；对某些颗粒进行预氧化处理或预先热处理，利用生成物来改变润湿性；对熔融金属液施加超声处理以除去增强颗粒表面吸附的杂质和气体，提高颗粒的表面能；用某些盐溶液，如碳酸钠溶液、氟锆酸钾溶液等，或在超声波下采用有机溶剂等对颗粒表面进行处理，清除颗粒表面氧化物和污染物。

通过对颗粒进行预处理改善润湿性，制备工艺复杂，制造成本高，而添加合金元素则是目前国内外在改善润湿性方面研究和应用最广泛的技术。

另外，改善润湿性的措施同样也影响着颗粒与铝基体之间的界面反应和界面结合。例如碳化硅颗粒增强铝基复合材料中，碳化硅颗粒与铝合金基体润湿性差，提高制备温度使颗粒与铝液间发生一定的化学反应，适度的界面反应能增强润湿性能，提高界面结合强度。但制备温度越高，在高温区停留的时间越长，碳化硅颗粒与铝合金基体界面化学反应越严重，在界面生成不稳定的化合物 Al_4C_3，影响界面结合强度。同样，铝基体与纳米碳材料（包括石墨烯）之间也会发生反应形成 Al_4C_3，影响复合材料的强度和塑性[53]。因此，控制界面结合，复合材料的制备工艺和工艺参数的优化和控制非常重要，是需要重点关注和解决的问题。

（3）制造过程中的冶金缺陷和结构损伤

如上所述，在复合材料的基体和增强相选定以后，复合材料最终的力学性能和使用性能很大程度上取决于制备方法、制造工艺及制造过程控制，而复合材料在制备过程中引入的冶金缺陷和结构损伤，可能会对最终产品的性能产生负面影响，这也是复合材料应用研究中需要着重攻克的问题，也是限制颗粒增强铝基复合材料工程化应用的因素之一。

在粉末冶金工艺过程中，冶金缺陷和结构损伤主要发生在球磨过程中。第一，复合粉末的污染。由于磨球（通常为钢磨球）与粉末之间的反复碰撞导致磨球逐渐磨损，并在铝基复合粉末中夹杂污染，而这种污染也会进一步影响复合材料的压实烧结效果。为了解决这个问题，可以在球磨过程中使用陶瓷研磨设备，例如碳化钨球磨罐，这大大减少了复合粉末中污染物的存在。第二，铝基复合粉末在球磨过程中发生的重复变形、微焊接和断裂机制可导致一些增强相（如石墨烯和碳纳米管等）表面和边缘的一些损伤累积；高能球磨或延长球磨时间，直接增加了球磨球与粉末之间的冲击次数，导致增强相结构中的缺陷增加，从而降低了最终的机械性能[54]。第三，粉末和磨球之间的反复冲击有助于打破复合粉末内的结块，但是，如果复合粉末的传入能量过高（由于长时间的研磨或过高的转速），则粉末内开始产生残余应力，可能产生低延展性的非晶态结构，尽管这一现象同时导致硬度升高，但也会使最终的复合材料塑性降低。

对于另一种较常见的制备方法——搅拌铸造工艺，为了使增强颗粒较好地混入熔体，并在熔体中均匀分散，需要采用各种方法将颗粒压入熔体并进行搅拌，这一过程不可避免地会使熔体表面的气泡和其他杂质也被吸入熔体中，导致最终铸件中出现大量气孔和夹杂物。另外，大量增强相的加入降低了铝熔体的流动性，这些因素都会导致最终铝基复合材料铸件中存在影响材料力学性能和使用性能的冶金缺陷。

1.4.2　最新研究进展及发展趋势

1.4.2.1　最新研究进展

（1）铝基复合材料的纳米化

随着纳米技术的发展，人们发现碳纳米管（carbon nanotube，CNT）、石墨烯（graphene，Gr）、氮化硼纳米管（boron nitride nanotube，BNNT）等是在微观尺度上具有十分优异的刚度、强度和良好的导热、导电性能的纳米材料[43]，相比传统的陶瓷增强相，纳米碳材料等纳米相的力学和物理性能表现出数量级的提升，少量添加即可能实现力学、热学、电学等性能的显著提升。将它们与铝基体复合，有望在宏观上发挥这些纳米增强相的优异性能，获得很高的增强效率和增强效果。另外，纳米尺寸的增强体能够在铝基中发挥尺寸效应，通过影响材料中的位错、晶界等微观缺陷，以及应力-应变分配等方面的作用来调控材料性能，不仅使复合材料强度得到了提高，同时还使其保持着良好的韧塑性或高速超塑性，这将明显改善铝基复合材料的抗疲劳性能、使用性能和塑性加工成型性。因此纳米尺寸增强体增强铝基复合材料成了近年来非连续增强铝基复合材料的研究热点。

纳米增强体性能优异，具有颗粒、纤维、片层等多种多样的几何形态，由于它们十分细小，具有很高的总表面能，易于团聚，且通常与铝基体不润湿的特性，导致其很难在铝基体中均匀、定向分布。典型的机械分散方法如高能球磨法虽然可实现纳米碳材料的均匀分布，但容易导致纳米碳晶体结构的破坏，降低增强效果[55,56]。为最大限度发挥纳米碳材料的增强作用，近年来国内学者针对纳米碳复合材料的制备工艺、微观组织设计、增强机制等进行了深入的研究。

Wang 等人[19]制备了质量分数 0.3% 石墨烯纳米片增强的铝基复合材料挤压棒，并进行了拉伸试验，在测试中，铝石墨烯纳米复合材料的抗拉强度为 256MPa，伸长率为 13%，比未增强铝基体的强度（154MPa）和伸长率（27%）分别高 66% 和低一半左右。同时，所报道的 66% 的强度增加远低于石墨烯纳米片对铝-石墨烯纳米复合材料机械性能潜在影响的理论估计。作为推论，由于石墨烯纳米片的强化作用，铝基纳米复合材料在强度和其他机械特性方面的显著改善有望取得更大的进展。基于上述研究结果，有理由认为石墨烯纳米片的增强对铝基材料非常有效，具有巨大的应用潜力。

总体来说，高性能纳米相增强铝基复合材料的研究正处于一个快速发展时期。一方面，各种增强体的铝基复合材料最优化的制备工艺、界面控制和增强机制正在受到深入的研究；另一方面，人们也正致力于以碳纳米管、石墨烯增强为主的较为成熟的高性能纳米增强体铝基复合材料的工程化制备研究，希望能够在工程实际中获得广泛的应用。

（2）铝基复合材料的多尺度组织构型设计与性能优化

传统的铝基复合材料一般以添加微米量级的增强相为主，追求通过不同的工艺使增强相在铝基体中实现均匀分布，以达到理想的性能。近年来的研究发现，有序化、非均质结构中的局部应力和应变状态对复合材料性能影响显著，合理地控制增强相的空间分布可赋予复合材料更高性能[57]。相比传统的均质组织和结构设计理念，多尺度增强、多级结构正成为新一代非连续增强铝基复合材料的发展趋势。近年来，人们逐渐重视铝基复合材料中构型的作用，设计出了一系列具有特殊构型的复合材料，希望通过结构效应对材料性能进行调控。

山东大学刘相法团队[58]采用原位反应法制备了质量分数为 4.1% 和 16.4% 的 AlN 颗粒增强的铝基复合材料，其中 AlN 颗粒在铝基体中呈三维网络分布，类似于人体中的骨骼结构，该复合材料在 350℃时的抗拉强度仍可达 190MPa。哈尔滨工业大学耿林团队[59]通过在球形铝粉表面的原位反应制得了呈空间网络分布 Al_3Zr 颗粒、Al_2O_3 纳米颗粒增强的铝基复合材料，相比通过球磨均匀分散增强体的复合材料，这种网络分布构型复合材料的弹性模量提高了 4.8%，强度提高了 12.5%。而通过网络构型引导裂纹扩展路径，提高材料裂纹容量，使材料塑性提高了 76.9%。

但总体说来，目前尚没有一种成熟、普遍的原则来指导不同铝基复合材料的构型设计，需要结合增强材料及制备方法，针对多尺度复合材料微观组织设计与性能优化开展进一步的深入研究，丰富复合材料基础理论研究体系，为高性能工程材料的设计提供思路和借鉴。

（3）先进制造技术的创新与传统工艺的工程化

随着人们对颗粒增强铝基复合材料的深入研究，近年来颗粒增强铝基复合材料的制备技术得到了很好的发展，这不仅针对颗粒增强铝基复合材料的性能，更是考虑到了其进一步的应用发展。目前颗粒增强铝基复合材料制备的常用方法有搅拌铸造法、液态金属浸渗法、喷射沉积法、粉末冶金法以及原位合成法等。

国内经过近二十年的不断攻关，上海交通大学、中国科学院金属研究所、北京有色金属研究总院、哈尔滨工业大学等，在相关国防军工型号需求的牵引下，突破了非连续增强铝基复合材料的大尺寸坯锭制备技术，挤压、锻造、轧制等塑性加工技术以及无损检测、机加工、焊接与表面处理技术等[7]，实现了在航空、航天、兵器、核电等重点装备的典型应用。上海交通大学采用搅拌铸造法生产的颗粒增强铝基复合材料构件成功应用于以"嫦娥三号"及"玉兔号"月球车为代表的探月工程、卫星、空间站等20余种航天典型型号装备。中国科学院金属研究所和北京有色金属研究总院相继突破了颗粒增强铝基复合材料粉末冶金法规模化制备难题，坯锭质量达到吨级，研制的铝基复合材料大尺寸自由锻件、模锻件、板材及薄壁异型材等已应用于飞机、卫星与深空探测飞行器等关键结构部件。其中中国科学院金属研究所突破了 B_4C/Al 复合材料坯锭规模化制备与板材轧制技术，制备出高成材率和高均匀性分布的 B_4C/Al 板材，同时突破了高质量焊接技术。

在铝基复合材料的制备加工工艺研究中，为了进一步提高复合材料的组织和性能，实现其组分和结构的新型设计，适应新材料新结构，以及解决其制备过程控制、二次加工困难的问题，一些新型的制造技术被开发或应用于铝基复合材料，如新的粉末冶金技术、大塑性变形工艺、增材制造技术、搅拌摩擦加工技术、先进原位合成技术、复合制备技术等，其具有很高的可控制性和独特的作用，受到先进铝基复合材料研究者们的广泛关注和研究。

例如中国科学院沈阳材料科学国家实验室的 Liu 等[60]对机械混合后热压制得的碳纳米管/Al复合材料进行多道次的搅拌摩擦加工，显著减少了材料中的孔隙等缺陷，均匀分散碳纳米管并将晶粒细化到超细晶尺寸，有效提高了材料的力学性能。

针对 SiC 颗粒与 Al 基体间润湿性较差等问题，张燕瑰等[61]采用高能超声辅助半固态复合技术进行 SiCp/Al 复合材料的制备，其主要技术路线为：先采用渗流方法对 SiC 颗粒进行分散，然后将 SiC 置于半固态温度的铝熔体中，最好通过超声波进行搅拌，从而提高 SiC 颗粒与 Al 基体间的润湿性，并使增强体均匀分散于基体中，且没有明显的团聚现象。

澳大利亚西澳大学 Astfalck 等、南京航空航天大学顾冬冬等[62,63]使用选区激光熔化技术制备颗粒增强铝基复合材料，研究了激光熔化成型铝基复合材料过程中的加工性能、组织、界面状态及性能的影响，采用选区激光熔化技术成功制备出具有高致密度的 SiC、碳纳米管等增强铝基复合材料。

1.4.2.2 发展和应用趋势

当前铝基复合材料的几个主要发展趋势如下：

（1）进一步优化增强相及增强效果

采用更高性能的增强体以获得更好的增强效率和增强效果，颗粒增强属于第二相强化，目前很多纳米增强相和纳米碳材料，本身具有极优异的机械性能和物理性能，纳米颗粒弥散增强不仅使复合材料强度得到了提高，同时还保持着良好的韧塑性或高速超塑性，所以非连续增强铝基复合材料今后增强体的选择重点将逐渐转向纳米颗粒。

界面作为复合材料的主要微观组织，连接着基体和增强体，很大程度上决定了增强效果，对增强相界面的优化和研究也是一个热点，如对增强体表面改性技术进行创新，经变质处理后引入更多的活性基团，可能会进一步增强界面结合，同时不损伤增强体本身。

另外对于原位合成颗粒增强相，如何控制增强体尺寸大小、分布均匀性和解决反应副产物问题也是今后颗粒增强铝基复合材料制备技术创新的一个关键点。原位合成法制备复合材料可结合激光熔融工艺，利用其短暂的凝固时间减少界面反应，或是通过施加外场促进增强体的弥散分布、细化晶粒等，这都将有助于提高复合材料的综合力学性能。

（2）复合材料先进构型设计及其先进制备技术开发

重视复合材料中的尺寸效应、结构效应及复合多组元优化等研究，通过对铝基复合材料增强体、基体的尺寸和构型的控制，达到全面提高铝基复合材料综合性能的目标；根据不同的复合体系和复合构型设计先进的制备技术，实现新型复合材料的制备和加工的精密控制。近年来在先进铝基复合材料的复合思想、复合原理和制备技术方面取得了很多新的研究成果，后续随着研究进一步的发展，会逐渐研究开发具有更优异综合性能的铝基复合材料及其制备技术。

（3）重视铝基复合材料的高效、低成本工程化应用能力

目前国内在颗粒增强铝基复合材料的研究领域已经基本达到某些方面甚至超过国外的水平，但是在复合材料的生产能力和工程化应用方面与国外的先进技术水平尚有较大差距，始终面临着生产成本高、效率低、产品精确度和稳定性差等诸多问题。

因此，在提高铝基复合材料的工程化应用能力方面，一是提升材料各方面性能，提高与工程应用的匹配性研究。通过研究微观组织结构与性能之间的关系，提高颗粒与基体之间的界面结合、调控颗粒粒度、优化二次加工技术等措施，进一步提高复合材料的强度、耐磨性、耐高温性、塑韧性、抗疲劳性能等。二是形成体系化的工程化制备技术，在攻克大尺寸、高精度及复杂形状的复合材料结构件的高效且低成本的制备技术及工艺稳定性等方面亟待更深入的探索，开展复合材料低成本化技术研究，包括低成本的增强体、低成本的复合制备工艺；开发零件近净成型工艺；研究与复合材料相配套的高效精密机加工工艺、焊接工艺等。三是加强复合材料研制与应用的对接，加强研制单位与应用单位之间相互交流，通过应用需求牵引，促进材料研制技术发展，更好地为应用服务，以促进整个铝基复合材料行业的进步。

参考文献

［1］ Kainer K U. Metal Matrix Composites ［M］. Weinheim：WILEY-VCH Verlag GmbH & Co. KGaA，2006.
［2］ 姜世才. 金属基复合材料的特点及其技术在过程中的应用前景 ［J］. 工艺材料，2006（6）：21-24.
［3］ 樊建中，姚忠凯. 颗粒增强铝基复合材料研究进展 ［J］. 材料导报，1997（03）：48-51.

［4］ Moghadam A D，Omrani E，Menezes P L，et al. Mechanical and tribological properties of self-lubri-cating metal matrix nanocomposites reinforced by carbon nanotubes（CNTs）and graphene-a review ［J］. Compos. Part B： Eng. ，2015，77：402-420.

［5］ Tabandeh-Khorshid M，Omrani E，Menezes P L，et al. Tribological performance of selflubricating aluminum matrix nanocomposites：role of graphene nanoplatelets ［J］. Eng. Sci. Technol. ，2016，19：463-469.

［6］ 张文毓. 铝基复合材料国内外技术水平及应用状况 ［J］. 航空制造技术，2015（03）：82-85.

［7］ 张琪，王国军. 我国非连续增强铝基复合材料的研究及应用现状 ［J］. 轻合金加工技术，2019，47（05）：18-24.

［8］ Withers C T W. 金属基复合材料导论 ［M］. 北京：冶金工业出版社，1996.

［9］ Hashim J，Looney L，Hashmi M S J. Metal matrix composites：production by the stir casting meth-od ［J］. Journal of Materials Processing Technology，1999，92-93：1-7.

［10］ 强颖怀，王晓虹，冯培忠. SiCp 增强金属基复合材料的研究进展 ［J］. 轻金属，2003（7）：49-51.

［11］ 王文明，潘复，鲁云，等. P/M 制备 SiCp/Al 复合材料的研究现状 ［J］. 粉末冶金技术，2004（6）：364-368.

［12］ Surappa M. Microstructure evolution during solidification of DRMMCs（Discontinuously reinforced metal matrix composites）：state of art ［J］. Journal of Materials Processing Technology，1997，63：325-333.

［13］ Karamis M B，Nair F，Tasdemirci A. Analyses of metallurgical behavior of Al-SiCp composites after ballistic impacts ［J］. Composite Structures，2004，64：219-226.

［14］ Girot F，Albingre L，Quenisset J，et al. Rheocasting Al matrix composites ［J］. JOM. ，1987，39：18-21.

［15］ Su H，Gao W，Feng Z，et al. Processing，microstructure and tensile properties of nano-sized Al_2O_3 particle reinforced aluminium matrix composites ［J］. Materials and Design，2012，36：590-596.

［16］ Kumar A P，Aadithya S，Dhilepan K，et al. Influence of nano reinforced particles on the mechanical properties of aluminium hybrid metal matrix composite fabricated by ultrasonic assisted stir casting ［J］. Journal of Engineering and Applied Sciences，2016，11：1204-1210.

［17］ Alipour M，Farsani R E，Abuzin Y A. Influence of graphene nanoplatelet reinforcements on micro-structural development and wear behavior of an aluminum alloy nanocomposite ［C］. Minerals，The Metals and Materials Series，2018：233.

［18］ 樊建中，石力开. 颗粒增强铝基复合材料研究与应用发展 ［J］. 宇航材料工艺，2012，42（01）：1-7.

［19］ Wang J，Li Z，Fan G，et al. Reinforcement with graphene nanosheets in aluminum matrix compos-ites ［J］. Scripta Materialia，2012，66：594-597.

［20］ Bartolucci S F，Paras J，Rafiee M A，et al. Graphene-aluminum nanocomposites ［J］. Materials Science and Engineering A，2011，528（27）：7933-7937.

［21］ 伍昊，朱和国. 铝基复合材料制备工艺的研究进展 ［J］. 热加工工艺，2020，49（06）：22-27.

［22］ 赵鹏鹏，谭建波. 金属基复合材料的制备方法及发展现状 ［J］. 河北工业科技，2017，34（3）：215-221.

［23］ Zhang S Y，Chen Y Y，Li Q C. Research on microstructure and properties of aluminum-matrix composite fabricated by spray deposition ［J］. Journal of Materials Processing Technology，2003，137：168-172.

［24］ Sun Y P，Yan H G，Su B，et al. Microstructure and mechanical properties of spray deposition Al/SiCp composite after hot extrusion ［J］. Journal of Materials Engineering and Performance，2011，20（9）：1697-1702.

［25］ Viswanathan V，Laha T，Balani K，et al. Challenges and Advances in Nanocomposite Processing Techniques ［J］. Materials Science and Engineering：R：Reports，2006，54（5-6）：121-285.

［26］ Saheb N，Iqbal Z，Khalil A，et al. Spark plasma sintering of metals and metal matrix nanocompos-ites：a review ［J］. Journal of Nanomaterials，2012，2012：1-13.

［27］ Zhu J T，Wong H M，Yeung K W，et al. Spark plasma sintered hydroxyapatite/graphite nanosheet and hydroxyapatite/multiwalled carbon nanotube composites：mechanical and in vitro cellular properties [J]. Advanced Engineering Materials, 2011, 13: 336-341.

[28] Munir Z A, Anselmi-Tamburini U, Ohyanagi M. The effect of electric field and pressure on the synthesis and consolidation of materials: a review of the spark plasma sintering method [J]. Journal of Materials Science, 2006, 41 (3): 763-777.

[29] Orrù R, Licheri R, Locci A M, et al. Consolidation/synthesis of materials by electric current activated/assisted sintering [J]. Materials Science and Engineering: R: Reports, 2009, 63 (4-6): 127-287.

[30] 李晓普. 放电等离子烧结制备 SiCp/6061 铝基复合材料及其热变形行为的研究 [D]. 秦皇岛: 燕山大学, 2016.

[31] Zhang Z, Shen X, Wang F, et al. Low-temperature densification of TiB_2 ceramic by the spark plasma sintering process with Ti as a sintering aid [J]. Scripta Materialia, 2012, 66 (3-4): 167-170.

[32] Santanach J G, Weibel A, Estournès C, et al. Spark plasma sintering of alumina: study of parameters, formal sintering analysis and hypotheses on the mechanism (S) involved in densification and grain growth [J]. Acta Materialia, 2011, 59 (4): 1400-1408.

[33] Guillon O, Gonzalez-Julian J, Dargatz B, et al. Field-assisted sintering technology/spark plasma sintering: mechanisms, materials, and technology developments [J]. Advanced Engineering Materials, 2014, 16: 830-849.

[34] Kwon H, Estili M, Takagi K, et al. Combination of hot extrusion and spark plasma sintering for producing carbon nanotube reinforced aluminum matrix composites [J]. Carbon, 2009, 47: 570-577.

[35] Kwon H, Park D H, Silvain J F, et al. Investigation of carbon nanotube reinforced aluminum matrix composite materials [J]. Composites Science and Technology, 2010, 70: 546-550.

[36] Yadav V, Harimkar S P. Microstructure and properties of spark plasma sintered carbon nanotube reinforced aluminum matrix composites [J]. Advanced Engineering Materials, 2011, 13: 1128-1134.

[37] Bisht A, Srivastava M, Kumar R M, et al. Strengthening mechanism in graphene nanoplatelets reinforced aluminum composite fabricated through spark plasma sintering [J]. Materials Science and Engineering A, 2017, 695: 20-28.

[38] Molina J M, Narciso J, Weber L, et al. Thermal conductivity of Al-SiC composites with monomodal and bimodal particle size distribution [J]. Materials Science and Engineering A, 2008, 480 (1): 483-488.

[39] Jiang L, Wang P, Xiu Z, et al. Interfacial characteristics of diamond/aluminum composites with high thermal conductivity fabricated by squeeze-casting method [J]. Materials Characterization, 2015, 106: 346-351.

[40] 夏扬, 宋月清, 崔舜, 等. 热管理材料的研究进展 [J]. 材料导报, 2008, 22 (1): 4-7.

[41] Mizuuchi K, Inoue K, Agari Y, et al. Processing of Al/SiC composites in continuous solid-liquid co-existent state by SPS and their thermal properties [J]. Composites Part B: Engineering, 2012, 43 (4): 2012-2019.

[42] Tan Z, Chen Z, Fan G, et al. Effect of particle size on the thermal and mechanical properties of aluminum composites reinforced with SiC and diamond [J]. Materials& Design, 2016, 90: 845-851.

[43] Sie Chin Tjong A B. Recent progress in the development and properties of novel metal matrix nanocomposites reinforced with carbon nanotubes and graphene nanosheets [J]. Materials Science and Engineering: R: Reports, 2013, 74 (10), 281-350.

[44] 陶杰, 赵玉涛, 潘蕾, 等. 金属基复合材料制备新技术导论 [M]. 北京: 化学工业出版社, 2007.

[45] Rama Koteswara Rao V, Rangaraya Chowdary J, Balaji A, et al. A review on properties of aluminium based metal matrix composites via stir casting [J]. International Journal of Scientific & Engineering Research, 2016, 7 (2): 742-749.

[46] Zhang H, Xu C, Xiao W, et al. Enhanced mechanical properties of Al5083 alloy with graphene nanoplates prepared by ball milling and hot extrusion [J]. Materials Science and Engineering A,

2016，658：8-15.

[47] De Arco L G, Zhang Y, Kumar A, et al. Synthesis, transfer, and devices of single-and fewlayer graphene by chemical vapor deposition [J]. IEEE Transactions on Nanotechnology, 2009, 8 (2)：135-138.

[48] Yang W, Chen G, Qiao J, et al. Graphene nanoflakes reinforced Al-20Si matrix composites prepared by pressure infiltration method [J]. Materials Science and Engineering A, 2017, 700：351-357.

[49] Liu G, Zhao N, Shi C, et al. In-situ synthesis of graphene decorated with nickel nanoparticles for fabricating reinforced 6061Al matrix composites [J]. Materials Science and Engineering A, 2017, 699：185-193.

[50] Liao J, Tan M J. Mixing of carbon nanotubes (CNTs) and aluminum powder for powder metallurgy use [J]. Powder technology, 2011, 208 (1)：42-48.

[51] 李明伟. 颗粒增强铝基复合材料的研究与应用 [J]. 热加工工艺, 2009, 38 (08)：69-72.

[52] 钟宇，熊计，赵国忠，等. 铝基复合材料的研究现状 [J]. 轻合金加工技术, 2008, 36 (12)：9-13.

[53] Hu Z, Tong G, Lin D. Graphene-reinforced metal matrix nanocomposites-a review [J]. Materials Science and Technology, 2016, 32：930-953.

[54] Bastwros M, Kim G Y, Zhu C, et al. Effect of ball milling on graphene reinforced Al6061 composite fabricated by semi-solid sintering [J]. Composites Part B：Engineering, 2014, 60：111-118.

[55] Esawi W K, Borady E M A. Carbon nanotube-reinforced aluminum strips [J]. Composites Science and Technology, 2008, 68 (2)：486-492.

[56] Johanne L B, Yowell L L, Sosa E, et al. Survivability of single-walled carbon nanotubes during friction stir processing [J]. Nanotechnology, 2006, 17 (12)：3081-3084.

[57] Ashby M. Designing Architectured Materials [J]. Scripta Materialia, 2013, 68 (1)：4-7.

[58] Ma X, Zhao Y F, Liu X F, et al. A novel Al matrix composite reinforced by nano-AlNp network [J]. Scientific Reports, 2016, 6：1-9.

[59] Kaveendran B, Wang G S, Huang L J, et al. In situ $(Al_3Zr+Al_2O_{3np})/2024Al$ metal matrix composite with novel reinforcement distributions fabricated by reaction hot pressing [J]. Journal of Alloys and Compounds, 2013, 581：16-22.

[60] Liu Z Y, Xiao B L, Wang W G, et al. Singly Dispersed Carbon Nanotube/Aluminum Composites Fabricated by Powder Metallurgy Combined with Friction Stir Processing [J]. Carbon, 2012, 50 (5)：1843-1852.

[61] 张燕瑰，胡志君，吴进. 碳化硅颗粒增强 Al 基复合材料的新型制备工艺 [J]. 精密成形工程, 2011, 3 (1)：39-42.

[62] Astfalck L C, Kelly G K, Li X P, et al. On The Breakdown of SiC During The Selective Laser Melting of Aluminum Matrix Composites [J]. Advanced Engineering Materials, 2017, 19 (8)：1600835.

[63] 饶项炜，顾冬冬，席丽霞. 选区激光熔化成形碳纳米管增强铝基复合材料成形机制及力学性能研究 [J]. 机械工程学报, 2019, 55 (15)：1-9.

2

增强体的表面改性

2.1 引言

复合材料中增强体与基体接触构成的界面作为复合材料三大微观结构要素之一，是一层具有一定厚度（纳米以上），结构随增强体和基体而异，与基体有明显差异的新相，是连接增强体与基体的"纽带"，也是应力及其他信息传递的"桥梁"，其结构与性能对复合材料的物理和机械性能起着极为重要的作用。复合材料中界面的形成又依赖于增强体表面性质、状态、增强体与基体间的润湿性和反应活性以及复合材料的制备技术等多种因素。

就铝基复合材料而言，要获得性能优异的界面，关键是解决增强体与铝合金基体之间界面的浸润问题。国内外学者为改善金属基体与增强体间的浸润性，控制界面反应以形成良好的界面结构，做了大量工作。迄今为止，解决途径主要有增强体的表面改性及涂层处理、金属基体合金化及制备工艺方法的优化。其中增强体的表面改性及涂层处理可以有效地改善增强体与基体的浸润性并阻止严重的界面反应[1]。

2.2 SiCp 的高温氧化

SiCp 表面改性的主要方法之一是高温氧化，通过高温氧化能够去除 SiCp 表面吸附杂质，同时在颗粒表面形成一层 SiO_2 以提高颗粒的浸润性，此外，生成的 SiO_2 在 SiCp 与铝合金基体间形成一道屏障阻止过度界面反应的发生。

目前大部分的研究认为，颗粒表面形成的一层 SiO_2 能起到改善颗粒与铝液间浸润性的作用，因为 SiO_2 会与铝反应生成 Si 而固溶于基体，反应如式（2-1）所示。

$$4Al_{(l)} + 3SiO_{2(s)} \longrightarrow 2Al_2O_{3(s)} + 3Si_{(s)} \quad \Delta G_{900K} = -24kJ/mol \quad (2-1)$$

并且 SiO_2 氧化层的存在会阻止 SiCp 直接与铝液接触而发生反应［式（2-2）］生成脆性相 Al_4C_3。

$$4Al_{(l)} + 3SiC_{(s)} \longrightarrow Al_4C_{3(s)} + 3Si_{(s)} \quad \Delta G_{900K} = -88.5kJ/mol \quad (2-2)$$

可见 SiCp 表面氧化不但能通过反应促进增强体与基体合金的浸润，而且能防止有害界面反应的发生。另外 SiCp 表面氧化的方法成本低，简便易行，被认为是一种有效、方便、低廉、便于工业化应用的表面处理方法。

2.2.1 氧化热力学分析

碳化硅氧化过程之所以复杂，是因为它的两种组成元素都可以与氧元素反应生成两种不同的氧化物，即 CO 或 CO_2 和 SiO 或 SiO_2。由热力学数据可以计算出 SiC 与 O_2 可能发生的反应的吉布斯自由能（ΔG）随温度的变化，如表 2-1 所示。由表 2-1 可知，在常温和 1400K，反应的吉布斯自由能均为负值，说明反应可自发进行。

▣ 表 2-1 碳化硅与氧气反应的吉布斯自由能变化

反应	$\Delta G/(kJ/mol)$	
	298K	1400K
$SiC_{(s)} + O_{2(g)} \longrightarrow SiO_{2(s)} + C_{(s)}$	−785.63	−598.82
$2SiC_{(s)} + 3O_{2(g)} \longrightarrow 2SiO_{2(s)} + 2CO_{(g)}$	−1845.59	−1668.01
$SiC_{(s)} + 2O_{2(g)} \longrightarrow SiO_{2(s)} + CO_{2(g)}$	−1180.00	−947.99
$2SiC_{(s)} + 3O_{2(g)} \longrightarrow 2SiO_{(g)} + 2CO_{2(g)}$	−901.61	−1107.09
$SiC_{(s)} + O_{2(g)} \longrightarrow SiO_{(g)} + CO_{(g)}$	−193.60	−431.25
$2SiC_{(s)} + O_{2(g)} \longrightarrow 2SiO_{(g)} + 2C_{(s)}$	−112.87	−314.91
$SiC_{(s)} + O_{2(g)} \longrightarrow Si_{(s)} + CO_{2(g)}$	−323.52	−333.92
$2SiC_{(s)} + O_{2(g)} \longrightarrow 2Si_{(s)} + 2CO_{(g)}$	−132.61	−345.87

2.2.2 高温氧化工艺

实验所用的 SiC 颗粒的中位径（D_{50}）分别选择 $7\mu m$（W7）、$10\mu m$（W10）、$14\mu m$（W14）、$20\mu m$（W20）和 $40\mu m$（W40）。表 2-2 为利用激光粒度分布仪测定的五种 SiC 的粒度分布测试结果。从表 2-2 中可以看出 SiC 颗粒的中位径基本接近实验所要求的粒径尺寸。

▣ 表 2-2 颗粒粒径参数

粒度	颗粒特性参数/μm				
	D_{10}	D_{25}	D_{50}	D_{75}	D_{90}
W7	0.09	3.46	6.08	8.98	11.41
W10	4.05	6.21	9.03	12.14	15.07
W14	0.12	9.18	13.36	18.37	26.03
W20	14.50	18.02	22.79	28.15	33.07
W40	28.58	34.87	43.38	54.61	64.64

SiCp 氧化处理是在高温热处理炉中进行，处理温度分别为 900℃、1000℃和 1200℃，氧化时间为 10h。氧化后的颗粒在复合前要经过 600℃/0.5h 的预热，目的是使颗粒表面吸附的 H_2、H_2O、CO 和 N_2 等气体脱附。处理后的颗粒应尽快用来复合，防止颗粒冷却

后再次吸附气体。需要注意的是，氧化处理时应尽量使 SiCp 铺展开来，以扩大 SiCp 与氧化环境的接触面积，并注意采取一定的辅助工艺使炉膛始终保持足够的氧气，从而使得 SiCp 能够充分氧化。图 2-1 为原始颗粒和氧化处理 10h 后颗粒的扫描电镜（SEM）照片。

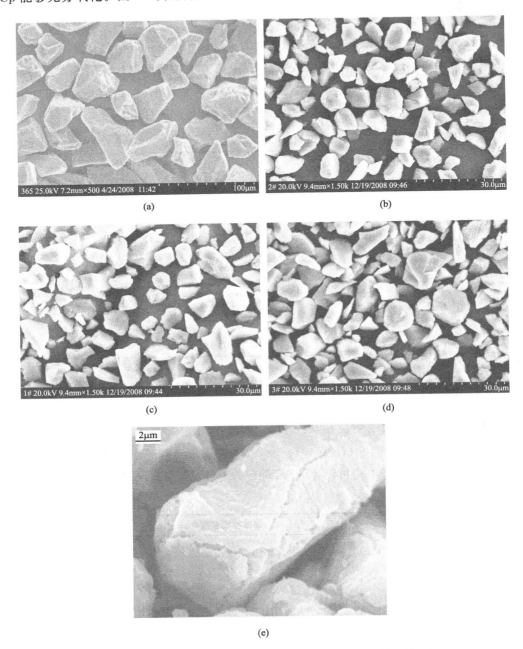

图 2-1 原始颗粒和氧化处理 10h 后颗粒的扫描电镜照片

（a）原始颗粒；（b）900℃；（c）1100℃；（d）1200℃；（e）1200℃单个颗粒

通过图 2-1 可以明显观察出高温氧化后颗粒表面状态的变化，长时间氧化处理后的颗粒外表面为白色包覆层，也就是 SiO₂ 氧化层。从 900℃到 1200℃碳化硅颗粒外形变化不大，但是尖角部分已经变钝，如图 2-1(e) 所示，而且表面基本已经被 SiO_2 氧化层覆盖；1200℃时 SiCp 已经全部被氧化层所覆盖，由于氧化层对 SiCp 基体的覆盖面积增大，起到了阻止进一步氧化的作用，但是由于 SiCp 基体表面的起伏，使得氧化层存在裂纹和空洞，同时有些氧化层可能出现脱离现象。

2.2.3 氧化后颗粒表面氧化层观察

图 2-2 是粒径为 $7\mu m$ 的 SiCp 氧化后的 SEM 图像。从图 2-2 中可以看出：
① 长时间氧化处理后的颗粒完全除去了很尖锐的边角［如图 2-2(a) 所示］，说明氧

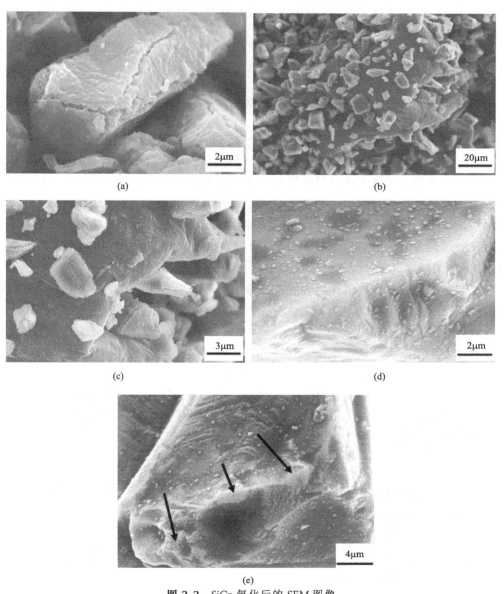

图 2-2 SiCp 氧化后的 SEM 图像

(a)~(c) 1200℃氧化 35h；(d)、(e) 1100℃氧化 3h

化处理具有一定的钝化作用，随着反应程度的增加，尖角处的钝化效果逐渐提高，并且氧化前存在于颗粒表面的微小粒子也已不见，应该是被生长的 SiO_2 界面所吞陷了。

② 如图 2-2（b）所示，长时间高温氧化使颗粒发生烧结反应，形成大颗粒，不能用于增强铝合金。图 2-2（c）是烧结成的大颗粒 SEM 图像。可以看出颗粒团的表面形成了一层光滑的 SiO_2，单个颗粒的形状已经消失。

③ 如图 2-2（d）所示，1100℃氧化 3h 后，颗粒表面形成一层 SiO_2，吸附于颗粒表面的亚微米级颗粒外貌更加圆滑，与 SiC 颗粒的界面变得相对模糊。这是由于表面吸附的 SiC 发生了氧化，并逐渐被基体颗粒表面的氧化层所吞陷。

④ 由于尖角处的表面能比平滑处的高，所以，氧化开始的地方总是颗粒的尖角边缘处和颗粒表面吸附的亚微米级颗粒表面处。在氧化反应发生时尖角处的反应更剧烈，如图 2-2（e）中箭头所示。

2.2.4 氧化层厚度计算

当 SiC 被氧化后形成玻璃态的 SiO_2，SiC 颗粒氧化时发生的反应如式（2-3）和式（2-4）所示[2]。

$$2SiC_{(s)} + 3O_{2(g)} \longrightarrow 2SiO_{2(s)} + 2CO_{(g)} \qquad (2-3)$$

$$SiC_{(s)} + 2O_{2(g)} \longrightarrow SiO_{2(s)} + CO_{2(g)} \qquad (2-4)$$

反应的过程是：氧离子通过氧化层传递至 SiC 表面→氧离子在 SiC 表面吸附，发生反应→生成的气体从反应区离去。由于 SiC 在空气中长时间氧化，所以如式（2-4）所示的反应最可能发生。进一步计算可知：两反应中生成的 SiO_2 均为参加反应 SiC 质量的 1.5 倍。因此通过测量氧化后 SiC 增重 ΔW，就可以算出生成的 SiO_2 的量为 $3\Delta W$，进而可以计算出 SiO_2 的厚度。

为了定量表征 SiC 颗粒氧化的程度，推导出了两个用于计算碳化硅表面氧化层厚度的方法。

（1）等体积球法[3]

根据图 2-3 有：

$$V_{SiO_2} = [1 - (R_2/R_3)^3] \times 100\% \qquad (2-5)$$

$$V_{SiO_2} = \frac{\dfrac{y}{\rho_{SiO_2}}}{\dfrac{W-x}{\rho_{SiC}} \pm \dfrac{y}{\rho_{SiO_2}}} = \frac{\dfrac{3\Delta W}{\rho_{SiO_2}}}{\dfrac{W-2\Delta W}{\rho_{SiC}} \pm \dfrac{3\Delta W}{\rho_{SiO_2}}} \qquad (2-6)$$

式中　V_{SiO_2}——SiO_2 体积分数；

y——反应生成 SiO_2 的质量；

x——反应消耗的 SiC 质量；

W——颗粒原有质量；

ΔW——颗粒增加的质量；

ρ_{SiC}——SiC 密度，$3.16g/cm^3$；

ρ_{SiO_2}——SiO_2 密度，$2.196g/cm^3$。

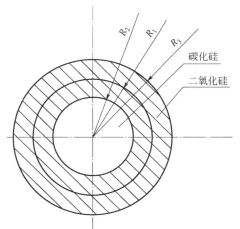

图 2-3　球形 SiC 高温氧化后尺寸示意图

R_1—氧化前 SiC 半径；R_2—氧化后 SiC 半径；

R_3—氧化产生 SiO_2 层后外表面半径

当颗粒氧化后

$$\frac{V_{SiC}}{V_{SiO_2}}=\left(\frac{R_1}{R_3}\right)^3=\frac{m_{SiC}/\rho_{SiC}}{m_{SiO_2}/\rho_{SiO_2}} \tag{2-7}$$

由以上三个方程求得 SiO_2 层厚度 d 为

$$d=R_3-R_2=1.29R_1(1-\sqrt[3]{1-V_{SiO_2}}) \tag{2-8}$$

（2）比表面积法

上式的缺点是计算比较复杂，并且由颗粒粒径不均匀和形状不规则引起的误差也比较大。作者提出了通过颗粒比表面积来计算氧化层厚度的式(2-9)。比表面积 S 是指单位质量固体物质的总表面积，一般用 BET 法测量。本实验中通过激光粒度仪测出颗粒比表面积 S'，单位是 m^2/cm^3，代表每立方厘米颗粒所具有的表面积，可以通过换算得到式(2-9)中的比表面积 S，单位是 cm^2/g。通过测量和计算，得到的本试验所用颗粒比表面积见表2-3。再通过式(2-9) 即可以算出颗粒的氧化层厚度。本研究中颗粒氧化层厚度即为此法计算所得。

$$d=\frac{3\Delta W/\rho_{SiO_2}}{WS} \tag{2-9}$$

式中　W——样品氧化前质量，g；

　　　　S——比表面积，cm^2/g。

▢ 表2-3　不同粒径颗粒的比表面积

比表面积	不同颗粒直径下的比表面积值			
	5μm	20μm	40μm	100μm
$S'/(m^2/cm^3)$	0.88	0.27	0.17	0.11
$S/(cm^2/g)$	2750	843.75	531.25	343.75

2.2.5　影响氧化层厚度的因素

氧化层的存在有利于颗粒与基体的反应浸润，但是过厚的氧化层同样会降低复合材料的机械性能。所以有必要研究 SiC 颗粒表面氧化层厚度的影响因素。

（1）粒度

图 2-4 所示为 W7、W14、W40 三种 SiC 颗粒在 1200℃下的氧化特征。图 2-4(a)～图 2-4(d) 分别反映了 SiC 颗粒氧化过程的质量增加量、SiC 氧化层 SiO_2 的平均厚度、氧化层质量增加速率和氧化层厚度增加速率。

由图 2-4(a) 和图 2-4(c) 可以看出：粒径越小，同样氧化条件下颗粒增重越明显。这是由于小粒径的颗粒比表面积大，也就是比同样质量的大粒径颗粒与氧化气氛接触的面积更大，因而能有更多的 SiC 发生反应，使颗粒增重。

由图 2-4(b) 可以看出，粒径越小，同样氧化条件下颗粒氧化层厚越小。这是由于小

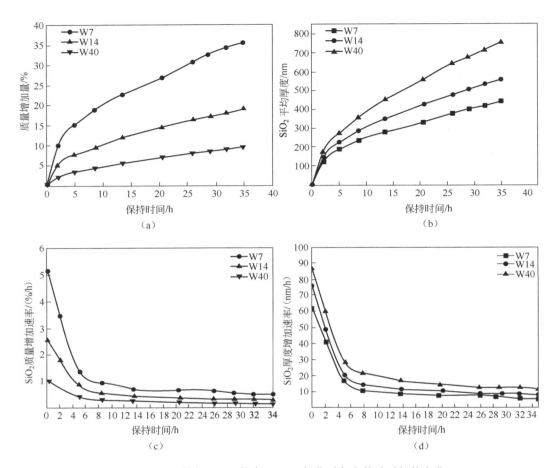

图 2-4 不同粒径 SiC 颗粒在 1200℃氧化时各参数随时间的变化
（a）质量增加量；（b）氧化层的平均厚度；（c）氧化层质量增加速率；（d）氧化层厚度增加速率

粒径颗粒之间空隙相对较小，使得生成的气体不能及时排出，即氧化气氛不能及时补充造成的。另外由于颗粒氧化后膨胀，即图 2-3 中 $R_3 > R_2$，颗粒之间，特别是氧化反应相对剧烈的表层颗粒之间互相接触，并结合在一起，形成一层氧化壳，阻止其内部颗粒进一步氧化。

由图 2-4(c) 可以看出：随着时间的延长，颗粒增重的速度明显降低，呈抛物线形状，这与文献［4］与［5］报道的一致。因为如式（2-3）和式（2-4）所示的反应受扩散控制，氧化初期反应速率快，是因为氧化膜薄，氧气能相对容易地穿过氧化层与内部 SiC 反应。随着保温时间延长，在 SiC 表面形成的 SiO_2 层本身也将影响扩散反应过程的进行，阻止其进一步氧化。另外，随着反应的进行，单独颗粒之间互相结合，减小了反应发生的面积，也会降低颗粒增重的速度。由图 2-4(c)、图 2-4(d) 可以看出：当颗粒氧化时间超过 6h 后，其增重速率和氧化层厚度的增加速率基本不变。这与文献［3］报道的一致。并且粒径小的颗粒氧化增重速率恒大于大粒径颗粒，而氧化层厚度增加速率恒小于大粒径颗粒。

（2）温度

图 2-5 是氧化温度与氧化层厚度和氧化层厚度增加率的关系，氧化时间为 1h。从图 2-5（a）中可以看出：对于不同粒径颗粒，相同氧化时间下，氧化温度越高，氧化层厚度越大；在某一固定温度下，大粒径颗粒氧化层厚度更大，这与图 2-4（b）的结论一致。从图 2-5（b）中可以看出：在较低温度下（本试验中为 900～1000℃），小粒径颗粒的氧化层厚度随着温度的变化增加得比较快，即小粒径颗粒对低温区温度的变化更敏感，主要原因是小粒径颗粒表面有相对较多的尖角，具有较高的能量，氧化开始时优先进行［如图 2-2（e）所示］。在较高的温度下（本试验中为 1000～1200℃）小粒径颗粒的氧化层厚度随着温度的变化增加得相对较慢，这主要是因为在高温下，颗粒尖角的优先氧化现象很快消失，颗粒表面全部开始氧化，决定氧化层厚度的主要因素变为氧化气氛的供给量。大粒径颗粒由于粒径间气隙较大，有利于氧气和生成气体之间的交换，所以氧化速度更快［与图 2-4（d）结论一致］。

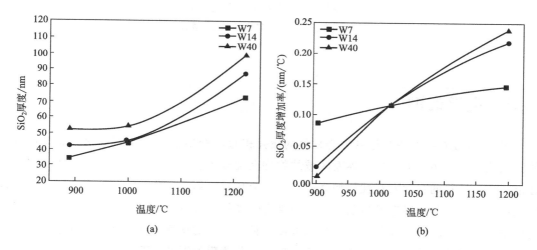

图 2-5　不同粒径 SiC 颗粒氧化 1h 参数随温度的变化
（a）氧化层厚度；（b）氧化层厚度增加率

（3）颗粒堆积形状

氧化时颗粒的堆积状态也会影响氧化层厚度，如图 2-6 所示。从图 2-6（a）中可以看出，同样的时间后，在平铺情况下颗粒氧化层厚度更大。这是因为：同样质量的颗粒，铺展开后，其与氧气接触的面积增大，并且氧气也能更容易地到达内部颗粒表面与之发生反应。从图 2-6（b）中可以看出在平铺和堆积情况下，颗粒表面氧化层厚度增速均符合图 2-4（d）所显示的规律。

由上述试验可以得出：在其它试验条件相同的情况下，氧化温度越高、颗粒粒径越大，颗粒铺展得越充分，颗粒氧化层厚度越厚。并且随着氧化的进行，颗粒氧化层厚度增速越来越慢，6h 后基本不变。

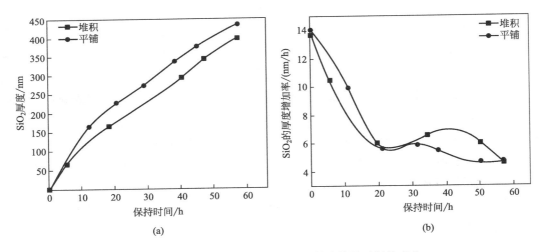

图 2-6 颗粒不同堆垛方式下 SiC 颗粒参数随时间的变化

（粒径为 W7；　氧化温度为 1200℃）

（a）氧化层厚度；（b）氧化层厚度相增加率

2.3　化学镀铜

　　将 SiCp 或石墨烯作为铝基复合材料的增强相时，SiCp 或石墨烯与铝合金基体间存在的润湿性及界面结合强度差，界面区域的物理及化学性能不连续，导致 SiCp 或石墨烯增强铝基复合材料的各种宏观性能如摩擦磨损、导热及热膨胀、应力与应变分布、载荷传递等表现不理想。化学镀铜是目前提高界面结合强度的有效方法之一，其优点是不损伤被镀基体表面，稳定可靠，设备简单，操作方便，具备优良的均镀与深镀能力。化学镀铜过程包括 SiC 颗粒的镀前处理、施镀及镀后处理，工艺流程如图 2-7 所示。

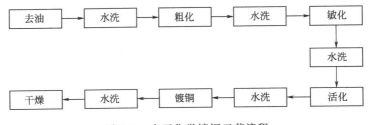

图 2-7　表面化学镀铜工艺流程

2.3.1　SiCp 镀铜

（1）粗化

粗化的主要目的是去除基体上的油污、氧化物及其它的黏附物或吸附物，使基体露出新鲜的活化组织，提高对活化液的浸润性，有利于活化时形成尽量多的分布均匀的催化活性中心。本节中选用 30％（质量分数）NaOH 溶液、37％浓盐酸和 67％浓硝酸三种粗化剂。图 2-8 是不同粗化剂粗化后 SiC 颗粒表面的 SEM 图像。

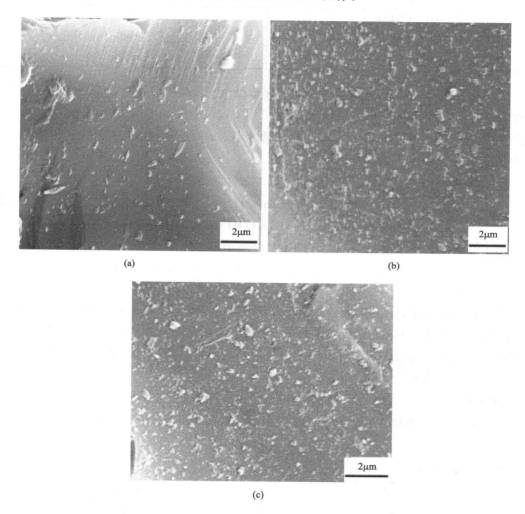

图 2-8　不同粗化剂粗化后 SiC 颗粒表面的 SEM 图像
（a）30％（质量分数）NaOH 溶液粗化；（b）浓盐酸粗化；（c）浓硝酸粗化

从图 2-8 中可以看出经过粗化后的颗粒表面没有变粗糙，颗粒表面的吸附物仍然存在，这主要是因为本实验中所用的增强体为 SiC 颗粒，其化学稳定性好，不与本实验中的粗化液发生反应。而从图 2-8(a) 中可看出，经过浓 NaOH 溶液处理过的颗粒，其表面的膜状物已经不见，只剩下白色颗粒状吸附物，这可能是发生了反应 [式 (2-10)]。这一现象也佐证了 SiC 颗粒表面膜状物是 SiO_2 而白色吸附颗粒为 SiC 微粒的结论。

$$SiO_2 + 2OH^- \longrightarrow SiO_3^{2-} + H_2O \tag{2-10}$$

（2）敏化

敏化的目的是在非金属表面上建立起以贵金属为核心的催化中心，因此敏化剂也就是还原剂。敏化液配方见表 2-4。

□ 表 2-4　敏化液配方

组　成	用　量
$SnCl_2 \cdot 2H_2O(s)$	10g
37%浓 HCl(l)	40mL
去离子水(l)	1000mL

将粗化后的颗粒用表 2-4 敏化液处理。室温处理一段时间后，粉末表面吸附一层二价锡化合物，通过水解反应式（2-11）和反应式（2-12）生成 $Sn(OH)Cl$ 和 $Sn(OH)_2$。反应生成的 $Sn(OH)Cl$ 和 $Sn(OH)_2$ 结合生成微溶于水的凝胶状物 $Sn_2(OH)_3Cl$ 黏附在颗粒表面，总反应见反应式（2-13）。

$$SnCl_2 + H_2O \longrightarrow Sn(OH)Cl + Cl^- + H^+ \qquad (2-11)$$

$$SnCl_2 + 2H_2O \longrightarrow Sn(OH)_2 + 2H^+ + 2Cl^- \qquad (2-12)$$

$$2SnCl_2 + 3H_2O \longrightarrow Sn_2(OH)_3Cl + 3Cl^- + 3H^+ \qquad (2-13)$$

由于在颗粒表面沉积的 $Sn_2(OH)_3Cl$ 凝胶膜很薄，因此过滤时要控制水的流量，既要将使用过的敏化液清洗掉，又不能把黏附在颗粒上面的 $Sn_2(OH)_3Cl$ 冲掉。

（3）活化

活化的目的是在非金属表面建立起化学镀所需的贵金属微粒沉积在表面形成的贵金属催化中心。这些活化中心是活化液中的贵金属离子被敏化时吸附的还原剂所还原而形成的金属微粒。其直径为 3.0~10.0nm[6]。活化液一般有银盐和钯盐溶液两种，本试验中所用活化液为银盐溶液，即银铵溶液。

银铵溶液的配制方法：先将硝酸银溶解在电导率为 0.2μS/cm 的去离子水中，逐渐加入氨水，待生成的棕色沉淀消失，再用去离子水稀释至规定体积。银盐活化液配方见表 2-5。

□ 表 2-5　银盐活化液配方

组　成	用　量
$AgNO_3(s)$	2g
$NH_3 \cdot H_2O(l)$	调至溶液透明
去离子水(l)	1000mL

将经过敏化处理，并且适度清洗过的颗粒放入配好的银铵活化液中，室温处理一定时间。银离子被粉末表面的亚锡离子还原成金属银，吸附在粉末表面，使粉末获得催化活性。反应如式（2-14）所示。

$$2Ag^+ + Sn^{2+} \longrightarrow 2Ag \downarrow + Sn^{4+} \qquad (2-14)$$

将处理后的颗粒用 0.22μm 孔径滤膜滤出，自然晾干。图 2-9 是经过敏化、活化后的颗粒表面状态。从图 2-9 可以看出经过敏化、活化后，颗粒表面分布着一层纳米级微小颗粒，据文献 [6] 可知其为金属银活化中心。

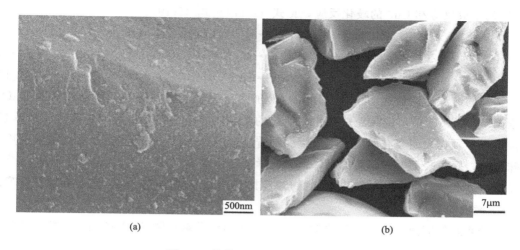

图 2-9 敏化、活化后颗粒表面状态

(a) 局部表面；(b) 整体颗粒表面

（4）镀铜

经过活化处理后的非金属表面已经分布有起催化作用的活性催化中心。还原剂通过催化中心，与待还原的金属铜离子之间完成电子交换。由于铜是其自身沉积反应的催化剂[7,8]，所以当活化中心被先沉积的铜覆盖以后，反应能在新沉积的金属铜自身的催化作用下继续进行。

化学镀铜的镀液配方见表 2-6。化学镀铜的主盐是 $CuSO_4 \cdot 5H_2O$，其浓度会直接影响镀铜速度；EDTA 是络合剂，在镀液中，88% 的 Cu^{2+} 不是以游离状态而是以配合物 $Cu(OH)L^{3-}$ 状态存在，L 代表 EDTA；还原剂是甲醛；α,α'-联吡啶是稳定剂，其主反应如式（2-15）、式（2-16）所示[6]。

表 2-6 镀液配方

作用	组成	用量
主盐	$CuSO_4 \cdot 5H_2O$	7g/L
调节 pH 值	NaOH	7.5g/L
络合剂	EDTA	20g/L
还原剂	HCHO(36%)	10mL/L
稳定剂	α,α'-联吡啶	20mg/L

$$Cu^{2+} + 2HCHO + 4OH^- \longrightarrow Cu^0 + 2HCOO^- + H_2 \uparrow + 2H_2O + 2e \quad (2-15)$$

$$Cu^{2+} + 2e \longrightarrow Cu \quad (2-16)$$

由式（2-15）得 $\Delta G' = -444.53 kJ/mol$，由式（2-16）得 $\Delta G'' = -1.02 kJ/mol$，则 $\Delta G = \Delta G' + \Delta G'' = -445.55 kJ/mol < 0$。

通过以上计算可以看出，总的反应满足热力学条件，甲醛可以用作 Cu^{2+} 的还原剂。

试验中的 pH 值、温度、搅拌、超声和加载量等均会对最终的镀铜效果产生影响。参数设置不合理和操作不规范均会引发副反应：甲醛的康尼扎罗（Cannizzaro）反应、

Cu_2O 的生成反应和 Cu^+ 的歧化反应，见式（2-17）～式（2-19）。

$$2HCHO+NaOH \longrightarrow HCOONa+CH_3OH \tag{2-17}$$

$$2Cu^{2+}+HCHO+5OH^- \longrightarrow Cu_2O+HCOO^-+3H_2O \tag{2-18}$$

$$2Cu^+ \Longrightarrow Cu+Cu^{2+} \tag{2-19}$$

新鲜的镀液为蓝色透明液体，用加热套加热至设定温度并保温。用稀释后的 NaOH 溶液调节溶液 pH 值，倒入经过敏化、活化的颗粒，并不断搅拌，镀液由蓝色变成棕色。搅拌过程中颗粒表面会有微小气泡产生。随着反应的进行，气泡逐渐减少，待镀液的甲醛气味变淡，颗粒表面气泡不再产生，此时化学镀反应基本完成。

影响镀铜最后效果的因素很多，如镀液及其 pH 值、镀覆温度、搅拌强度和加载量等。

① 镀液的影响

清洁有效的镀液是本实验的关键。图 2-10 为镀液分解后颗粒 SEM 图像和能量色散 X 射线谱（EDS 图谱）。

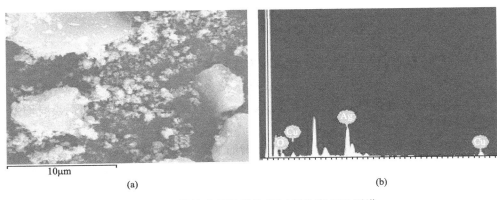

(a)   (b)

图 2-10 镀液分解后颗粒 SEM 图像和 EDS 图谱
(a) SEM 图像；(b) EDS 图谱

从图 2-10(a) 中可以看出，颗粒表面没有形成明显的镀层，而是存在大量的絮状物。能谱分析结果如图 2-10(b) 所示，忽略基体元素的 C 和 Si 峰可以发现絮状物中主要元素有 O、Cu 和 Ag。可以推测，由于活化后颗粒清洗不充分，活化液中的 Ag^+ 进入镀液，造成镀液分解，恶化了镀覆效果。

② pH 值的影响

镀液的 pH 值保持在一个合适的范围也是本实验的关键。pH 值过高会使镀液不稳定，发生副反应 [式（2-17）～式（2-19）]。甲醛可以直接还原铜离子，发生均相的化学反应，此时的沉积过程会毫无区别地发生在与溶液接触的所有物体上，比如容器内壁。

pH 值过低又会造成甲醛电位升高，其和铜的还原电位差就减小，不足以还原 Cu^{2+}。实验过程中观察到在 pH 值为 9 时即开始有气泡放出，验证了文献 [6] 认为 pH 值小于 9 以后甲醛电位高，无法还原 Cu^{2+} 的结论。从式（2-15）可知，随着反应的进行，溶液 pH 值会下降，需添加 NaOH 稀溶液来调节 pH 值使其稳定在一定范围。本实验中镀液 pH 值稳定在 10 ± 0.5 为宜。

③ 加载量的影响

化学镀的加载量是单位体积镀液要镀覆的镀件表面积，单位是 dm^2/L。图 2-11 显示了不同加载量的镀覆效果。

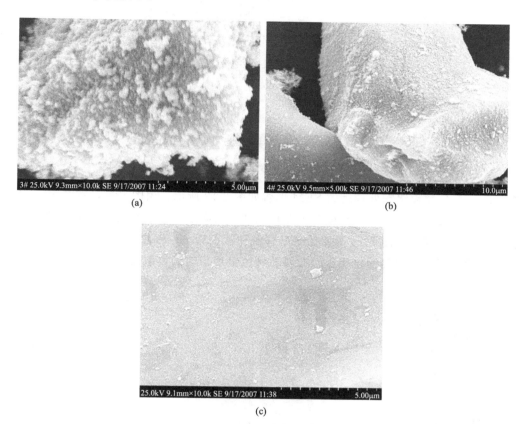

图 2-11 不同加载量得到的镀铜颗粒表面

(a) $12.66dm^2/L$；(b) $21.09dm^2/L$；(c) $421.88dm^2/L$

可见随着加载量的提高，颗粒表面沉积 Cu 的厚度逐渐降低。当加载量比较低时 [如图 2-11(a) 所示]，镀层较厚，且表面不光滑；当加载量较高时 [如图 2-11(c) 所示]，颗粒表面几乎看不到明显的 Cu 沉积层；当加载量为 $21.09dm^2/L$ 时，镀层完整且比较光滑。因此认为传统化学颗粒镀铜的加载量在 $20dm^2/L$ 左右可以获得较好的镀覆效果。

④ 搅拌的影响

图 2-12 是镀铜过程中没有施加搅拌的镀覆效果。可以看出在无搅拌情况下颗粒表面铜层的沉积很不均匀，有的颗粒甚至完全没有镀上。

搅拌强度也不宜太大，否则容易使颗粒剧烈碰撞，将沉积的铜磨掉。进入溶液中的铜又会加速镀液产生无效的镀覆。文献 [6] 指出，最好采用空气搅拌，不但能以较低的强度搅拌均匀，而且空气中的氧还能氧化镀液中的 Cu^+，减弱副反应如式 (2-19) 的影响。

另外，与几乎所有的化学反应一样，提高温度能加快铜的沉积速度，但是当温度超过 50℃后，甲醛的康尼扎罗反应也随之加剧，造成镀液快速失效。本实验的温度设定在

图 2-12 无搅拌颗粒镀铜 SEM 图像

40℃。5μm SiC 颗粒镀铜处理后的 SEM 形貌如图 2-13 所示，由图可见，颗粒表面均匀地存在一层铜单质。镀层的存在有望解决颗粒和基体间润湿性差的问题，同时可以起到控制有害界面反应的作用。图 2-14 为原始 SiC 颗粒和镀铜后 SiC 颗粒宏观照片，可以看出 SiC 颗粒镀铜后由于表面包覆铜单质，因此颗粒颜色呈现与纯铜类似的紫红色。

图 2-13 5μm SiC 颗粒镀铜后的 SEM 形貌

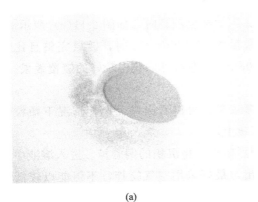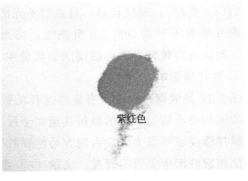

(a)   (b)

图 2-14 原始 SiC 颗粒和镀铜后 SiC 颗粒宏观照片

（a）原始 SiC 颗粒；（b）镀铜后 SiC 颗粒

2.3.2 石墨烯镀铜

铝基复合材料中的增强相石墨烯在高温复合过程中很容易与基体合金发生界面反应生成脆性相 Al_4C_3，脆性相的生成与长大会削弱复合材料增强相与基体界面结合强度，降低复合材料力学性能[9-11]。因此，如何改变石墨烯等碳材料增强铝基复合材料的界面结合性能，成为研究热点。现有石墨烯表面改性研究通常通过化学镀在石墨烯等碳材料表面沉积金属过渡层，但往往只能抑制或减少脆性相产生，而不能完全杜绝脆性相的产生，因为金属镀层过厚或颗粒过大，在混料过程中镀层容易从石墨烯表面脱落[12]。同时，过厚的镀层也会阻碍石墨烯对复合材料基体的强化[12]。

本节采用次亚磷酸钠镀铜还原体系，通过改变化学施镀工艺过程中施镀液反应温度、pH 值、主盐加载量、催化剂等参数，研究纳米铜粒子在石墨烯表面沉积生长机理。

2.3.2.1 化学镀铜工艺

石墨烯表面化学镀铜工艺与前述的 SiCp 表面化学镀铜基本相似，主要工艺流程为：石墨烯→除油、粗化→敏化→活化→干燥→化学镀铜→真空抽滤→蒸馏水冲洗至中性→在 80℃的烘箱中真空干燥 15h。

镀液以硫酸铜（$CuSO_4 \cdot 5H_2O$）为主盐，次亚磷酸钠为还原剂，柠檬酸三钠（$C_6H_5Na_3O_7 \cdot 2H_2O$）为络合剂，硫酸镍为催化剂，硼酸（$H_3BO_3$）为缓冲剂。化学镀铜镀液配方如表 2-7 所示。该体系具有稳定性好，危险性小，操作简单，成本低等优点。因此，本研究以该体系为基础，研究主盐加载量、还原剂加载量、络合剂加载量、催化剂加载量、pH 值以及温度对镀层质量的影响规律。

▫ 表 2-7 化学镀铜镀液配方

项目	数值
硫酸铜加载量/(g/L)	8~18
柠檬酸三钠加载量/(g/L)	9~18
硼酸加载量/(g/L)	35
硫酸镍加载量/(g/L)	0.6~1.2
次亚磷酸钠加载量/(g/L)	10~35
pH 值	10~12
镀液温度/℃	55~70

2.3.2.2 化学镀铜工艺参数对镀层质量的影响

（1）主盐加载量对石墨烯表面铜沉积效果的影响

通常，化学镀铜溶液中铜离子浓度降低，沉积速率也降低，铜在石墨烯表面沉积速度较慢，一般只在某一 Ag 还原质点处沉积并生长。铜盐含量越高，铜离子浓度高，镀速越快，纳米铜粒子沉积加快并向周边生长。铜离子浓度继续升高，由于化学镀沉积铜粒子活性高、表面自由能高，因此石墨烯表面沉积的铜会快速长大，并与其他石墨烯表面沉积的铜生长在一起形成铜颗粒层。如果主盐加载量过高，纳米铜颗粒形成的铜镀层会继续生长，形成大块颗粒。表面沉积过量的铜会在复合粉末混合过程中造成增强相聚集，影响复合材料组织的均匀性。通过固定镀液其他工艺参数（表2-8），改变硫酸铜加载量来研究石墨烯表面铜沉积效果。图2-15是不同主盐加载浓度条件下，石墨烯表面铜沉积的形貌。

▣ 表2-8　改变硫酸铜加载量的化学镀铜镀液配方

项目	数值
硫酸铜加载量/(g/L)	8～18
柠檬酸三钠加载量/(g/L)	15
硼酸加载量/(g/L)	35
硫酸镍加载量/(g/L)	0.8
次亚磷酸钠加载量/(g/L)	25
pH 值	11
镀液温度/℃	65

对比不同主盐加载量，可以发现在其他参数不变的条件下，单独改变硫酸铜主盐加载量时，石墨烯表面铜颗粒的沉积形态随镀液中铜离子浓度减小变化十分明显。图2-15(a)和图2-15(b)分别是加载量为18g/L与16g/L时，铜在石墨烯表面沉积的状态，从图2-15(a)可以看到主盐高加载量镀液中，铜粒子沉积速度快，粒子长大趋势明显，铜颗粒搭接生长在一处，形成较大（5～8μm）铜片层。随镀液中铜离子含量的降低，由图2-15(b)可以看到，大片层铜消失，但铜粒子生长过快，造成石墨烯表面铜离子搭接在一处，降低了石墨烯的分散性。从图2-15(c)、图2-15(d)观察到，镀液主盐加载量进一步降低到14g/L与12g/L时，石墨烯表面铜出现颗粒状形貌，石墨烯表面铜粒子沉积速度减缓，铜粒子基本在石墨烯表面生长，但铜颗粒尺寸较大，约为0.5～1μm。进一步调整到硫酸铜加载量为10g/L与8g/L时，从图2-15(e)、图2-15(f)可以看到，硫酸铜加载量为10g/L时，铜粒子在石墨烯表面沉积速度减缓，铜粒子长大速度缓慢，铜粒径达到纳米尺寸。当加载量为8g/L时，从石墨烯表面的SEM图像中已经无法观察到铜粒子。

采用TEM观察低主盐加载量条件下石墨烯表面铜粒子沉积形貌，如图2-16所示，可以看到当主盐加载量为10g/L时，铜粒子在石墨烯表面沉积均匀，铜粒子尺寸在50～100nm。当镀液主盐浓度降低到8g/L，铜粒子在石墨烯表面沉积数量比较少，铜粒子尺寸在100～300nm。

（2）络合剂加载量对石墨烯表面铜沉积效果的影响

由于采用次亚磷酸盐还原体系，施镀过程需要在碱性条件下进行，镀液中游离态铜离子会与OH⁻结合生成氢氧化铜沉淀，因此配制镀液时需要加入柠檬酸三钠作为络合剂，络合剂与铜离子结合形成络合离子，减少镀液中游离铜离子数量。实验过程中固定镀液其他工艺参数（表2-9），只改变镀液中柠檬酸三钠的加载量，对比石墨烯表面铜沉积形貌，研究络合剂加载量对铜沉积的影响，具体络合剂加载量范围见表2-9。

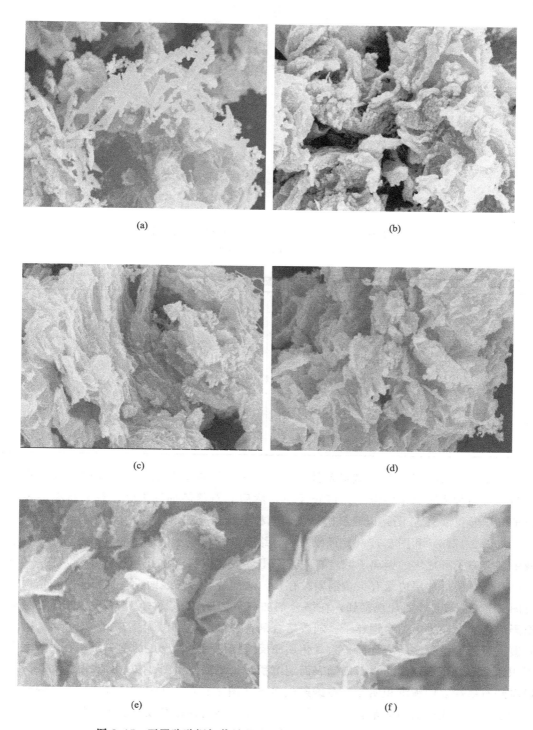

图 2-15 不同硫酸铜加载量下石墨烯表面铜沉积形貌（SEM 图）
（a）18g/L；（b）16g/L；（c）14g/L；（d）12g/L；（e）10g/L；（f）8g/L

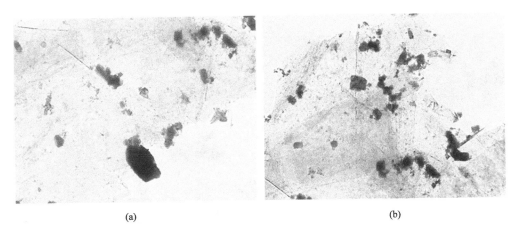

(a)   (b)

图 2-16 石墨烯表面铜粒子沉积形貌（TEM 图）

(a) 8g/L；(b) 10g/L

▣ 表 2-9 改变柠檬酸三钠加载量的化学镀铜镀液配方

项目	数值
硫酸铜加载量/(g/L)	10
柠檬酸三钠加载量/(g/L)	9~18
硼酸加载量/(g/L)	35
硫酸镍加载量/(g/L)	0.8
次亚磷酸钠加载量/(g/L)	25
pH 值	11
镀液温度/℃	65

图 2-17 是不同络合剂加载量条件下石墨烯表面铜粒子沉积状态，实验过程为施镀反应 10min 后加入蒸馏水降温迅速停止反应，然后对石墨烯抽滤干燥，观察石墨烯表面铜粒子沉积形貌（SEM 图）以及石墨烯表面铜粒子状态（TEM 图）。

由图 2-17(a) 和图 2-17(b) 可以看到，络合剂柠檬酸三钠加载量为 9g/L 时，由于镀液中络合离子可提供的铜离子数量有限，石墨烯表面铜粒子沉积量比较少，从图 2-17(a) 可以看到石墨烯片层边缘有少量铜颗粒存在，大部分石墨烯表面没有铜粒子沉积情况。通过图 2-17(b) TEM 照片观察到，在络合剂加载量为 9g/L 条件下相同石墨烯化学施镀后石墨烯表面存在少量纳米铜粒子。随着络合剂柠檬酸三钠加载量提高到 12g/L 和 15g/L，施镀液可以提供更多的络合离子为氧化还原反应提供稳定、充足的铜离子，石墨烯表面铜沉积速度升高，单位时间内石墨烯表面铜沉积数量增加，由图 2-17(c) 和图 2-17(e) 均可以看到石墨烯表面铜沉积明显，在透射电镜下 [图 2-17(d) 和图 2-17(f)] 可以观察到铜粒子在石墨烯表面沉积数量较多，但铜粒子分布不均匀并且有较大粒径铜粒子的团簇，从中还可以明显发现立方状的铜晶体的出现，表明在镀液中络合剂加载量为 12g/L 和 15g/L 时，铜的沉积速度加快，铜粒子长大趋势明显。随着进一步提高镀液中络合剂加载量到 18g/L，从图 2-17(g) 和图 2-17(h) 可以发现，石墨烯表面铜沉积不明显，在透射电镜下

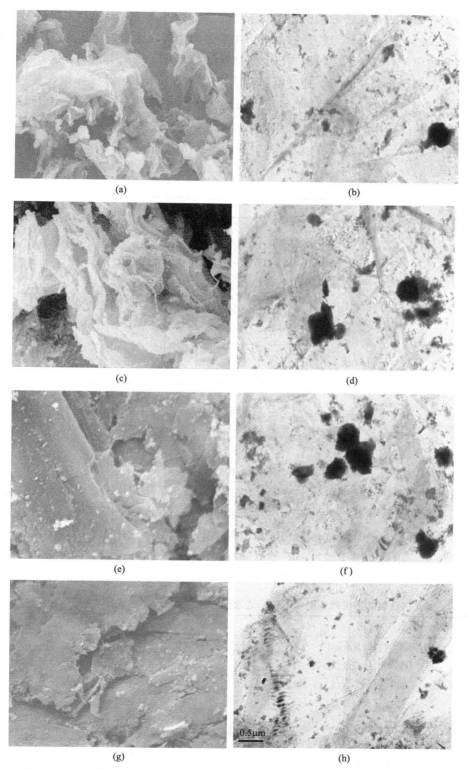

图 2-17 络合剂不同加载量时石墨烯表面铜粒子沉积状态（左边均为 SEM 图， 右边均为 TEM 图）

(a)、(b) 9g/L；(c)、(d) 12g/L；(e)、(f) 15g/L；(g)、(h) 18g/L

观察石墨烯表面发现铜粒子数量明显相对于络合剂低载量条件的要低，大团簇铜粒子聚集不明显，也没有铜立方晶体结构颗粒出现。主要是因为镀液络合剂与主盐铜离子形成相对稳定的络合物离子，延缓了二价铜离子参与氧化还原反应，降低了化学镀速。

为对比石墨烯表面铜含量，通过电感耦合等离子体（ICP）对试样铜含量进行标定，由图 2-18 可知，络合剂加载量的升高使得石墨烯表面铜沉积量出现先增大后减小趋势，当加载量为 15g/L 时达到最高的 812157.14mg/kg，随后随络合剂加载量增大而减小，18g/L 时铜沉积量为 681122.92mg/kg，结果表明，络合剂加载量为 15g/L 时石墨烯铜沉积量比较理想。

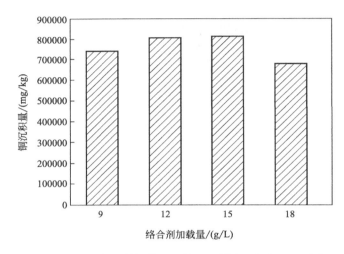

图 2-18　不同络合剂加载量下的石墨烯表面铜沉积量对比

（3）还原剂加载量对石墨烯表面铜沉积效果的影响

还原剂的主要作用是提供化学镀铜反应中还原铜离子所需电子，其本身被氧化。本研究选用的还原剂为次亚磷酸钠，因为次亚磷酸钠加载量的可选择范围较大，镀液寿命长，且稳定性高，不会产生有害气体。它的加载量决定了镀铜镀液中次亚磷酸钠浓度，影响铜离子还原效果。因此，为精确控制石墨烯表面铜沉积量和沉积形貌，详细研究了不同还原剂加载量对铜沉积的影响，加载量见表 2-10。

□ **表 2-10　改变次亚磷酸钠加载量的化学镀铜镀液配方**

项目	数值
硫酸铜加载量/(g/L)	10
柠檬酸三钠加载量/(g/L)	15
硼酸加载量/(g/L)	35
硫酸镍加载量/(g/L)	0.8
次亚磷酸钠加载量/(g/L)	10～35
pH 值	11
镀液温度/℃	65

在化学施镀实验过程中发现，从氧化还原反应动力学与非平衡反应考虑，还原剂加载

量对反应孕育时间影响比较明显，低载量还原剂镀液反应比较缓慢，镀液析出 H₂ 量少，不利于判断反应起始时间。为评价石墨烯镀铜效果，实验将石墨烯加入搅拌 20min 后设定为反应起始时间，施镀 10min。

图 2-19 所示为不同还原剂加载量下石墨烯表面铜离子沉积效果 SEM 形貌，图 2-20 所示为透射电镜下观察到的不同还原剂加载量下石墨烯表面铜粒子形态。图 2-19(a)、图 2-19(b) 所示分别是还原剂加载量为 10g/L、15g/L 条件下石墨烯表面的铜沉积情况，由于还原剂加载量低，二价铜离子氧化还原反应进行缓慢，铜沉积速率低、数量少，因此

图 2-19 不同还原剂加载量下石墨烯表面铜离子沉积效果 SEM 形貌

(a) 10g/L；(b) 15g/L；(c) 20g/L；(d) 25g/L；(e) 30g/L；(f) 35g/L

在石墨烯表面形成的铜粒子数量很少，尺寸也比较小。由图 2-20（a）和图 2-20（b）观察到少量的铜粒子沉积在石墨烯表面，还原剂加载量增加到 15g/L 的施镀效果相对于 10g/L，石墨烯表面铜沉积数量明显增加，纳米铜颗粒粒径约为 100nm。当还原剂加载量为 20g/L 时，从图 2-19（c）和图 2-20（c）可以观察到石墨烯表面铜颗粒数量有所增加，但铜粒子粒径尺寸增加不明显，仍约为 100nm，表明此时二价铜离子还原量增加，但对铜颗粒尺寸增长影响不大。

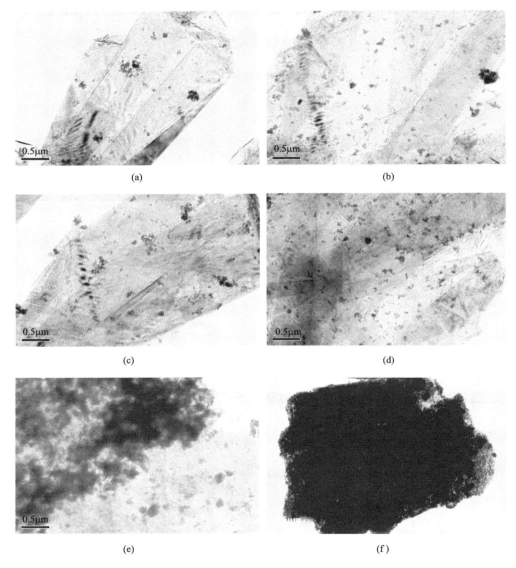

图 2-20 不同还原剂加载量对石墨烯表面铜粒子形态的影响

（a）10g/L；（b）15g/L；（c）20g/L；（d）25g/L；（e）30g/L；（f）35g/L

随着镀液中还原剂加载量的提高，氧化还原反应正向进行驱动力变大，还原反应加速。由图 2-19（d）、图 2-19（e）可以观察到石墨烯表面铜沉积数量明显增多，并且出现了铜粒子的团簇。当镀液还原剂加载量达到 35g/L 时，可以在 SEM 下观察到铜在石墨烯表面搭接生长，如图 2-19(f) 所示。从图 2-20(d)、图 2-20(e) 可以观察到纳米铜粒子在石墨烯表面的沉积数量逐渐增多，逐步将石墨烯表面包覆。实验中，当还原剂加载量为 35g/L 时，化学镀反应孕育时间缩短，反应剧烈并伴有大量气体逸出，TEM 结果表明石墨烯表面铜沉积层厚度不均匀，个别位置铜颗粒将石墨烯完全包覆，如图 2-20(f) 所示。

对施镀后样品进行 ICP 测试，测量样品中 Cu 含量，从图 2-21 可知铜沉积量随还原剂加载量的增加而增加，当加载量为 25g/L 时，铜沉积量达到 797157.14mg/kg，随后铜沉积量增加趋缓，随还原剂加载量增大，铜沉积量增加不明显，主要因还原剂浓度增大后对铜离子络合作用增大，氧化还原反应趋缓。

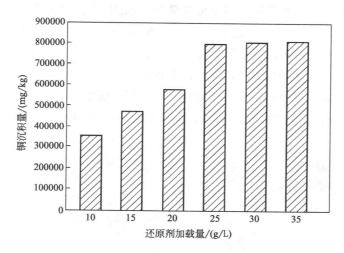

图 2-21 还原剂加载量对铜沉积量的影响

（4）催化剂加载量对石墨烯表面铜沉积效果的影响

选用硫酸镍作为化学镀铜的催化剂，利用活化工艺中负载在石墨烯表面的 Ag 将镀液中的镍离子还原成单质金属镍。由于金属镍对次亚磷酸盐的氧化还原反应具有很强的催化活性，可以促进铜沉积反应持续进行，因此石墨烯表面沉积铜的化学镀液中催化剂硫酸镍的加载量对于铜沉积速率、沉积形貌的影响是石墨烯表面修饰效果的关键。为了尽可能控制石墨烯表面铜颗粒尺寸，根据还原剂、主盐、络合剂的实验结果，对镀液配方进行适当调整。主盐加载量调整为 10g/L，还原剂为 25g/L，其它镀液组元加载量不变（表 2-11），催化剂硫酸镍的加载量分别为：0.6g/L、0.8g/L、1.0g/L、1.2g/L，研究催化剂加载量对铜沉积的影响。

表 2-11 改变硫酸镍加载量的化学镀铜镀液配方

项目	数值
硫酸铜加载量/(g/L)	10
柠檬酸三钠加载量/(g/L)	15
硼酸加载量/(g/L)	35

项目	数值
硫酸镍加载量/(g/L)	0.6~1.2
次亚磷酸钠加载量/(g/L)	25
pH 值	11
镀液温度/℃	65

图 2-22 与图 2-23 分别为催化剂加载量对石墨烯表面铜沉积影响的 SEM、TEM 形貌。由图 2-22(a)、图 2-22(b) 可以观察到,当催化剂加载量为 0.6g/L、0.8g/L 时,石墨烯表面铜粒子沉积均匀,纳米铜颗粒尺寸均匀,没有发现明显团聚和搭接。加载量为 0.6g/L 时,石墨烯表面铜粒子沉积数量相对于加载量为 0.8g/L 条件时要少,但两者的铜粒子粒径比较接近,约为 50~100nm [见图 2-23(a)、图 2-23(b)]。主要原因是作为催化剂的硫酸镍在镀液中含量低,被还原成金属单质镍的量有限,所以数量较少的金属镍单质对亚次磷酸盐氧化还原反应催化能力不足,铜粒子沉积速度放慢延缓限制铜粒子的长大。随催化剂加载量的提高,铜沉积反应得以持续进行,铜沉积速度增加,石墨烯表面铜粒子出现长大趋势。由图 2-22(c)、图 2-22(d) 可知,随着催化剂含量的增大,石墨烯表面沉积铜的

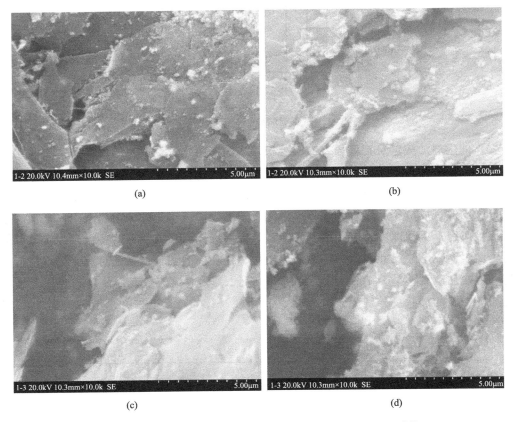

(a)

(b)

(c)

(d)

图 2-22 催化剂加载量对石墨烯表面铜沉积影响的 SEM 形貌

(a) 0.6g/L;(b) 0.8g/L;(c) 1.0g/L;(d) 1.2g/L

颗粒尺寸与数量都有明显增大，当催化剂加载量为 1.2g/L 时，石墨烯表面已经均匀沉积一层铜颗粒。采用 TEM 可以观察到颗粒数量与尺寸增加明显，当催化剂加载量为 1.2g/L 时，石墨烯表面已经被完全包覆，如图 2-23(d) 所示。

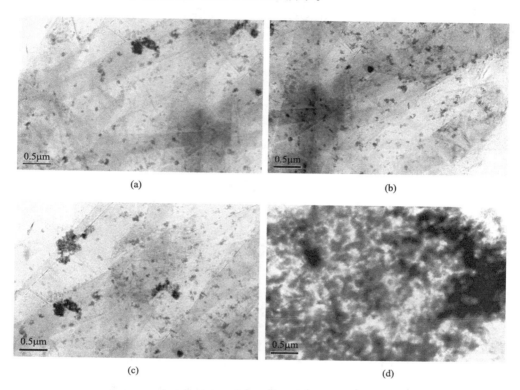

图 2-23 催化剂加载量对石墨烯表面铜沉积影响的 TEM 形貌

(a) 0.6g/L；(b) 0.8g/L；(c) 1.0g/L；(d) 1.2g/L

（5）pH 值对石墨烯表面铜沉积效果的影响

次磷酸盐镀铜体系对于镀液 pH 值要求十分高，在酸性下无法实现铜的沉积，通常在 pH 值为 7.5～9 范围才会有氧化还原反应发生，铜才会开始沉积。pH 值进一步提高到 9.5～11 时，铜沉积和析氢才会达到最大程度，pH 值继续增加到 12 时镀液就会发生分解。同时，缓冲剂硼酸也会起到减缓 pH 值剧烈波动的作用。因此，在化学镀铜镀液中寻找一个 pH 值平衡点，成为控制石墨烯表面铜沉积的关键。在上述优化的镀液成分的前提下，改变 pH 值，研究其对镀层质量的影响，pH 值取 10.75、11.0、11.25、11.5。

图 2-24 是不同 pH 值时铜在石墨烯表面沉积的情况。由图 2-24(a) 可以观察到 pH＝10.75 时，铜粒子在石墨烯表面沉积，颗粒尺寸比较小，没有明显的大块团簇铜粒子，铜分布比较均匀，但此时石墨烯表面仍有区域未被铜粒子覆盖。pH 值为 11.0 时，从图 2-24(b) 可以发现铜的沉积数量明显增加，石墨烯表面铜粒子颗粒尺寸比较均匀，铜沉积分布更致密一些，石墨烯表面裸露的区域明显减少，纳米铜粒子对石墨烯表面修饰效果较好。继续提高 pH 值到 11.25 时，可以从图 2-24(c) 观察到石墨烯表面铜沉积量增加十分明显，纳米铜粒子已经出现聚集和团簇。当继续提高 pH 值到 11.5 时，可以从图 2-24(d)

观察到石墨烯表面已经沉积大量的铜，并且石墨烯表面被完全包覆。

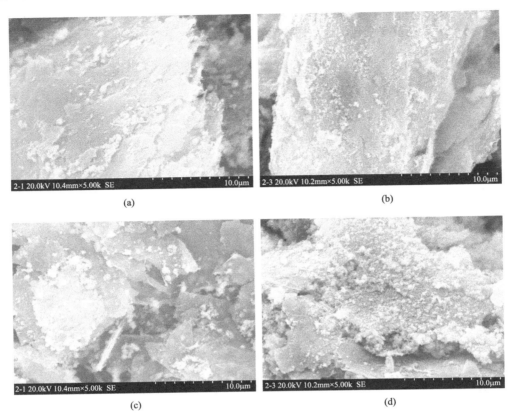

图 2-24 镀液 pH 值对石墨烯表面铜沉积影响的 SEM 形貌

(a) pH=10.75；(b) pH=11.0；(c) pH=11.25；(d) pH=11.5

在 TEM 下观察，发现 pH 值为 11.5 时，铜粒子对石墨烯表面的包覆作用十分明显，基本没有裸露的石墨烯基体；而 pH 值为 11.25 时铜粒子以颗粒形式分布在石墨烯表面，粒径为 50nm，仅有少量聚集，如图 2-25(a) 和图 2-25(b) 所示。主要是因为高 pH 值条件下还原剂次亚磷酸钠活性增强，对铜粒子还原能力强，反应速率快，铜在石墨烯表面沉积质点数量多，随反应加速，铜粒子生长空间受限，新的铜粒子只能在已经生长的铜颗粒表面生长，镀层快速堆积，但铜颗粒尺寸增加不明显。

（6）温度对石墨烯表面铜沉积效果的影响

根据化学动力学原理，反应体系温度增加会使反应速率增快，其原因是温度增加了反应体系中活化分子百分数。研究表明，镀液的温度越高，镀层的沉积速率越快。但是为了避免温度过高引起镀液的自发分解，任何化学镀的反应温度必须限制在一个合理范围，本研究选择 55℃、60℃、65℃、70℃四个温度条件实施化学镀铜表面修饰实验，评估温度工艺参数对石墨烯表面纳米铜粒子沉积效果的影响。

图 2-26 是不同施镀温度工艺条件下，石墨烯表面铜沉积效果的 TEM 照片，可以看出当镀液成分、化学镀液 pH 值确定后，在石墨烯载量不变的情况下，镀液温度对于石墨

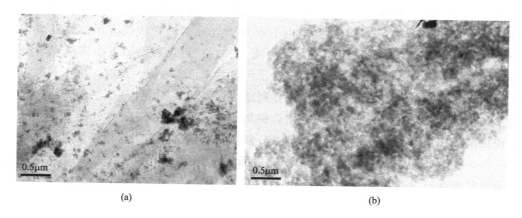

图 2-25　高 pH 值对石墨烯表面铜沉积影响的 TEM 形貌

(a) pH＝11.25；(b) pH＝11.5

烯表面铜沉积形貌影响十分明显，铜沉积数量、铜粒子颗粒尺寸、铜包覆层状态以及铜颗粒形态均对镀液温度变化十分敏感。镀液温度较低时，络合剂柠檬酸三钠对镀液中铜粒子络合作用不强，镀液在施镀过程中还原剂无法大量对二价铜离子进行还原，同时低温时达不到还原剂次亚磷酸钠的 P—H 键断裂能（322.38kJ/mol），还原剂活性不足，因此由图 2-26(a) 可以观察到镀液温度为 55℃时，石墨烯表面铜粒子沉积数量不多，颗

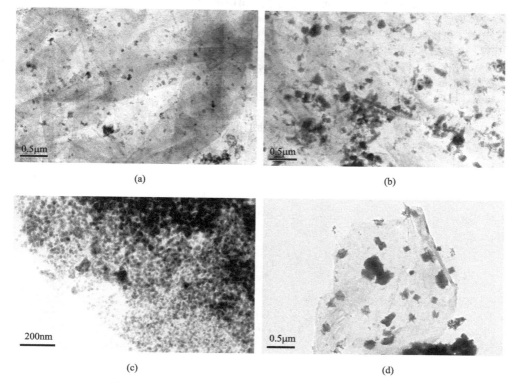

图 2-26　不同施镀温度下石墨烯表面铜沉积的 TEM 形貌

(a) 55℃；(b) 60℃；(c) 65℃；(d) 70℃

粒尺寸比较小，约为 50~100nm。当温度提升到 60℃时，从图 2-26（b）可以看到铜在石墨烯表面沉积数量大幅度提高，主要是由于在 60℃还原剂活性提高开始加快反应，被还原铜数量增多。当反应温度升至 65℃时，由图 2-26（c）可见石墨烯表面铜沉积数量出现跃升，铜完全将石墨烯表面包覆，不过铜粒子尺寸并未出现增大。此时，铜沉积数量增大的主要原因是还原剂活性 P—H 键随温度提高断裂更容易，从而使还原活性增强。随着温度继续提高，溶液中络合剂柠檬酸三钠络合铜离子能力提高，铜离子放电难，还原反应受限，使得铜沉积数量下降。由于镀液温度高，新沉积的铜活性高、自由能高，铜晶体长大趋势明显，从图 2-26（d）可以发现，石墨烯表面铜沉积数量不多，铜大多以大尺寸立方晶体形式附着在石墨烯表面。

参考文献

[1] 梅志，崔昆，吴人洁．颗粒增强体的表面处理方法 [J]．材料开发与应用，1997，12（4）：32-34.

[2] 宁青菊，谈国强，史永胜．无机材料物理性能 [M]．北京：化学工业出版社，2006.

[3] 刘俊友，刘英才，刘国权．SiC 颗粒氧化行为及 SiCp/铝基复合材料的界面特征 [J]．中国有色金属学报，2002，12（5）：897-902.

[4] Costello J A，Tressler R E. Oxidation Kinetics of silicon carbide crystals and ceramics：I，in dry ocygen [J]．Journal of the American Ceramic Society，1986，69（9）：674-681.

[5] Luthra K L，Park H D. Oxidation of silicon carbide-reinforced oxide-matrix composites at 1375℃ to 1575℃ [J]．Journal of the American Ceramic Society，1990，76（4）：1014-1023.

[6] 叶人龙．镀覆前表面处理 [M]．北京：化学工业出版社，2006.

[7] 李宁，屠振密．化学镀实用技术 [M]．北京：化学工业出版社，2004.

[8] 张允诚，胡如南．电镀手册上册 [M]．北京：国防工业出版社，1997.

[9] 张萍．金属基复合材料液态浸渗制备工艺 [J]．毕节学院学报，2010，8（28）：73-76.

[10] 刘秋元，王峰，贺智勇，等．无压浸渗法制备高体积分数 SiC/Al 复合材料的研究 [J]．稀有金属材料与工程，2018，47（1）：315-318.

[11] 杨亮，杜双明．无压浸渗法制备 SiC/Cu-Al 复合材料的工艺研究 [J]．铸造技术，2011，32（1）：46-48.

[12] 胡耀娟，金娟，张卉，等．石墨烯的制备、功能化及在化学中的应用 [J]．物理化学学报，2010，08：2073-2086.

3

SiCp增强铝基复合材料的制备及性能研究

3.1 引言

在金属基复合材料的研究和应用进程中，SiCp 增强的金属基（铝、镁、钛以及铜的合金等）复合材料的历史最为悠久，制备技术最为成熟，应用领域最为广泛，国内外学者对 SiCp 增强金属基复合材料的研究进展关注度最高。这源于 SiCp 具有强度高、硬度高、抗氧化、热膨胀系数小、断裂韧性好和耐高温等一系列优点，这些优点使其成为复合材料增强体的理想选择。SiCp 增强铝基复合材料具有比强度高、比刚度高、热膨胀系数小、高温性能优良以及二次加工性好等优点，作为金属基复合材料的重要分支之一，已成为许多国家竞相研究的热点[1-3]。

国际上围绕影响强化效果的 SiCp 与铝基体之间界面结合、颗粒分布均匀性以及组织与缺陷的控制等关键共性问题开展了大量系统的复合制备技术专门研究，形成了以制备高性能铝基复合材料的粉末冶金法、低成本的液态/半固态搅拌铸造法、高体积分数复合材料的浸渗法为代表的性能可控、强化作用显著的复合制备方法，并在工业上根据使用需求得到了不同程度的应用[4-6]。

目前，研究铝基复合材料的主要目的是在继续提高其综合性能的同时，还能保持较好的韧性、稳定性和可加工性。为了达到这样的目标，在新型铝基复合材料的组分和结构设计中，呈现出纳米化、构型化的趋势，引入高性能增强体（例如纳米 SiCp、多尺度 SiCp 等），利用铝基复合材料中增强体、基体的纳米尺寸效应在新型铝基复合材料中起到了良好的综合性能强化效果。

本章主要介绍课题组近年来采用半固态复合技术、粉末冶金技术制备 SiCp 增强铝基复合材料的研究成果，为高性能铝基复合材料的研制提供一定的理论和技术参考。

3.2 固态-半固态复合法制备铝基复合材料

3.2.1 实验材料

实验中基体合金选用 Al7090 合金，其化学成分及含量如表 3-1 所示。

□ 表 3-1　Al7090 合金的化学成分及含量（质量分数/%）

牌号	Zn	Mg	Cu	O	Fe	Si	Al
Al7090	7.3~8.7	2.0~3.0	0.6~1.3	0.05	0.15	0.12	其余

增强体材料选用亚微米级和微米级 α-SiCp，粒径（D_{50}）分别选择 0.8μm 和 15μm。

3.2.2　实验方法

3.2.2.1　粉末冶金法制备工艺

（1）复合比例设计

根据复合材料增强理论，设计亚微米 SiCp（0.8μm）在铝基体合金中的质量分数分别为 2%、5%、8% 和 10%，微米 SiCp（15μm）在铝基体合金中的质量分数分别为 30%、40% 和 50%，以制备出高 SiCp 含量的铝基复合材料。

（2）混料工艺

在复合粉体混制前，需要对 SiCp 进行预处理和表面改性处理，目的是提高 SiCp 在铝合金基体中的均匀分散性及二者的浸润性。将原始 SiCp 依次进行酸洗、敏化和活化等预处理，有时需要进行化学镀铜和镀镍等表面改性处理，获得备用的增强体材料。采用三维高效混料机进行复合粉体的混料，考虑球料比［(1∶1)~(5∶1)］、混料时间（1~8h）等工艺参数对增强体的团聚效应、增强体与基体界面润湿性的影响。每隔一定时间取样，分析碳化硅颗粒在基体中的分布规律、铝粉与增强体之间的润湿性，进而优化混料工艺参数。

（3）冷压工艺

原料粉末经过预处理及混料均匀后要首先经过冷压成型，其目的主要是为下一步的热压试验做准备。实验中使用 1000kN 的液压机，分别选取 4MPa、8MPa、12MPa 的压力对混合粉进行冷压试验，保压时间为 10~40min。

（4）真空热压烧结工艺

将冷压成型的复合材料坯料放置于热压成型模具中，使用厚度为 0.5mm 的石墨纸作润滑介质，以便于脱模。在真空钼丝热压炉中进行热压烧结成型。在 590~610℃ 间每隔 5℃ 选一个点记录，选择 10MPa、15MPa、20MPa、25MPa、30MPa 压力，保温时间取 20min、30min、40min、50min、60min 五组。受热的混合粉在模具内受到压力后，颗粒发生弹性、塑性变形并产生相对运动，使体积逐渐减小，密度逐渐增大，并最终形成所需要的压坯。

（5）复合材料的热处理

将热压烧结后的复合材料坯料经固溶、时效处理，以获得最佳性能的铝基复合材料，在 470℃ 下固溶处理，时间为 2h，然后用冷水淬火，淬火转移时间控制在 10s 以内。然后将淬火的样品在 140℃ 的温度下进行人工时效处理，时间为 16h。

3.2.2.2　电磁搅拌半固态复合工艺

（1）实验装置[7,8]

　　电磁搅拌半固态复合过程在电磁搅拌系统中完成，系统主要由电磁搅拌炉、低频电源、熔炼炉和控制系统组成。电磁搅拌炉炉体结构如图 3-1(a) 所示。工作参数为：电压 357V，电流 550A，适用频率为 1～50Hz。电磁搅拌炉外径为 818mm，内径为 562mm，高度为 500mm。电磁搅拌炉内部结构由铁芯和励磁线圈组成。铁芯为均匀分布的 6 齿 6 槽结构 [图 3-1(b)]，槽内嵌入三组相互独立的励磁线圈，线圈采用 Y 型接法，当通入对称的低频三相交流电时在其内部将产生一个旋转磁场。

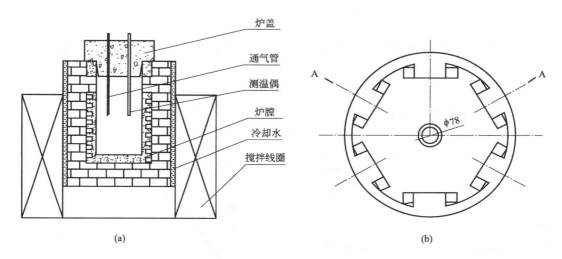

炉盖
通气管
测温偶
炉膛
冷却水
搅拌线圈

(a)　(b)

图 3-1　电磁搅拌炉结构
(a) 炉体结构组成；(b) 内部结构

　　空载情况下，搅拌炉磁感应强度分布如图 3-2～图 3-5 所示。由图可见：

　　① 对磁感应强度影响最大的因素是电磁搅拌器的励磁电流，即电流越大，搅拌功率越大，炉膛内的磁感应强度也越大。

　　② 随着频率的增大，炉膛内磁感应强度降低，但是幅度不大。在频率由 3Hz 增加到 12Hz 时，磁感应强度的降幅在 1.12%～3.13% 之间。因此可以近似认为频率对炉膛内磁感应强度分布没有影响。

　　③ 在搅拌坩埚所在范围内，B_r 沿半径方向分布很均匀。不同半径方向上相同半径处磁感应强度相差最大不超过 1%，可以认为磁场在周向上是均匀的。

　　④ 在距搅拌炉底部 260mm 左右处磁感应强度出现峰值。此位置与复合炉等温区位置重合，所以确定将坩埚安放至距搅拌器底部 260mm 处。

　　（2）制备工艺[9]

　　复合材料半固态浆料的制备流程如下：

　　① 首先将合金在熔炼炉中升温到 750℃ 进行熔炼，然后降温至 710℃，保温 5min；

　　② 采用旋转去气法进行除渣、精炼，将精炼后的合金转移到自制的氧化镁复合坩埚中，将坩埚放到搅拌电磁炉中，同时应在搅拌炉膛内通入氩气进行气体保护，保温至设定温度后启动电磁搅拌装置，在设定的磁场参数下进行搅拌；

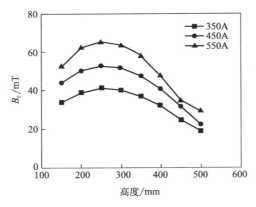

图 3-2 不同电流下 B_r 沿高度的
分布（$f = 12$Hz）

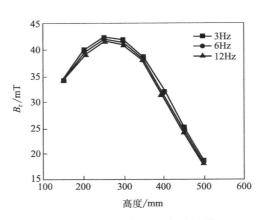

图 3-3 不同频率下 B_r 沿高度的
分布（$I = 350$A）

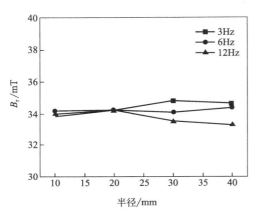

图 3-4 不同频率下 B_r 沿半径的
分布（$I = 350$A）

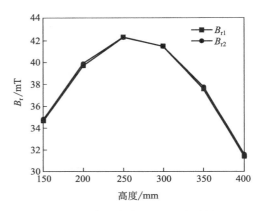

图 3-5 半径方向上 B_r 与高度的
关系（$I = 350$A；$f = 12$Hz）

③ 将表面预处理后的 SiCp 加入熔体中；

④ 当搅拌到 625℃时，停止搅拌，用石英管在铝液的六个不同位置取样观察。

试验中的影响因素有 Ar 流量、颗粒粒径和体积分数、颗粒预处理方式、颗粒加入方式、起始搅拌温度、搅拌电流、搅拌频率等。

本试验中固定 Ar 流量为 1.5L/min。选择平均粒径为 15μm 的 SiCp 作为增强体，体积分数为 10%。

颗粒预处理方式采用第 2 章中所述的高温氧化和镀铜表面改性处理。

本试验分别考察了三种加入方法，即坩埚底部、中部、顶部加入方法，对颗粒与熔体间润湿性和颗粒在熔体中分布均匀性的影响。

搅拌时的熔体温度是影响 SiCp 分布和材料性能的重要因素，所以对温度要适当控制。熔体温度升高，铝合金液的表面张力减小，有利于 SiCp 与合金液的润湿，但过高的温度会使铝合金液的吸气、氧化严重，界面反应加剧。搅拌温度过低，熔体黏度增大，不利于颗粒均匀分布。本试验开始搅拌温度分别取 660℃、648℃、636℃，采用降温搅拌方式，从液态温度搅拌到 625℃停止搅拌。

搅拌电流对 SiCp 在熔体中的分布也有重要的影响。本试验分别采用 350A、450A、550A 来制备复合材料，研究搅拌电流对颗粒混合程度的影响。

此外，本试验也分别考察了 3Hz、6Hz 和 12Hz 的搅拌频率对颗粒复合的影响。

3.2.3 粉末冶金法制备复合坯料

（1）混料时间对 SiCp 均匀性的影响

通常，混料时间越长，混料效果越好，但由于粉末在粒度、密度等方面存在差别，混料过程由粉末混合和偏聚组成，当粉末混合和偏聚达到"平衡"后，继续延长时间，混合粉末的均匀度并不会继续提高。同时，混料时间过长，将会导致磨球和料罐之间的磨损严重，还会引起粉末粘罐和粘球现象。

图 3-6 为 SiCp 含量为 10%（质量分数），球料比为 5∶1，不同混料时间 0.8μm 的 SiCp 增强 Al7090 复合材料的金相显微组织。

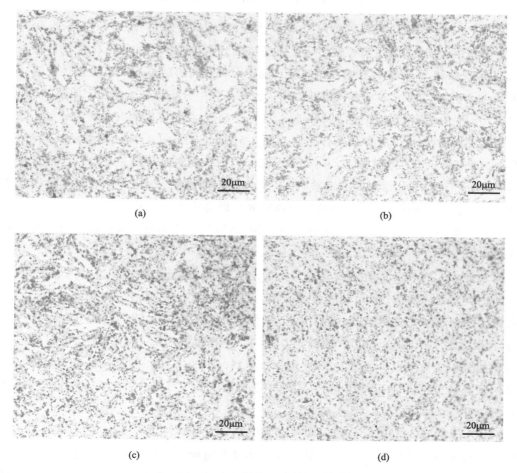

图 3-6

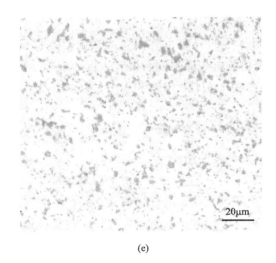

(e)

图 3-6 不同混料时间铝基复合材料的显微组织

(a) 8h；(b) 16h；(c) 20h；(d) 30h；(e) 35h

如图 3-6(a) 所示，混料时间为 8h 时，由于混料时间较短，团聚 SiCp 未得到充分分散，只有一部分 Al 粉发生塑性变形，热压烧结态 SiCp 增强 Al 基复合材料中存在明显的 SiCp 团聚现象和无 SiCp 存在的白色区域。随着混料时间的延长，SiCp 分散性改善，铝粉变形量逐渐增加，SiCp 逐渐嵌入铝基体中，且在基体中分布越来越均匀，如图 3-6(b) 和图 3-6(c) 所示。当混料时间达到 30h 时，已实现 SiCp 在基体中的宏观均匀分布，微观上 SiCp 也已经相当均匀地分布在基体之中 [图 3-6(d)]。理论上，应该继续延长混料时间，以实现 0.8μm SiCp 在基体中的均匀弥散分布。但由于混料时间为 30h 时，已经开始发生粉末粘罐和粘球现象，继续延长混料时间 SiCp 在基体中的分布均匀性与 30h 时相比变化并不明显，如图 3-6(e) 所示。过长的混料时间反而会大大降低粉末收得率，同时还增加了粉末受污染的可能性。因此，对于 0.8μm 的 SiCp 增强铝基复合材料，其合理的混料时间为 30h。

对粒径较大的 SiCp，要达到其均匀分布，混料时间需大大缩短，这是因为当 SiCp 尺寸较小时，其比表面积较大，表面能也较高，颗粒与颗粒之间的相互吸引力也较大，因此容易产生团聚现象，要想消除这种团聚，需要持续较长时间的混料过程。图 3-7 给出了 SiCp 含量为 10%（质量分数），球料比为 5∶1，不同混料时间 10μm 的 SiCp 增强铝基复合材料的金相显微组织。由图 3-7(a) 可见，混料时间为 1h 时 SiCp 分布不均匀，存在明显的团聚。延长混料时间到 2h 后，SiC 颗粒分布较为均匀 [图 3-7(b)]，继续延长混料时间，SiCp 的分布均匀性没有明显变化。

对 15μm 的 SiCp（质量分数 30%）增强铝基复合材料，分别按 0.5h、1h、1.5h 进行混料，经过冷压、热压成型后的显微组织如图 3-8 所示。由图可见，经过 1.5h 混合后，SiC 颗粒均匀性较好，未出现团聚，所以在实验中混料时间采用 1.5h，这样可以提高混料

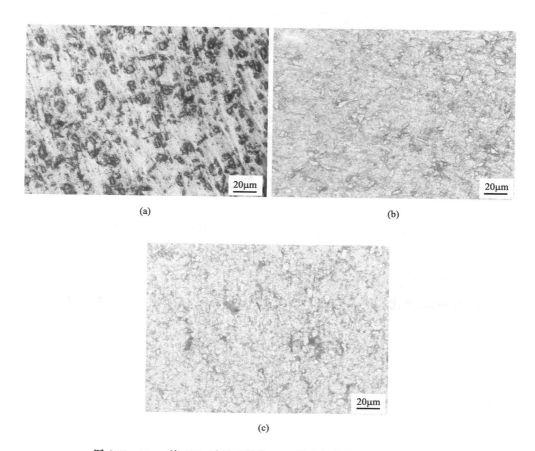

图 3-7　10μm 的 SiCp 质量分数为 10% 增强铝基复合材料显微组织

（a）1h；（b）2h；（c）3h

效率，减少混料过程中混料器带给粉末的污染。

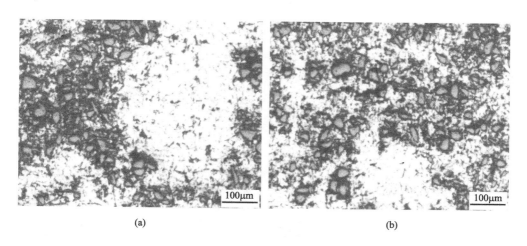

图 3-8

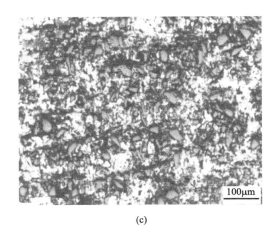

(c)

图 3-8 15μm SiCp（质量分数 30%）增强铝基复合材料显微组织

（a）0.5h；（b）1h；（c）1.5h

（2）球料比对 SiCp 均匀性的影响

图 3-9 为不同球料比，混料时间为 8h，0.8μm SiCp 增强铝基复合材料的金相组织。

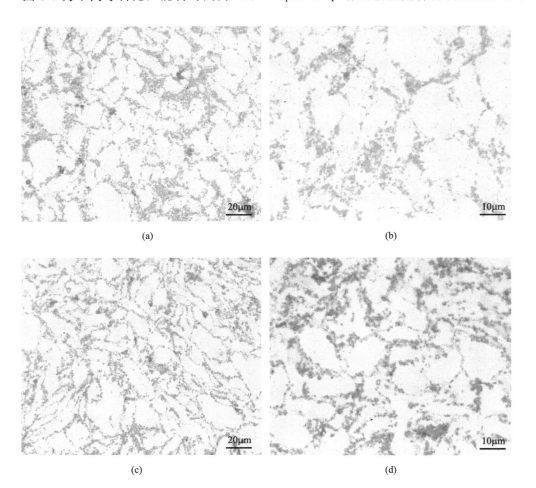

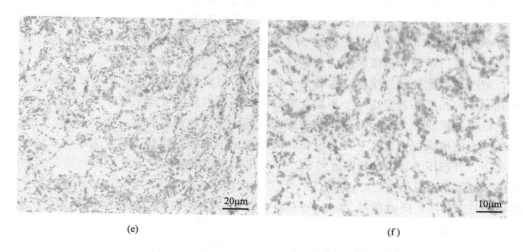

(e)   (f)

图 3-9 不同球料比时铝基复合材料金相组织
(a)、(b) 1∶1；(c)、(d) 3∶1；(e)、(f) 5∶1

由图可见，球料比越大，铝粉变形量越大，SiCp 分散性越好。当球料比为 1∶1 时，如图 3-9(a) 和图 3-9(b) 所示，SiCp 偏聚严重，倾向于分布在铝基体粉末的四周，呈明显的圆状分布。随着球料比的增加，SiCp 聚集团逐渐减小，分布均匀性逐渐提高 [图 3-9(c)～图 3-9(f)]。这是因为，球料比越大，球对料的作用力越大，铝粉发生塑性变形量越大。同时，球与球之间单位时间内的撞击次数也随之增加，更有效地使团聚 SiCp 得到分散。因此，对于 0.8μm SiCp 增强 Al 基复合材料，球料比选择为 5∶1。

（3）冷压工艺研究

粉末经过预处理及混料均匀后要首先经过冷压成型，其目的主要是为下一步的热压试验做准备。对于金属粉末来说，在模具中其受力的过程一般可分为三个阶段，如图 3-10 所示。

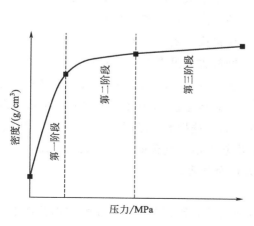

图 3-10 粉末压缩的三个阶段

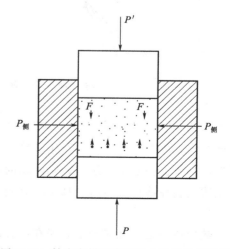

图 3-11 粉末在模具中的受力及运动示意图

在第一阶段粉末受压时，随着压力增加其密度也快速增加，粉末的致密化是以填充为主，即在外力的作用下，粉末填充到原本处于松散状态的孔隙中去，该阶段所需的压力较小，由于原始的粉末中存在约 50％～90％ 的孔隙，粉末向周围的孔隙填充时，可以是滑动或转动，但当颗粒紧密接触以后，颗粒间的相对运动就会停止。在第二阶段，随压力的增加，密度增加速度较为缓慢，这是由于在第一阶段结束后，虽然颗粒彼此接触，但颗粒间仍有一定的孔隙，若要进一步消除孔隙，需要通过颗粒的变形来填充。因此第二阶段的致密化是以颗粒变形为主，显然运动需要的力远小于这种颗粒变形所需要的力。在第三阶段，随压力的增大，密度几乎没有变化，因为在该阶段颗粒接触面积很大以及在加工硬化的情况下，外部压力会被接触面所支撑，内部孔隙已很难消除，因此要想再次提高冷压坯致密度，只能通过减小颗粒粒径来实现。但总的来说冷压各阶段的界限比较模糊，每一阶段中都可能是三种特征同时存在，图 3-11 是混合粉末在模具中的受力及颗粒运动情况示意图。

实验中分别选取 6MPa、8MPa、12MPa 的压力，采用不同的保压时间对 SiCp 含量为 10％（质量分数）的铝基复合材料进行冷压实验。所得压坯的密度如表 3-2 所示。

⊡ 表 3-2　冷压坯体密度

成型压力/MPa	粉体质量/g	成型后粉块密度/(g/cm³)
6	100	2.245
8	100	2.253
12	100	2.277

由于在压制过程中存在空隙填充、颗粒变形、加工硬化三个阶段，所以为了制得较为致密的冷压坯，在每次压制时都保压一段时间，以便使各个阶段充分完成后再进入下一阶段，这样就保证了冷压坯的致密性。结果发现，采用 6MPa 的压力进行冷压成型时，成型效果较差，极易分散，不能满足使用要求；在 8MPa 的压力下，虽已基本成型，但其密度不高；采用 12MPa 的压力时，成型效果好，且冷压坯体的密度最高。复合坯密度与冷压压力及保压时间的关系见图 3-12。由图可见，冷压坯的密度在保压时间为 35～40min 时其变化不大，但当压力为 12MPa 时成型的冷压坯

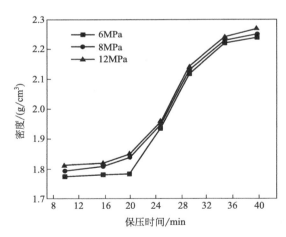

图 3-12　复合坯密度与冷压压力及保压时间的关系

密度较大，有利于下一步的热压试验，所以在实验中选择的保压时间是 40min。同时试验发现，如果进一步加大压力，则两端的高强石墨垫块由于受到的压力较大而容易碎裂。综合上述实验在冷压成型时，12MPa 的冷压压力较为合适。

（4）热压工艺研究

热压成型是被加热的混合粉在模具内受到压力后，铝颗粒发生弹塑性变形并产生相对运动，进一步填充空隙，从而使复合坯体积逐渐减小，密度增大，最终形成符合密度要求

的复合坯。影响热压坯体密度的因素有热压温度、压力和保温时间等。

通常，铝液的密度约为 2.6g/cm³，而经过冷压后制得的复合坯密度小于 2.3g/cm³，在这种情况下，如果直接把冷压块放入铝液中重熔分散，则不可避免地会使其漂浮于铝液上方，即使强烈的电磁搅拌作用，也很难使 SiCp 均匀分布于铝合金基体中。经过计算可知，如果把 100g 的复合粉料压制成完全致密的坯料，那么密度应该大于 2.7g/cm³，这也从另一方面说明了冷压后的冷压块内部依然存在孔隙。因此，有必要对其进行热压成型。通过热压，使复合坯的密度介于 2.5～2.6g/cm³ 之间，辅助电磁搅拌作用，才可能使 SiCp 有效地分散到铝液中。

实验选择了 10MPa、15MPa、20MPa、25MPa、30MPa 不同的压力，通过比较以获取较为合理的热压压力。图 3-13 给出了 605℃下，保温时间为 50min 时热压压力对热压坯密度的影响趋势，由图可见，当压力为 30MPa 时，复合坯的密度达到 2.5g/cm³，基本能够满足重熔时悬浮于铝液的要求。

实验选取 20min、30min、40min、50min、60min 五组保温时间进行研究，热压温度为 605℃，热压压力为 30MPa。结果如图 3-14 所示。由图可见，当保温时间为 45～55min 时，经热压后的复合坯密度接近 2.5g/cm³。因此最终所选的保温时间为 50min。

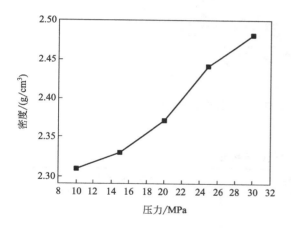

图 3-13　热压压力对热压坯密度的影响

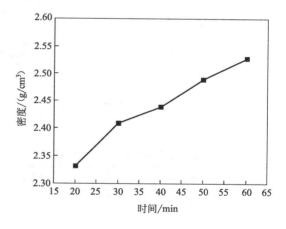

图 3-14　保温时间对热压坯密度的影响

热压过程中，既要保证铝粉有较大的塑性，但又不能有较大的流动性，也就是不能让铝颗粒熔化，在压力的作用下可能通过石墨块与模具内壁的缝隙流出，这样会使铝粘在模具的内壁，从而影响热压坯质量。纯铝的熔点为 660℃，而铝颗粒的熔点由于表面能较大而低于 660℃。为了寻求较为合理的热压温度，实验在 590～610℃间每隔 5℃选一个点，如图 3-15 所示。从图中可以看出，当加热温度为

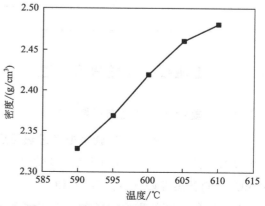

图 3-15　热压温度对热压坯密度的影响

605℃时，所制得的热压坯密度达到 2.45g/cm³，且在此温度下，热压坯没有铝液通过缝隙流出的痕迹，由此说明热压温度的选择符合实验要求。

热压试验结束后，将复合坯机械破碎，通过断口情况来观察 SiCp 是否均匀分布于铝基体中，以便为下一步的重熔分散提供参考依据，其能谱分析如图 3-16 所示，其中图 3-16（a）是断口的表面形貌，图 3-16（b）为断口表面任取一点所对应的 EDS 能谱。表 3-3 为能谱图中所对应的各元素的质量分数及原子百分含量，氧元素的存在是最初进行 SiCp 预处理时高温氧化的结果。从谱图以及表中各元素的百分含量来看，经过混料、冷压及热压后的复合坯中铝粉与 SiCp 的混合是很均匀的，基本上达到了下一步重熔分散的要求。

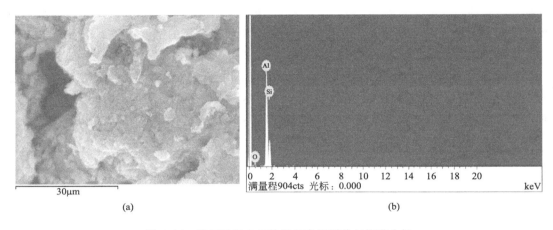

（a）　　　　　　　　　　（b）

图 3-16　热压后复合坯的断口表面形貌与能谱分析

（a）断口形貌；（b）EDS 能谱

表 3-3　复合坯谱图中的各元素质量分数及原子百分含量

元素	质量分数/%	原子百分含量/%
O	3.38	5.66
Al	58.03	57.56
Si	38.59	36.78
总量	100.00	

3.2.4　电磁搅拌重熔复合工艺[10,11]

3.2.4.1　复合坯料半固态重熔分散

预制复合坯的重熔分散就是把经过热压后的复合坯切分成若干份，放入基体合金液中重熔分散，使 SiCp 均匀分布到基体合金中，通过重熔的方式向合金中加入一定体积分数的 SiCp，制备出性能优良的复合材料。

在进行复合坯的重熔分散前，首先要确定基体合金 Al7090 的半固态区，以便于确定电磁搅拌重熔的起始搅拌温度。经差热分析仪（DSC）测定，合金的液相线温度为 632℃，固相线温度为 581℃，平衡结晶温度区间跨度为 51℃。

将一定量的 Al7090 合金放入坩埚炉中升温到 750℃，待其完全熔化后，撇去熔渣，并调整温度到 710℃保温 5min，然后用旋转去气装置进行精炼和除渣。随后将合金液快速转入电磁搅拌复合炉中，同时通入氩气保护。

电磁搅拌重熔分散是利用自行设计的电磁搅拌系统，配合温度控制系统，对复合材料制备过程中的各项参数进行有效的过程控制，主要考查起始搅拌温度、搅拌频率、搅拌电流、搅拌时间等工艺参数对复合材料组织和性能的影响，确定合理的电磁搅拌重熔复合工艺参数。

（1）起始搅拌温度

铝合金基体与 SiCp 良好结合的温度的确定将是重熔分散的重要条件。由热力学知道，温度越高，铝合金液与 SiCp 间的润湿角越小，有利于二者的结合，而当温度太高时容易生成 Al_4C_3 脆性相，恶化复合材料的性能。在其它制备参数固定的情况下，通过改变起始搅拌温度来研究颗粒与铝熔体复合情况。实验中固定的工艺参数为：搅拌电流 450A；搅拌频率 6Hz。起始搅拌温度分别为 660℃、648℃、636℃。

$15\mu m$ 的 SiCp 含量为 30%（质量分数）的复合坯在不同起始搅拌温度下的显微组织如图 3-17 所示。由图可见，随着起始搅拌温度的降低，SiCp 的均匀程度变差。这是因为

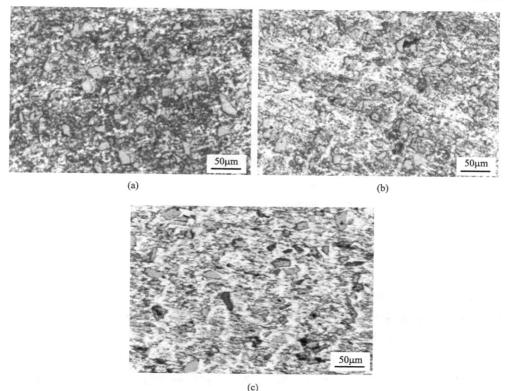

图 3-17 不同起始搅拌温度下的显微组织

(a) 636℃；(b) 648℃；(c) 660℃

合金熔体温度降低时，熔体中的固相分数增加，合金液黏度变大，重熔复合坯中的 SiCp 被包裹在高固相分数的半固态浆料中形成多个局部聚集体，在电磁搅拌的剪切下不足以分散开这些聚集体。因此提高起始搅拌温度有利于 SiCp 的均匀分散。

（2）电磁搅拌频率

在电磁搅拌过程中电流频率直接影响到电磁搅拌力，进而影响到熔体在坩埚内的旋转速度。从动力学上看，SiCp 进入基体合金熔体中，必须有较小的 SiC/Al 润湿角，能够克服颗粒自身所受的重力、在基体合金熔体中受到的浮力和表面张力。通常越细小的颗粒，由于比表面积越大，界面能也随之增高，复合就更为困难，必须施以足够大的外力才能使得 SiCp 克服浮力、表面张力而进入基体合金熔体中。

当电磁搅拌复合时，熔体在电磁力的作用下旋转，此时在中心区会出现一个旋涡，旋涡中心会产生负压将颗粒吸入，使增强体粒子进入熔体，那么，假设颗粒受力为 F，角加速度为 a，角速度为 ω，旋转半径为 r，粒径为 R_3，质量为 m，就有[12]：

$$W_w + W_f + W_s + W_c \geq 0 \tag{3-1}$$

$$W_c \geq -\frac{4}{3}\pi R_3^4 g(2\rho_{SiC} - \rho_{Al}) + \pi R_3^2 \sigma_{gl}(1-\cos\theta)^2 \tag{3-2}$$

$$W_c = FS_p = 2mR_3\omega^2 r \tag{3-3}$$

$$F = ma = m\omega^2 r \tag{3-4}$$

由式(3-1)～式(3-4) 可以推得：

$$a = \omega^2 r = \frac{3\sigma_{gl}(1-\cos\theta)^2}{8R_3^2\rho_{SiC}} - g + \frac{\rho_{Al}}{\rho_{SiC}} \cdot g \tag{3-5}$$

式中　W_c、W_w、W_f、W_s、F——外力、自身重力、浮力、表面张力、旋涡处粒子受力，N；

ρ_{SiC}、ρ_{Al}——碳化硅和铝液的密度，kg/m³；

r、R_3——旋转半径和颗粒半径，m；

ω——角速度，rad/s；

θ——润湿角，(°)；

σ_{gl}——气液界面能，mJ/m²；

g——重力加速度，m/s²；

S_p——颗粒表面积，m²。

由式(3-5) 可知，对于固定的坩埚，角速度 ω（搅拌频率 $f = 2\pi\omega$）对颗粒的复合具有重要影响。角速度越大越有利于颗粒的复合。但是，角速度越大则容易造成熔体的飞溅，且旋涡上方的负压越大，吸气越严重，产生的气孔越多。

在其它制备参数固定的情况下，通过改变电磁搅拌频率来研究颗粒与基体合金复合情况。开始搅拌温度为 650℃，搅拌电流为 450A，搅拌频率分别为 4Hz、6Hz、8Hz 时考察搅拌频率对颗粒与熔体复合效果的影响。在 500g 基体合金中加入 300g 复合坯进行搅拌实验，待复合坯完全溶解分散后，以三种不同的搅拌频率搅拌 15min 后取样观察，结果如

图 3-18 所示。SiCp 在基体合金中的均匀程度随着搅拌频率的增大而先趋于均匀后有所降低，经分析认为这是由于在电磁搅拌作用下，复合熔体绕轴线周向流动，并在铝液的上层液面处形成涡流，颗粒在做旋转运动时又受到离心力和半固态浆料黏滞阻力作用，当搅拌频率适当增加时，颗粒受到的离心力加大，有助于将颗粒从中心区甩到边缘处或下边缘；当搅拌频率继续增大时，部分颗粒向边缘处聚积，造成了 SiCp 分布均匀度有所减小。通过实验验证了搅拌频率为 6Hz 时颗粒分布较均匀。

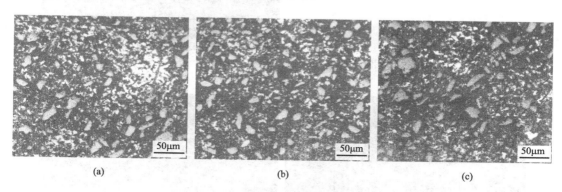

图 3-18　不同搅拌频率下复合材料的显微组织

(a) 4Hz；(b) 6Hz；(c) 8Hz

对于亚微米 SiCp，在 500g 铝合金液中加入 200g 复合坯进行重熔分散实验，分四次加入，同时开启电磁搅拌，即边熔化边搅拌，待其完全熔解分散后，分别采用三种不同的搅拌频率，搅拌 15min 后取样观察。采用 SEM 的面扫描的方式，分析颗粒的均匀性，如图 3-19 所示。图 3-19(a) 是复合材料表面形貌，图 3-19(b)～图 3-19 (d) 分别为搅拌频率为 4Hz、6Hz 和 8Hz 时 SiCp 在基体合金中的分布情况，图中白点代表 Si 元素，即表明了 SiCp 的分布。

由图 3-19 可见，SiCp 在铝合金中分散的均匀程度随电磁搅拌频率的增大，先是逐渐增大而后又有所减小。与微米级 SiCp （图 3-18） 分布规律基本相同，搅拌频率为 6Hz 时 SiCp 分布比较均匀。

（3）搅拌电流

在电磁搅拌中，激励电流是影响熔体流动的一个主要参数。线圈横截面积一定，单位时间内通过线圈的电流越大，电流密度就越大，此时线圈的磁感应强度越强，磁场所产生的洛伦兹力越大，对熔体产生的剪切力也越大，进而有利于熔体中固相粒子的分散。

实验中的工艺参数为：开始搅拌温度为 650℃，搅拌频率为 6Hz，搅拌电流分别为 400A、450A 和 500A。考察搅拌电流对颗粒与熔体复合效果的影响。

由图 3-20 可以看出，颗粒混合随着搅拌电流的增大而逐渐均匀化，分析可知当搅拌电流过小时，熔体中树枝状初生相所受到的剪切力不足以使其发生破碎，最终得到的凝固组织仍为粗大的树枝状；当搅拌电流过高时，合金熔体中心区域容易形成较深的液穴，容易卷入气体和夹杂物，对半固态浆料的制备很不利。所以综合上述因素考虑，在重熔的前期使用小电流，低频率；搅拌中期采用小电流，高频率；搅拌后期，也就是出现固相的时

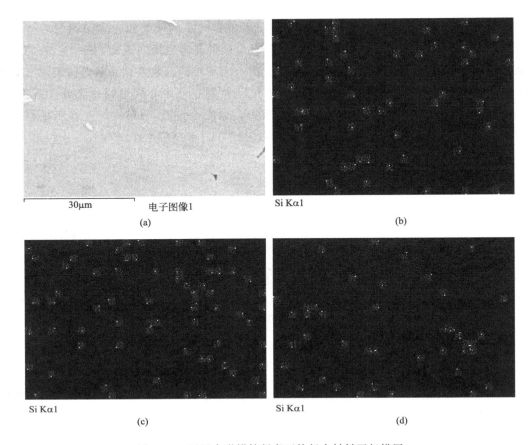

图 3-19　不同电磁搅拌频率下的复合材料面扫描图

（a）复合材料表面形貌；（b）4Hz；（c）6Hz；（d）8Hz

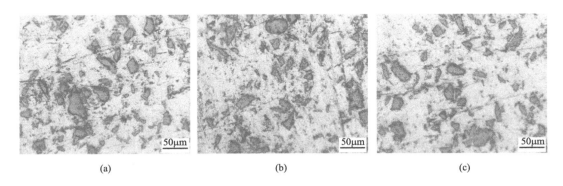

图 3-20　搅拌电流对复合效果的影响

（a）400A；（b）450A；（c）500A

候采用大电流，低频率，使树枝晶破碎。

　　对于亚微米 SiCp，SEM 的面扫描结果如图 3-21 所示，其中图 3-21（a）为复合材料表面形貌，图 3-21（b）～图 3-21（d）为搅拌电流分别为 400A、450A 及 500A 时 SiCp 的分布情况。

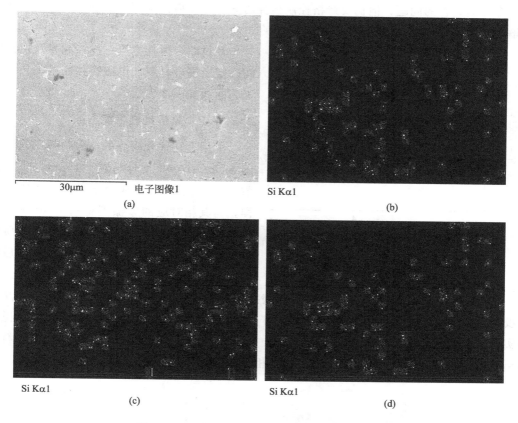

图 3-21 不同搅拌电流下的复合材料面扫描图

（a）复合材料表面形貌；（b）400A；（c）450A；（d）500A

从图 3-21 可以看出，在搅拌电流为 400A 时，SiCp 的分布较少，究其原因可能是搅拌电流较小时洛伦兹力较低，搅拌强度不够，复合坯在熔化过程中 SiCp 由于自身重力下沉至铝合金液底部，造成了合金基体中大部分都没有 SiCp 存在［图 3-21（b）］。而当搅拌电流增大至 500A 时，与搅拌频率对 SiCp 分布情况的影响相似。SiCp 在强大力的剪切作用下被甩至靠近坩埚内壁处，而越靠近边缘，搅拌作用力越大，使 SiCp 紧贴在坩埚内壁上，从而造成铝合金液内部 SiCp 减少。因此，在此搅拌电流下 SiCp 在基体中的分布也不理想［图 3-21（d）］。当搅拌电流为 450A 时，铝合金液所受到的洛伦兹力恰好能够使 SiCp 在合金液内部的相互作用下保持平衡，无论是自身重力还是剪切力均达到了平衡状态，这样 SiCp 既不会因自身重力下沉，也不会被甩至边缘处，在基体合金中的分布较为均匀［图 3-21（c）］。

（4）电磁搅拌时间

在半固态浆料制备过程中，对搅拌时间的控制非常关键。搅拌时间过短，不足以充分打碎、圆整树枝状初生固相；搅拌时间过长，则被打碎的细小球状初生固相又易发生聚集长大，形成"大结构"组织，导致凝固组织尺寸增大[13]。在实验中由 SiCp 和基体合金的物理参数可知，SiCp 的密度比基体合金的大，虽然通过真空热压的方式解决了 SiCp 与基体合金界面结合的问题，但仍要严格控制搅拌时间，避免熔体中破碎的细颗粒随着搅拌时间增加发生聚集导致晶粒粗化现象。

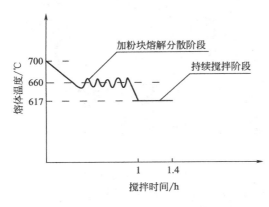

图 3-22 复合材料制备工艺曲线

经过综合搅拌电流、搅拌频率及搅拌时间确定了复合材料的电磁搅拌制备工艺，其工艺曲线如图 3-22。

3.2.4.2 摩擦磨损性能

采用上述优化得到的电磁搅拌工艺制备的 SiCp/Al7090 复合材料（15μm，质量分数为 11.3%），加工成用于做摩擦实验的试样，与其相对应的摩擦副材料为 40Cr 并经过热处理。在摩擦磨损实验中主要检验所制备的复合材料的摩擦性能，并观察摩擦后摩擦副的表面形貌。

图 3-23 是 SiCp/Al7090 复合材料试样磨损表面的 SEM 形貌。从图中可以看出样品表面没有形成明显的磨损痕迹，放大后仅在图 3-23（b）中的局部看到极少量的划痕，说明在实验条件下复合材料没有形成明显磨损。究其原因，是因为 SiCp/Al7090 复合材料是在铝基体上均布着 SiCp，整体硬度与 40Cr 相当，在较低的载荷下不能形成有效磨损。

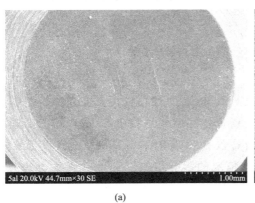
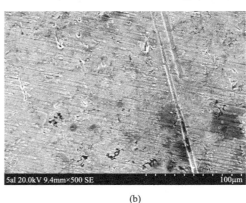

（a）   （b）

图 3-23 复合材料试样磨损表面 SEM 形貌 [14]

（a）复合材料试样表面划痕；（b）复合材料试样表面划痕显微形貌

图 3-24 和图 3-25 为 SiCp/Al7090 复合材料试样磨损表面和磨屑的形貌及元素分析。由图可知，磨损表面既有基体材料 Fe，也有复合材料铝基体中的 Mg、Si 元素，说明磨屑黏附到了试样表面。

图 3-26 为 40Cr 摩擦副表面的磨损形貌。可以看出复合材料对 40Cr 摩擦副的磨损轻微，摩擦痕迹的数量少、深度较小，复合材料在摩擦过程中主要是硬质陶瓷颗粒与 40Cr 接触，摩擦副的磨损量非常小。因此从复合材料对摩擦副的磨损角度考虑，铝基复合材料的摩擦性能较高。

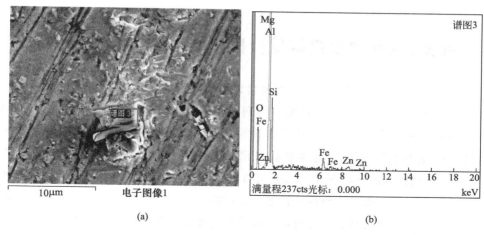

图 3-24　SiCp/Al7090 复合材料磨损表面形貌及 EDS 能谱

（a）磨损表面形貌；（b）EDS 能谱

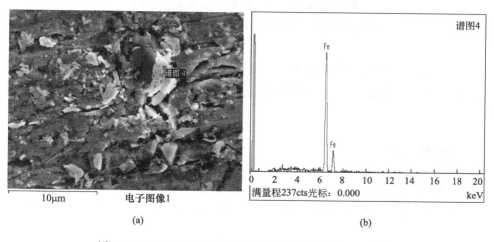

图 3-25　SiCp/Al7090 复合材料磨屑表面形貌及 EDS 能谱

（a）磨屑表面形貌；（b）EDS 能谱

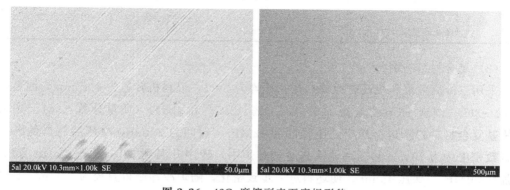

图 3-26　40Cr 摩擦副表面磨损形貌

3.3 纳米 SiCp 增强铝基复合材料的制备

一直以来，人们对于 SiCp 增强铝基复合材料的研究主要集中于微米尺寸 SiCp。目前已证实，微米 SiCp 在显著提高铝基复合材料室温强度的同时，明显牺牲了材料的塑性，同时对高温力学性能的提升也难以达到理想的效果。成为困扰 SiCp 增强铝基复合材料一直未能攻克的瓶颈难题[15-18]。有些学者提出，降低陶瓷颗粒增强体的尺寸至亚微米级（小于 $1\mu m$）甚至纳米级（小于 100nm）可以在一定程度上解决上述问题。特别是当增强体粒子尺寸为纳米数量级时，制得的铝基复合材料强度、塑性、耐磨性、导电及导热等性能较微米尺寸颗粒增强铝基复合材料均有很明显的改善，其优良的机械和物理性能引起了诸多学者的兴趣[19-21]。虽然纳米 SiCp 增强铝基复合材料具备良好的开发潜能，但其制备困难，对于纳米 SiCp 增强铝基复合材料显微结构和高温性能的研究还非常欠缺。因此，纳米 SiCp 分布均匀、SiC 增强体与 Al 基体界面结合良好的纳米 SiCp 增强铝基复合材料的制备工艺尚需进一步探索和优化，并需要深入研究纳米 SiCp 对复合材料显微结构与性能的影响规律及强化机制。

本节选取纯铝为基体，纳米 SiCp 为增强体，采用粉末冶金法制备纳米 SiCp 增强纯铝基复合材料，揭示纳米 SiCp 增强体对纯铝基复合材料显微组织及机械性能的影响规律与作用机制。

3.3.1 实验方法

（1）实验原材料

实验所用到的原材料主要有高纯铝粉和纳米碳化硅粉末。各粉末的参数如表 3-4 所示。

▫ 表 3-4 实验所用粉末参数

名称	粒度	纯度/%
高纯铝粉	$10\mu m$	99.9
纳米碳化硅粉末	100nm	99.7

（2）复合材料的制备

采用三维高效混料机混合原料，球料比均为 7∶1，混料机转速为 40r/min，混料时间为 12~30h。纳米 SiCp 含量为 1.5%、2.5%、3.5% 和 4.5%（质量分数）。对上述制备的铝基复合材料粉末进行冷压，压强约为 12MPa，时间为 25min，冷压后制得的圆柱形坯料致密度约为 75%。将压坯放入真空烧结炉中，程序升温到 620℃后保温 1h。随后单轴加压 50MPa，保压 45min，使坯料进一步致密化，随炉冷却制得直径为 50mm，高度约为 15mm 的复合坯料。

3.3.2　实验结果[22]

由于纳米增强相的比表面积较大，表面能较高，所以极易团聚，这对复合粉的制备工艺要求更为苛刻。前述的微米级和亚微米 SiCp 混料时间分别为 1.5h 和 8h 时达到均匀分散，然而随着颗粒尺寸降到纳米尺度，混料时间会成倍增加。以添加量为 2.5%（质量分数）的 SiCp 增强纯铝基复合材料为例来说明混料时间对纳米 SiCp 分布均匀性的影响规律，如图 3-27 所示。由图可见，当混料时间超过 18h 时，铝颗粒发生了明显的塑性变形，由球状变为片状结构。在前人的研究中也观察到了类似的现象[23,24]。在混料过程中铝颗粒会经历塑性变形、冷焊、断裂等，并且这一过程会反复进行，直至铝颗粒变为片状结构。纳米 SiCp 主要分布于这些片状结构间 [图 3-27（a）和图 3-27（b）]。混料 24h 后，铝颗粒由球状转变为片状。进一步的塑性变形引起的冷焊会使铝颗粒尺寸变大。多数纳米 SiCp 被封闭在铝层片间 [图 3-27（c）和图 3-27（d）]。由于研磨介质对粉末的冲击次数增加，冷焊颗粒发生断裂。这个过程反复发生，最终达到颗粒断裂与冷焊的平衡状态。需要指出的是，当混料时间为 24h 时，2.5% SiCp/Al 复合材料中的 SiCp 聚集消失 [图 3-27（c）]。这表明，经过 24h 的三维高效混料，SiCp 在铝基体中具有良好的分散性。较长的混料时间对 SiCp 在铝基体中的分散没有明显改善 [图 3-27（d）]。

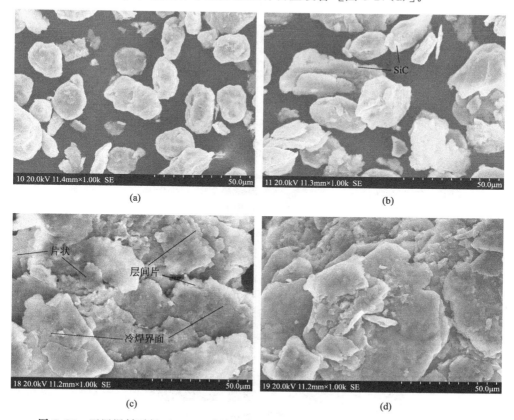

图 3-27　不同混料时间下 SiCp（质量分数 2.5%）增强纯铝基复合材料的 SEM 形貌

（a）12h；（b）18h；（c）24h；（d）30h

通过光学显微镜和配备能谱仪的 SEM 观察了纳米 SiCp 在铝基体中的分布。不同 SiCp 含量的 SiCp/Al 复合材料在 24h 混料条件下的光学显微组织如图 3-28(a)、图 3-28(c)、图 3-28(e) 和图 3-28(g) 所示。相应复合材料的 EDS 图谱如图 3-28(b)、图 3-28(d)、图 3-28(f) 和图 3-28(h) 所示。由图可见，当 SiCp 含量较小时（例如质量分数为 1.5% 和 2.5%），SiCp 在复合材料中的分布比较均匀，如图 3-28(a)、图 3-28(b)、图 3-28(c) 和图 3-28(d) 所示。然而，当 SiCp 含量大于等于 3.5%（质量分数）［见图 3-28(e)、图 3-28(f)、图 3-28(g) 和图 3-28(h)］时，SiCp 在复合材料中的分布并不均匀，并且 SiCp 在复合材料中出现局部团聚。这可能会影响复合材料的力学性能。

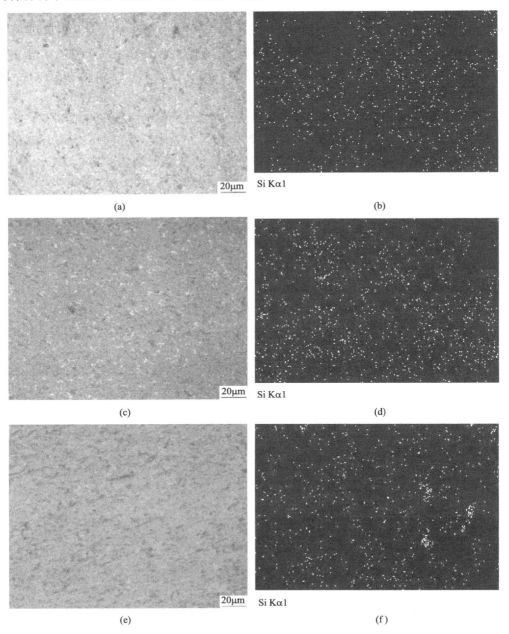

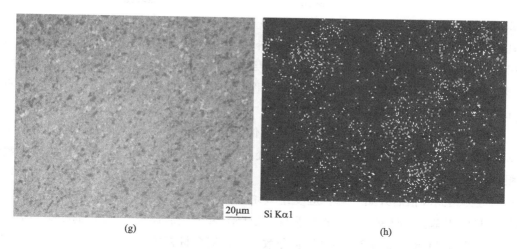

20μm　Si Kα1

(g)　　　　　　　　　　　　　　　　(h)

图 3-28　24h 混料条件下不同含量的纳米 SiCp 在复合材料中的分布

(a)、(b) 1.5％（质量分数）；(c)、(d) 2.5％（质量分数）；

(e)、(f) 3.5％（质量分数）；(g)、(h) 4.5％（质量分数）

针对 2.5％ SiCp/Al 复合材料，X 射线衍射图中出现铝基体和 SiC 的衍射峰，如图 3-29 所示。纯铝的衍射峰位对应的 2θ 分别为 37°～39°、44°～46°、64.5°～66.5°、78°～79°和 82°～83°。而复合粉中在 34°～35°、35.5°～36.5°、60°和 71.5°～72°出现新衍射峰，经确认为 SiC 衍射峰。

对纯铝基体及其纳米 SiCp 增强的复合材料测试了维氏硬度值，如图 3-30 所示。由图可见，复合材料的硬度都高于纯铝。这种强化效应归因于硬质 SiCp 有助于提高材料的承载能力，并通过限制位错运动来限制基体变形[25]。也可以认为，由于 SiCp 比纯铝更硬，因此其固有的硬度强化了软基体[26,27]。

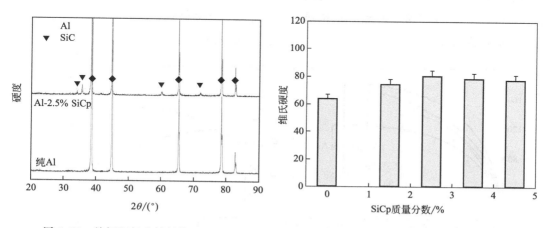

图 3-29　纯铝和复合材料的 XRD 图　　　　**图 3-30**　纯铝和复合材料的维氏硬度

随纳米 SiCp 含量的增加，复合材料的硬度先增加后降低。硬度最大值出现在 SiCp 含量为 2.5％时。纯铝试样的硬度为（64.0±3.2）HV，而 2.5％ SiCp 增强铝基复合材料的硬度为（80.5±4.03)HV，在其他实验条件相同的条件下，比未强化的铝基体硬度提高了 25.8%。这可以解释为，纳米尺寸的 SiCp 通过晶界钉扎抑制铝基体晶粒的长大，细化铝基体晶粒，从而提高复合材料的硬度。此外，Al 基体和 SiCp 热膨胀系数的显著差异也会引起复合材料中位错密度的增加，从而导致硬度增加。然而，随着 SiCp 含量增加至 4.5%（质量分数），纳米 SiCp 出现团聚［图 3-28(f) 和图 3-28(h)］，这反而降低了 SiCp/Al 复合材料的硬度。

不同纳米 SiCp 含量的铝基复合材料的拉伸性能如图 3-31 所示。图 3-31(a) 给出了不同 SiCp 含量的复合材料的典型工程应力-应变曲线。曲线有四个典型阶段：①弹性加载到屈服点；②应变硬化；③"稳态"变形阶段，该阶段流动应力几乎保持不变而应变持续增加；④应力达到峰值后开始下降，应变继续增加直到断裂。图 3-31(b) 给出了不同纳米 SiCp 含量的铝基复合材料的极限抗拉强度（UTS）和断裂后伸长率（δ）的变化趋势。由图可见，纳米 SiCp 含量为 2.5%（质量分数）时，复合材料的极限抗拉强度达到最大值。添加 1.5% 和 2.5%（质量分数）SiCp 的复合材料的极限抗拉强度分别为 171.8MPa 和 177.3MPa，比铝基体样品（125.3MPa）分别提高 37.1% 和 41.5%，与文献［28］中的 SiCp/Al 复合材料的抗拉强度的提高幅度接近。Carreño-Gallardo 等人[29]认为，由于基体和均匀分散的 SiCp 之间热膨胀系数的差异产生高位错密度，纳米 SiCp 阻碍了位错运动，位错与不可剪切颗粒的相互作用提高了复合材料的强度。相比之下，较大含量（质量分数 3.5% 和 4.5%）的纳米 SiCp 对拉伸强度的影响是不利的。复合材料的抗拉强度随 SiCp 含量的增加而降低。原因是两种复合材料中存在纳米 SiCp 的团聚［如图 3-28(f) 和图 3-28(h) 所示］。一方面，团聚的纳米 SiCp 中可能存在空洞，这是微裂纹的来源。另一方面，团聚的纳米 SiCp 会引起应力集中，加速裂纹扩展[30,31]。如图 3-31(b) 所示，SiCp/Al 复合材料的伸长率从纯铝的 12.3% 降至 7.0%（质量分数 4.5% SiCp）。这是由于纳米 SiCp 团聚的增加和粒间距离的减小导致了较高的三轴应力状态。多数研究者报道了 SiCp 的引入增加了复合材料的抗拉强度，但降低了复合材料的延展性和韧性[32,33]。本研究中的极限抗拉强度和伸长率趋势与文献报道的结论一致。

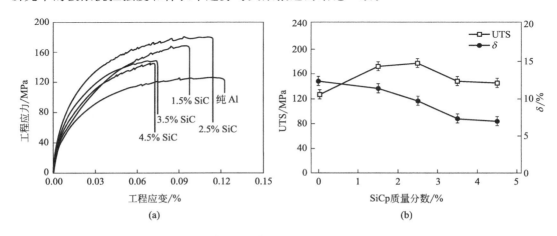

图 3-31 不同纳米 SiCp 含量的铝基复合材料的拉伸性能

（a）应力-应变曲线；（b）UTS 和 δ 与 SiCp 质量分数的关系

实验测定的纯铝及其复合材料的拉伸断口形貌如图 3-32 所示。如图 3-32（a）所示，断口上韧窝和撕裂痕细小均匀，且具有明显的沿拉应力加载方向的特征，表明纯铝的断裂属于韧性断裂。图 3-32（b）和图 3-32（c）给出了添加 1.5％ 和 2.5％ SiCp 复合材料的断口形貌。复合材料的断裂方式为韧性断裂，这与伸长率数据一致。断裂面上还可以观察到明显的撕裂痕和韧性韧窝，这体现了强度与韧性的优化组合。图 3-32（d）和图 3-32（e）给出了添加 3.5％ 和 4.5％ SiCp 的铝基复合材料的断口形貌。断裂形貌的差异主要是由于不同的颗粒分散状态造成的。从图 3-32（d）和图 3-32（e）可以看出，纳米 SiCp 分布不均匀。SiCp 团聚在图 3-32（e）中比较严重，与拉伸性能（图 3-31）下降的结论一致，这表明不均匀的纳米颗粒分布不能完全强化基体合金，因为颗粒富集区域可以有效防止裂纹扩展，但颗粒贫乏区域为裂纹扩展提供了扩展通道[34]。此外，从图 3-32（d）和图 3-32（e）也可以发现，复合材料中存在许多分散的微孔，这是由于随着纳米 SiCp 数量的增加，导致铝颗粒之间的结合不良造成的。微孔会使复合材料力学性能恶化，因为它们为裂纹扩展提供了通道。随纳米 SiCp 含量的增加，复合材料的断裂由韧性断裂转变为脆性断裂。

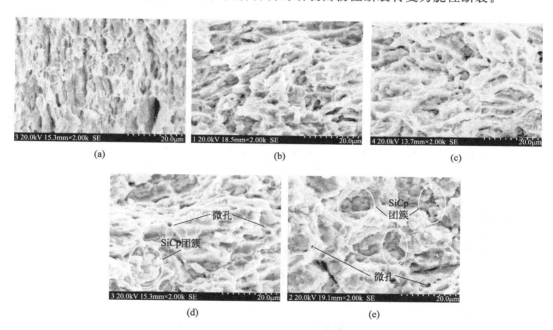

图 3-32　拉伸断口形貌

（a）纯铝；（b）1.5％（质量分数）；（c）2.5％（质量分数）；（d）3.5％（质量分数）；（e）4.5％（质量分数）

参考文献

[1]　吴文杰，王爱琴，王荣旗，等．SiC 颗粒增强 Al-Si 基复合材料的国内研究进展 [J]．粉末冶金工业，2014，24（6）：54-57.

[2]　王俊，孙宝德，周尧和，等．颗粒增强金属基复合材料的发展概况 [J]．铸造技术，1998，3：37-41.

[3]　曾星华，徐润，谭占秋，等．先进铝基复合材料研究的新进展 [J]．中国材料进展，2015，41

(6): 417-424.

[4] Ibrahim I, Mohamed F, Lavernia E. Particulate reinforced metal matrix composites-a review [J]. Journal of Materials Science, 1991, 26: 1137-1156.

[5] Zhang L J, Qiu F, Jiang Q C. High strength and good ductility at elevated temperature of nano-SiCp/Al2014 composites fabricated by semi-solid stir casting combined with hot extrusion [J]. Materials Science and Engineering A, 2015, 626: 338-341.

[6] Celilia B, Diran A. Manufacture of aluminum nonocomposites: a critical review [J]. Materials Science Forum, 2011, 678: 1-22.

[7] 徐正国. 铝基复合材料增强体预处理与半固态浆料电磁搅拌制备工艺研究 [D]. 沈阳: 沈阳理工大学, 2008.

[8] 王建平. 电磁搅拌制备复合材料半固态浆料的研究 [D]. 沈阳: 沈阳理工大学, 2009.

[9] 王建平, 王承志, 李玉海, 等. 高性能复合材料铝基体的电磁搅拌半固态制备工艺 [J]. 铸造设备与工艺, 2009, 1: 25-27.

[10] 王承志, 袁学良, 刘凤国, 等. SiCp/7090Al 复合材料的两步复合及半固态压铸成型 [J]. 铸造设备与工艺, 2011, 6: 6-8.

[11] 王承志, 刘凤国, 李玉海, 等. 颗粒增强金属基复合材料制备加工中几个概念的探讨 [J]. 铸造设备与工艺, 2012, 1: 37-40.

[12] 张秋明, 曹志强, 金泽俊. 电磁搅拌法制备复合材料过程的工艺优化 [J]. 中国有色金属学报, 2002, 12 (S1): 142-145.

[13] 肖黎明, 张励忠, 邢书明, 等. 半固态金属成形件的组织和性能研究进展 [J]. 铸造, 2006, 55 (5): 433-438.

[14] 王承志, 刘凤国, 李玉海, 等. SiCp/7090Al 复合材料的湿摩擦磨损性能 [J]. 铸造设备与工艺, 2011, 5: 32-34.

[15] Zhang Z F, Zhang L C, Mai Y W. Wear of ceramic particle-reinforced metal-matrix composites [J]. Journal of Materials Science, 1995, 30: 1967-1971.

[16] Doel T J A, Bowen P. Tensile properties of particulated reinforced metal matrix composites [J]. Composites Part A, 1996, 27A: 655-665.

[17] Zhang H, He Y S, Li L X. Tensile deformation and fracture behavior of spay-deposition 7075/15SiCp aluminum matrix composite sheet at elevated temperatures [J]. Composites Science and Technology, 1998, 58: 293-298.

[18] 贺毅强. 颗粒增强金属基复合材料的研究进展 [J]. 材料热处理技术, 2012, 41: 133-136.

[19] 龚荣洲, 沈翔, 张磊, 等. 金属基纳米复合材料的研究现状和展望 [J]. 中国有色金属学报, 2003, 13: 1311-1320.

[20] Ferkel H, Mordike B L. Magnesium strengthened by SiC nanoparticles [J]. Materials Science and Engineering A, 2001, 298: 193-199.

[21] Shehata F, Fathy A, Abdelhameed M, et al. Preparation and properties of Al_2O_3 nanoparticle reinforced copper matrix composite by in situ processing [J]. Materials and Design, 2009, 30: 2756-2762.

[22] Du X M, Zheng K F, Liu F G. Effect of clustering on the mechanical properties of SiCp reinforced aluminum metal matrix composites [J]. Digest Journal of Nanomaterials and Biostructures, 2018, 13 (1): 253-261.

[23] Kollo L, Leparoux M, Bradbury C R, et al. Investigation of planetary milling for nano-silicon carbide reinforced aluminium metal matrix composites [J]. Journal of Alloys and Compounds, 2010, 489: 394-400.

[24] Liu Z Y, Wang Q Z, Xiao B L, et al. Experimental and modeling investigation on SiCp? distribution in powder metallurgy processed SiCp/2024 Al composites [J]. Materials Science and Engineering A, 2010, 527: 5582-5591.

[25] Mazahery A, Shabani M O. Investigation on mechanical properties of nano-Al_2O_3-reinforced aluminum matrix composites [J]. Journal of Composite Materials, 2011, 45: 2579-2586.

[26] Cooke P S, Werner P S. Pressure infiltration casting of metal matrix composites [J]. Materials Science and Engineering A, 1991, 144: 189-206.

[27] Mondal D P, Ganesh N V, Muneshwar V S. Effect of SiC concentration and strain rate on the compressive deformation behaviour of 2014Al-SiCp composite [J]. Materials Science and Engineering A, 2006, 433: 18-31.

[28] Tang F, Hagiwara M, Schoenung J M. Microstructure and tensile properties of bulk nanostructured Al-5083/SiCp composites prepared by cryomilling [J]. Materials Science and Engineering A, 2005, 407: 306-314.

[29] Carreño-Gallardo C, Estrada-Guel I, López-Meléndez C, et al. Dispersion of silicon carbide nanoparticles in a AA2024 aluminum alloy by a high-energy ball mill [J]. Journal of Alloys and Compounds, 2014, 586: S68-S72.

[30] Slipenyuk A, Kuprin V, Milman Y, et al. The effect of matrix to reinforcement particle size ratio (PSR) on the microstructure and mechanical properties of a P/M processed AlCuMn/SiCp MMC [J]. Materials Science and Engineering A, 2004, 381: 165-170.

[31] Slipenyuk A, Kuprin V, Milman Y, et al. Properties of P/M processed particle reinforced metal matrix composites specified by reinforcement concentration and matrix-to-reinforcement particle size ratio [J]. Acta Materialia, 2006, 54: 157-166.

[32] Reddy R G. Processing of nanoscale materials [J]. Reviews on Advanced Materials Science, 2003, 5: 121-123.

[33] Mazahery A, Shabani M O. Mechanical properties of squeeze-cast A356 composites reinforced with B$_4$C particulates [J]. Journal of Materials Engineering and Performance, 2012, 21: 247-252.

[34] Guan L N, Geng L, Zhang H W, et al. Effect of hot extrusion on microstructure and properties of (ABOw+SiCp)/6061 Al composites fabricated by semi-solid stirring technique [J]. Journal of Wuhan University of Technology-Materials Science Edition, 2009, 24 (S1): 13-16.

4

石墨烯增强铝基复合材料的制备及性能

4.1 引言

传统的铝基复合材料通常以陶瓷作为增强相，如 Al_3O_2、SiC、TiC、TiB_2 和 B_4C 等颗粒或晶须[1]。尽管陶瓷增强体的高弹性模量、高硬度、低热膨胀系数等优异特性使铝基复合材料具有高强度、高模量、低热膨胀系数、强抗辐照性等优点，然而，陶瓷增强体的脆性，使得铝基复合材料在强度和刚度提高的同时，塑韧性和损伤容限急剧下降。这是因为基体晶界处引入的脆性增强相加剧了形变过程中界面处的应力集中现象，进而使复合材料容易产生裂纹，并在后续形变中裂纹扩展并未受到显著阻碍，最终造成复合材料快速断裂。结构材料强化进程中的强韧（塑）性关系矛盾很难解决。故探寻具有更高综合性能的增强相是推动金属基复合材料，乃至复合材料大体系发展的关键。

近十年来，随着碳纳米材料的出现，已经有大量研究工作致力于碳纳米材料增强金属基复合材料的制备和表征[2-4]。目前报道的二维平面结构的石墨烯具有极高的断裂强度（130GPa）[5]和杨氏模量（1TPa）[5]。即使石墨烯中含有一定浓度的结构缺陷，其本征力学性能也仍然优于传统的陶瓷纤维和颗粒增强体[6]。有研究曾报道过石墨烯增强金属基复合材料的力学性能远远超过"混合法则"预测的结果[7-9]。此外，石墨烯突出的特点之一是超高的热导率［5000W/（m·K)][10]，将其与具有同样高热导率的铝基体相结合，理论上可以获得新型高导热材料。

然而，由于二维平面结构的石墨烯具有很高的比表面积（2630m²/g）[5]，其与金属基体间产生的较强范德瓦耳斯作用，会引发石墨烯片层之间相互团聚，而且金属基体与石墨烯在化学上不相容，因此石墨烯在金属基体中的均匀分散是石墨烯增强金属基复合材料制备的难点之一。本章主要介绍真空热压烧结法制备石墨烯增强铝基复合材料的基本工艺过程以及影响复合材料组织和性能的主要因素。

4.2 实验材料与方法

4.2.1 实验材料

（1）基体合金

实验中所采用的基体材料有纯铝粉（约 99.9%）、7075 铝合金粉和 2024 铝合金粉，基体材料粉体粒径均为 10~15μm。三种基体材料的化学组成如表 4-1 所示。

⊡ 表 4-1 铝基体化学组成（质量分数/%）

基体	Fe	Mn	Cr	Si	Cu	Zn	Mg	Ti	Al
纯铝	0.071	—		0.067	0.002			—	其余
7075	0.5	—	0.18~0.28	—	1.2~2.0	5.1~6.1	2.1~2.9	0.2	其余
2024	—	0.3~1.0	0.1	0.5	3.8~4.9	0.25	1.2~1.8	0.15	其余

（2）增强体

增强体为市售多层石墨烯片，部分性能参数如表 4-2 所示。对原始石墨烯进行微观形貌 SEM 分析和 X 射线衍射（XRD）分析，结果如图 4-1 所示。从图 4-1(a) 中石墨烯的微观形貌可以看到石墨烯片层非常大且是多层结构，对石墨烯的 XRD 分析发现［图 4-1(b)］，在 26.5°处出现了高强度衍射峰，该峰为石墨（002）面的特征衍射峰，也是石墨烯的主要衍射峰，与文献中报道的结果一致[11]。

⊡ 表 4-2 石墨烯部分性能参数

性能参数	数值
直径/μm	1~10
厚度/nm	3~10
比表面积/(cm²/g)	31.5
碳含量/%	>99.5
紧堆密度/(g/cm³)	0.075
表观密度/(g/cm³)	0.050
纯度/%	99.5

4.2.2 复合材料的制备工艺

本章采用固态粉末冶金技术制备石墨烯增强铝基复合材料，实验的工艺流程如图 4-2 所示。

（1）复合粉体的成分设计

根据复合材料增强理论，设计石墨烯铝基体合金中的石墨烯质量分数为 0.2%~1.0%，以达到强度、模量、韧性、塑性和质量方面的基本要求；进行铝合金与石墨烯间

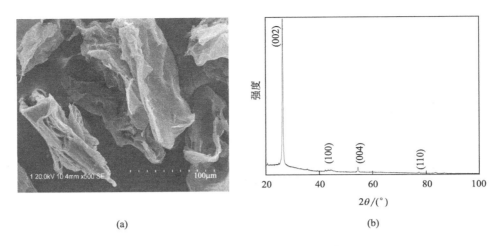

(a)　　　　　　　　　　　　　(b)

图 4-1　石墨烯的微观形貌及 XRD 谱图

（a）微观形貌；（b）XRD 谱图

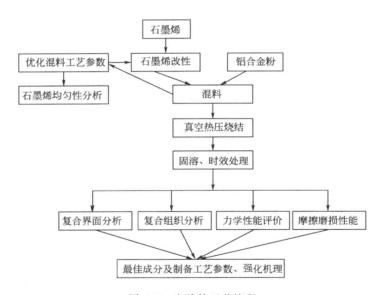

图 4-2　实验的工艺流程

界面润湿的热力学计算，提出改善润湿性的措施；进行铝合金与石墨烯片间生成有害产物（Al_4C_3）反应的热力学和动力学计算，从而设计和选择恰当的热压温度。

（2）混料

在复合粉体混制前，需要对石墨烯进行预处理和表面改性处理，目的是提高石墨烯在铝合金基体中的均匀分散性及二者的浸润性。将原始石墨烯粉末依次进行酸洗、敏化和活化等预处理，有时需要进行化学镀铜和镀镍等表面改性处理，获得备用的增强体材料。

采用三维高效混料机（TURBULA 型）进行复合粉体的混料，考虑球料比 [（3：1）～（10：1）]、转速（20～35r/min）、球磨时间（6～120h）等工艺参数以及石墨烯含量等因素对增强体的团聚效应、增强体/基体界面润湿性的影响。每隔一定时间取样，采用

XRD、SEM 和纳米粒度分析系统分析纳米石墨烯片和碳化硅颗粒在基体中的分布规律、铝粉与增强体之间的润湿性，进而优化混料工艺参数。

（3）复合材料的真空热压烧结

将 100g 混合均匀的复合材料粉末放置于直径为 50mm 成型模具中，使用厚度为 0.5mm 的石墨纸作润滑介质，以便于脱模。在真空钼丝热压炉（ZR-6-8Y）中进行热压烧结成型，温度为 610℃，压强约为 50MPa。升温时间为 1.5h，保温时间为 1h。受热的混合粉在模具内受到压力后，颗粒发生弹性、塑性变形并产生相对运动，使体积逐渐减小，密度逐渐增大，并最终形成所需要的压坯。热压烧结温度与时间的关系如图 4-3 所示。

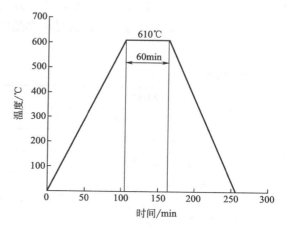

图 4-3 热压烧结温度与时间的关系

（4）复合材料的热处理

将热压烧结后的复合材料坯料经固溶、时效处理，以获得最佳性能的铝基复合材料，在 470℃下固溶处理，时间为 2h，然后用冷水淬火，淬火转移时间控制在 10s 以内。然后将淬火的样品在 140℃的温度下进行人工时效处理，时间为 16h。

4.2.3 复合材料组织与性能表征技术

（1）显微组织观察

复合材料的金相显微组织观察使用 200TAM 型倒置金相显微镜，最高放大倍数 1000 倍，主要是用来观察低倍率下复合材料的组织形貌、增强相分布的均匀性以及晶粒的大小。在观察前，复合材料样品需要经过打磨和抛光处理。然后经过腐蚀，腐蚀试剂配比是 $HNO_3：HCl：HF：H_2O=5：3：2：90$。

（2）X 射线衍射分析

复合材料样品的 X 射线衍射测试在 Rigaku Ultima Ⅳ X 射线衍射仪上进行，使用 Cu Kα（$\lambda=1.54060$Å，1Å$=10^{-10}$ m）辐射。设定扫描速度为 4°/min，步长为 0.02°，衍射角（2θ）保持在 20°～100°之间。X 射线衍射可以对铝基复合材料中相成分组成进行分析。

（3）表界面形貌和能谱分析

复合材料样品的表界面形貌和能谱分析使用扫描电子显微镜（SEM），其中复合材料粉末的形貌观察、拉伸断口和磨损表面的形貌及其能谱分析使用日立 S-3400 扫描电子显微镜，复合材料表界面的形貌及其能谱分析使用 TESCAN 扫描电子显微镜。

（4）透射电镜微观组织分析

透射电镜微观组织结构观察分析使用日本 JEOL JEM-2100F 透射电子显微镜（TEM）。由于透射电镜放大倍数更高，能够更加清晰地观察复合材料的组织结构和界面结构。透射电镜样品制备过程：首先通过电火花切割机切下厚度约为 500μm 的薄片，依次使用 800♯、

1000♯、1500♯、2000♯砂纸仔细打磨，直至薄片厚度达到约 $50\mu m$，然后在薄片上铣出 $\Phi 3mm$ 的圆片，最后通过电解双喷和离子减薄制得透射电镜样品。

（5）小角中子散射（small-angle neutron scattering，SANS）实验

SANS 实验在德国亥姆霍兹堆（Helmholtz-Zentrum Berlin，HZB）的 V4 小角中子散射谱站进行。SANS 原始实验数据处理包括样品与空气散射强度本底测量，空气散射强度、探测单元效率等多项修正，以获得纯样品的绝对散射强度。小角中子散射实验条件如表 4-3 所示。

⊡ 表 4-3　SANS 实验条件

实验条件	参数
样品尺寸/mm×mm×mm	$1\times10\times10$
光阑孔直径/mm	6.25
光源到样品的距离/m	4
样品到探测器的距离/m	4.4
探测器尺寸/mm×mm	5×5
中子波长 λ/mm	0.6

通过小角中子散射谱仪实验检测可以得到实验样品的小角中子散射信号数据。对 SANS 数据进行积分可以由探测器的二维图形数据转化为二维曲线数据，即模型合金实验样品的散射强度 $I(q)$ 随散射矢量 q 变化的关系曲线。这个变化关系的曲线被称为小角中子散射强度曲线。根据小角中子散射基本理论和实验测量所得的散射强度曲线，应用小角散射数据分析方法，可以获取实验样品材料内部的有关微观结构参数。

（6）硬度测试

用 HVS-50 维氏硬度计测量样品的维氏硬度。加载力设置为 9.8N，停留时间为 10s。在每个样品的不同区域测量材料的平均硬度至少 5 次。

（7）拉伸性能测试

拉伸试验是指在承受轴向拉伸载荷下测定材料特性的试验方法。针对本次试验，通过拉伸试验体现复合材料的力学性能。复合材料的拉伸性能试验通过 UTM4304 试验机在室温下进行。试验开始前设定计算标准（GB/T 228.2—2015），试验速度为 0.5mm/min，试验件厚度为 2mm，试验件宽度为 10mm。图 4-4 所示为拉伸试件尺寸。

（8）摩擦磨损性能测试

MDW-02 往复摩擦磨损试验机用于干滑动摩擦磨损性能测试。在磨损测试之前对所有样品进行抛光，以确保样品表面具有相同的粗糙度。干磨损试验在室温下使用 10N 的载荷进行。由 GCr15 轴承钢（HRC63±3）制成的直径 6.35mm 的球作为摩副用于干滑动摩擦磨损性能测试。干滑动摩擦磨损性能测试以 3Hz 的频率进行 10min。

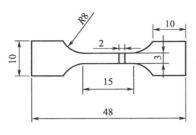

图 4-4　拉伸试件尺寸

（9）磨损形貌测量

磨损形貌的深度、宽度和粗糙度测量主要使用 OLYMPUS 激光扫描共聚焦显微镜（LSCM）（LEXT OLS4100，日本）。其中深度、宽度和截面积测量均取磨损痕迹中心部位，进行多次测量取平均值。

4.3 致密度

4.3.1 测试方法

致密度可以反映复合材料在热压烧结后是否紧实、孔洞的多少及界面是否拥有良好的结合，同时也是检验材料在制备过程中的制备工艺是否满足要求的指标之一。若复合材料中存在孔洞缺陷，就相当于在制备的过程中在基体内部预置了微小裂纹，这会在之后的力学性能测试中成为裂纹的源头，使复合材料的力学性能受到影响。

本节采用阿基米德排水法测定复合材料的致密度。测定前先将试样表面的氧化皮去掉，防止表面氧化层影响测量的准确性，用分析天平（精度为 0.1mg）测量其在空气中的干重。测量完干重后，将试样放入蒸馏水中测量其湿重，测量湿重时应尽量迅速，以防止水渗透进试样。致密度的计算公式如下：

$$\rho_{实际} = \frac{m_0}{m_0 - m_1} \times \rho_水 \tag{4-1}$$

$$\rho_{理论} = \rho_{Al}\omega_{Al} + \rho_G\omega_G \tag{4-2}$$

$$\varphi = \frac{\rho_{实际}}{\rho_{理论}} \times 100\% \tag{4-3}$$

式中　$\rho_{实际}$——复合材料的实测密度，g/cm^3；

$\quad\quad \rho_{理论}$——复合材料的理论密度，g/cm^3；

$\quad\quad m_0$——复合材料在空气中的质量，g；

$\quad\quad m_1$——复合材料在水中的质量，g；

$\quad\quad \rho_水$——水的密度，g/cm^3；

$\quad\quad \rho_{Al}$——铝合金的密度，g/cm^3；

$\quad\quad \rho_G$——石墨烯的密度，g/cm^3；

$\quad\quad \omega_{Al}$——铝合金的质量分数；

$\quad\quad \omega_G$——石墨烯的质量分数；

$\quad\quad \varphi$——复合材料的致密度。

4.3.2 实验结果

（1）纯铝基复合材料

首先研究了混料时间和石墨烯含量对复合材料致密度的影响规律，球料比为 7∶1，混料机转速为 30r/min，热压温度为 620℃时的测试结果如表 4-4 所示。由表可见，对于石墨烯含量为 1.0%（质量分数）的复合材料，致密度随混料时间的增加，呈现出先增大后减小的趋势，在混料时间为 6h 时复合材料的致密度最大，继续延长混料时间，致密度反而减小。表明延长混料时间会吸入大量的空气增加样品的孔隙率。在混料时间为 6h 时，随着石墨烯含量的增加，复合材料的致密度呈逐渐减小趋势。这是由于石墨烯不规则的表面形态引起的，石墨烯表面存在大量的褶皱结构，铝颗粒不能完全填满褶皱中尺寸不均匀的空隙，因此加入的石墨烯越多，尺寸小于铝颗粒的褶皱空隙在复合材料中体积占比会越高，复合材料的致密度会相应减小。目前采用此种混料技术，在确保复合材料力学和其他性能满足的前提下，减少石墨烯的添加来获得较为致密的复合材料。因此未来研发新型混料技术以提高石墨烯的加入量是进一步提高复合材料力学性能和物理性能的关键。

▫ 表 4-4　不同石墨烯含量及混料时间下的纯铝基复合材料的致密度

石墨烯含量(质量分数)/%	混料时间/h	实际密度/(g/cm³)	理论密度/(g/cm³)	致密度/%
1.0	1	2.656	2.697	98.48
1.0	6	2.676	2.697	99.22
1.0	24	2.667	2.697	98.88
1.0	72	2.655	2.697	98.81
1.0	96	2.623	2.697	97.26
0	—	2.693	2.70	99.74
0.25	6	2.689	2.699	99.66
0.5	6	2.687	2.698	99.59
1.5	6	2.621	2.695	97.25
2.0	6	2.572	2.684	95.82

热压温度对复合材料致密度也有明显的影响，表 4-5 给出了混料时间为 6h 时不同石墨烯含量及热压温度下的纯铝基复合材料的致密度，由表可见，提高热压温度可增加复合材料的致密度，但太高的热压温度会加速铝基体与石墨烯的界面反应，产生脆性相 Al_4C_3，损害复合材料的力学性能，另外，较高的热压烧结温度也会导致基体合金晶粒的快速长大，也不利于复合材料获得较好的力学性能。

▫ 表 4-5　不同石墨烯含量及热压温度下的纯铝基复合材料的致密度

石墨烯含量(质量分数)/%	热压温度/℃	实际密度/(g/cm³)	理论密度/(g/cm³)	致密度/%
1.0	620	2.676	2.697	99.22
1.0	610	2.661	2.697	98.66
1.0	600	2.652	2.697	98.33
0.5	620	2.687	2.698	99.59
0.5	610	2.670	2.698	98.96
0.5	600	2.659	2.698	98.55

（2）2024 铝基复合材料

对于 2024 铝合金基体，混料工艺为：球料比为 7∶1，混料时间为 6h，混料机转速为 30r/min，在 620℃下热压。热压后复合材料致密度如表 4-6 所示。从表 4-6 可以看出，随着石墨烯含量增加，致密度呈现下降趋势。不含石墨烯时基体的致密度最高，石墨烯含量为 0.75%（质量分数）时致密度最低。根据复合材料混合定律［式(4-2)］可知，当石墨烯的含量不断增加时，复合材料的密度会随着石墨烯的加入而减小。由此可知实验结果与理论预测是一致的。

表 4-6　不同含量石墨烯的 2024 铝基复合材料的致密度

石墨烯含量(质量分数)/%	实际密度/(g/cm³)	理论密度/(g/cm³)	致密度/%
0	2.760	2.770	99.66
0.25%	2.756	2.768	99.56
0.50%	2.753	2.766	99.53
0.75%	2.750	2.764	99.49

4.4　显微组织与结构

4.4.1　复合粉中石墨烯的分布

复合材料中增强体分布的均匀性决定着复合材料的性能，由于在制备过程中，生产工艺的影响，可能会导致增强体分布不均匀，使复合材料性能显著下降。复合材料的混料工艺参数是影响增强体分散均匀性的关键因素。对于固态复合法中的粉末冶金工艺，球料比、混料时间对复合材料中增强体的分布具有重要影响，因此首先研究球料比对石墨烯在复合粉中分布均匀性的影响。

为了提高粉末混合效率，缩短混料时间，提高球料比可以在不大幅度提高混料罐体回转速度的条件下，尽量降低分散介质对石墨烯表面铜修饰层的损害。图 4-5 给出了石墨烯含量为 0.75%（质量分数），基体合金为 Al2024 铝合金粉，球料比分别为 3∶1、5∶1、7∶1、10∶1，混合时间为 6h 的复合粉末形貌，由图 4-5(a)～图 4-5(d) 可以看出，经过 6h 三维混合后，复合粉末经过长时间的研磨冲击和粉末之间相互碰撞，在颗粒和介质相对运动的剪切作用下石墨烯和铝粉均发生了形貌变化。从图 4-5(a)～图 4-5(c) 可以观察到复合粉末中存在比较明显的片层状结构——大片层和小片石墨烯。当球料比提高到 10∶1 时，从图 4-5(d) 可以观察到复合粉末中几乎没有大片层石墨烯，表明石墨烯已经发生了分层破碎。球料比为 7∶1、10∶1 的复合粉末内的石墨烯通过 EDS 分析发现，石墨烯表面仍有 Cu 元素存在，通过 TEM 可以观察到在经过三维混料工艺后石墨烯表面纳米铜粒子仍然紧密地结合在石墨烯表面上，但化学施镀表面大尺寸铜颗粒或纳米铜粒子团簇已经消失，如图 4-5(e) 和图 4-5(f) 所示。表明高球料比三维混合过程中粉末与介质之间的剪切、研磨作用对石墨烯表面纳米铜粒子过渡金属层具有一定破坏作用，但石墨烯表面细小纳米铜颗粒因与石墨烯结合紧密，仍会负载在石墨烯表面。

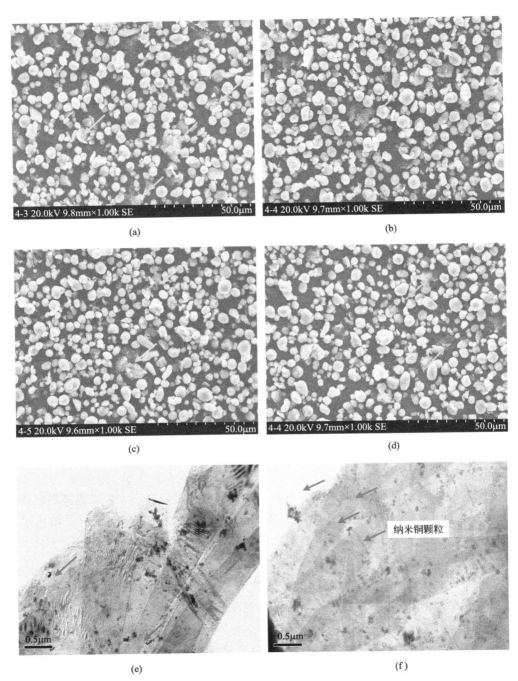

图 4-5 复合粉末中石墨烯分布与石墨烯表面纳米铜形貌

（a）3∶1；（b）5∶1；（c）7∶1；（d）10∶1；（e）球料比为 7∶1 时的石墨烯表面纳米铜形貌；

（f）球料比为 10∶1 时的石墨烯表面纳米铜形貌

三维混合对石墨烯状态影响较大，对基体合金粉末也有一定的影响。从图 4-6 可观察到 Al2024 合金粉末随球料比的提高，会发生变形和表面形貌改变。球料比的提高增加了分散介质对粉末剪切分散的同时也使得分散介质对粉末的冲击和研磨作用增加，因此 Al2024 粉末颗粒随球料比的提高必然发生形态上的改变。从图 4-6 可知，基体合金粉末在以不同球料比混合后均出现了形态上的转变，从图 4-6(a) 可见，球料比为 3∶1 时，铝粉表面在混合过程中受到了分散介质和铝粉颗粒的轻微研磨作用，粉末颗粒没有明显变化，基本保持球形。随球料比提高，粉末开始出现变形，如图 4-6(b) 所示。当继续提高球料比到 7∶1 时，铝粉在分散介质冲击的作用下出现颗粒黏结现象 [图 4-6(c)]。继续提高球料比到 10∶1，混合后铝粉出现轻微焊实情况，如图 4-6(d) 所示。但整体上，Al2024 粉末颗粒基本保持单独的颗粒形态，粉末没有出现明显的机械合金化现象。

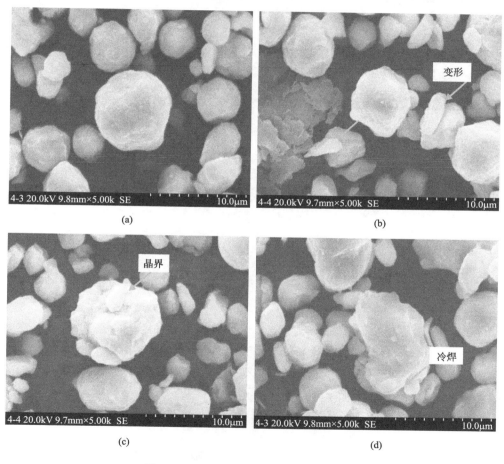

图 4-6 不同球料比下复合粉末铝粉形态

(a) 3∶1；(b) 5∶1；(c) 7∶1；(d) 10∶1

三维混合过程不仅改变了石墨烯的状态和表面形貌，同时也由于球料比的提高，增加了分散介质总表面积，从而使介质表面对石墨烯吸附黏结作用增强，这一过程会造成石墨烯损失。使用 ICP 对石墨烯含量为 0.75%（质量分数）的复合粉末样品中的 C 元素进行表征，不同球料比混合 6h 后复合粉末中 C 元素含量表明，提高复合粉末混合球料比会造成增强体材料在混料过程中的损失，按照球料比分别为 3∶1、5∶1、7∶1、10∶1 混合后复合粉末中 C 元素含量分别为 736.42mg/kg、715.64mg/kg、708.96mg/kg、626.27mg/kg。这表明低球料比混合条件下复合粉末中 C 元素损失较少，随球料比的提高，混合过程中石墨烯因黏结在分散介质和混料罐体上而造成 C 元素的损失增加。

实验也研究了不同基体合金中混料时间对复合粉末形貌的影响规律，图 4-7 给出了纯

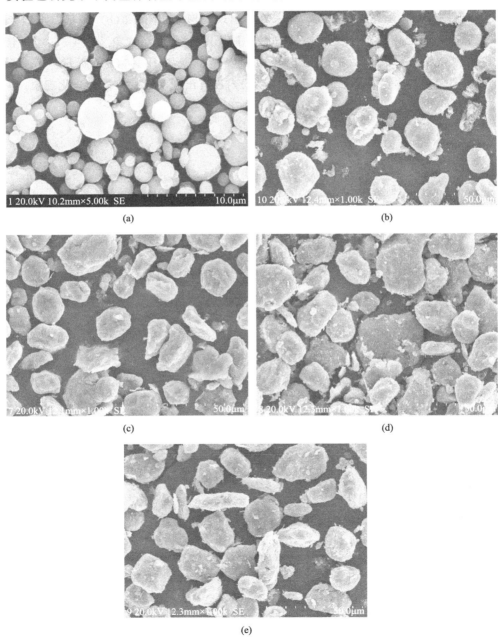

图 4-7 纯铝粉原始形貌及石墨烯含量为 1%（质量分数）的复合粉末在不同混料时间下的形貌 [12]

（a）纯铝粉原始形貌；（b）6h；（c）24h；（d）72h；（e）96h

铝中石墨烯含量为 1%（质量分数）时不同混料时间下的复合粉体的形貌演化过程[12]。混料工艺参数为：球料比为 7∶1，转速为 30r/min。由图 4-7(a) 可见，未添加石墨烯的原始铝粉为规则的球状颗粒。加入石墨烯后，经过 6h 的混料，铝颗粒明显发生塑性变形，部分铝颗粒出现了近似片状的形态，在铝颗粒表面和周围散落着许多片状结构，很可能是石墨烯片［图 4-7(b)］。随着混料时间增加到 24h，铝颗粒变形严重，几乎观察不到规则球状的形态，完全变为片状结构。这是因为在混料过程中，铝颗粒在磨球与罐体之间反复碰撞、挤压，发生严重的塑性变形［图 4-7(c)］。而且在铝颗粒周围未观察到散落的片状结构。继续延长混料时间到 72h 和 96h［图 4-7(d) 和图 4-7(e)］，铝颗粒尺寸开始变大，这是因为，颗粒和磨球之间的反复碰撞、挤压产生冷焊，导致颗粒尺寸变大。需要指出的是，在各个混料时间下，并未观察到变形的铝颗粒出现团聚的石墨烯结构，而且延长混料时间，变形的铝颗粒表面的片状结构并未出现明显的变化。这表明超过 24h 的混料时间，不会对石墨烯在铝颗粒表面的分布产生影响。

混料时间为 6h，球料比为 7∶1，转速为 30r/min 条件下纯铝中不同石墨烯含量的复合粉中石墨烯分布的结果如图 4-8 所示。由图 4-8 可见，石墨烯含量较少时，在铝颗粒表面仅观察到极少量的石墨烯片［图 4-8(a)］。随着石墨烯含量的增加，铝颗粒表面的石墨烯片数量增多，但未出现明显的团聚现象［图 4-8(b) 和图 4-8(c)］。当石墨烯含量增加到 1.2%（质量分数）后，铝颗粒表面开始出现团聚的石墨烯片［图 4-8(d)～图 4-8(f)］。这表明采用目前的混料工艺，复合粉中石墨烯含量不宜超过 1.0%（质量分数）。

为了进一步验证石墨烯在铝颗粒表面的分布，对复合粉体表面进行了能谱分析，图 4-9 给出了实验结果。由图 4-9(b) 可知，能谱中主要的元素峰为 C 峰和 Al 峰，C 元素含量为 14.52%（质量分数），铝元素含量为 82.78%（质量分数）。实验结果表明，石墨烯已经完全附着在铝粉表面。

4.4.2　复合材料的显微组织结构

（1）SEM 下显微组织

针对石墨烯增强 Al2024 复合材料，采用真空热压法在 600℃ 下保温 1h，然后对复合材料坯料试样进行金相观察。分别观察不同球料比条件下复合材料的金相组织。由于石墨烯表面由纳米铜粒子修饰无法直接观察石墨烯，因此可以由单质铜的位置判断石墨烯的分布。图 4-10 是石墨烯含量为 0.75%（质量分数）的复合材料以不同球料比混合 6h 后烧结的显微组织。由图 4-10(a) 可见，球料比为 3∶1 时，复合材料内有大片单质铜（石墨烯表面纳米铜修饰层）存在，由此可知，在低球料比条件下石墨烯分散不理想。随球料比提高到 5∶1［图 4-10(b)］，分散介质对复合粉末剪切作用增强，石墨烯的分散性得到改善。从图 4-10(c) 可以观察到球料比 7∶1 时，分散介质对复合粉末的剪切分散作用进一步增强，石墨烯在基体合金中的分散更均匀，复合材料组织比较均匀。当球料比提高到 10∶1 时，复合材料内已经看不到大片的单质铜，表面石墨烯已经被分散介质打散破碎，石墨烯表面纳米铜修饰层也被剥离。因此球料比为 7∶1 时复合粉末混合相对均匀，并能够保留较为完整的层片结构。

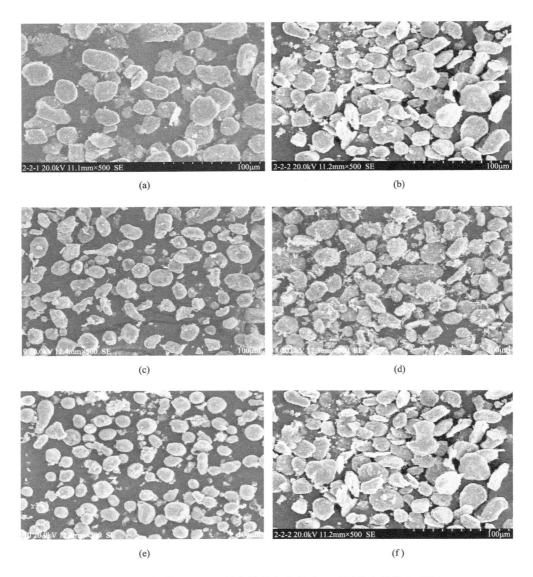

图 4-8 纯铝中不同石墨烯含量的复合粉中石墨烯分布的结果 [12]

(a) 0.3% (质量分数)；(b) 0.7% (质量分数)；(c) 1.0% (质量分数)；

(d) 1.2% (质量分数)；(e) 1.5% (质量分数)；(f) 2.0% (质量分数)

图 4-11 是石墨烯含量为 0.75% (质量分数)，球料比为 7∶1，不同高混合回转速度，混合 6h 时的复合材料显微组织。图 4-11(a) 是混合回转速度为 20r/min 时复合粉末的显微组织，从图中可以看到复合材料组织不均匀，大片层的石墨烯在基体合金粉末颗粒边界集中存在，尺寸为 4～5μm。由图 4-11(b) 可以看到混合回转速度为 25r/min 时石墨烯分布均匀，复合材料中大片层石墨烯已经明显减少。继续提高混合回转速度到 30r/min，分散介质对粉末剪切和研磨作用增加，石墨烯分散更加均匀，如图 4-11(c) 所示。当继续提高混合回转速度到 35r/min 时，分散介质对粉末剪切、冲击作用增加，大片

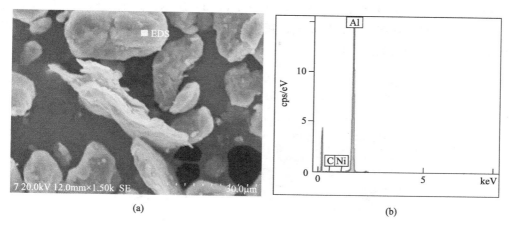

(a)

(b)

图 4-9 Al-1.0% Gr 复合材料表面形貌及 EDS 能谱图

（a）表面形貌；（b）EDS 能谱

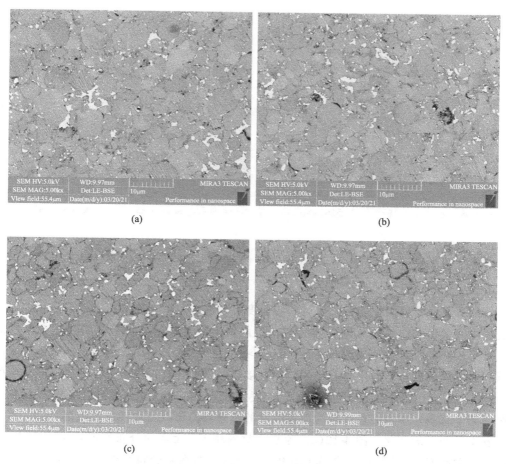

(a)

(b)

(c)

(d)

图 4-10 不同球料比 0.75%（质量分数）石墨烯复合材料显微组织

（a）3∶1；（b）5∶1；（c）7∶1；（d）10∶1

层石墨烯破碎，铝合金粉末也发生变形，如图 4-11（d）所示。这表明随混合回转转速提高，分散介质对粉末搅拌剪切作用增强，颗粒间研磨、碰撞能量增加。因此通过提高混剪切作用来提高复合粉末的均匀性[13]。

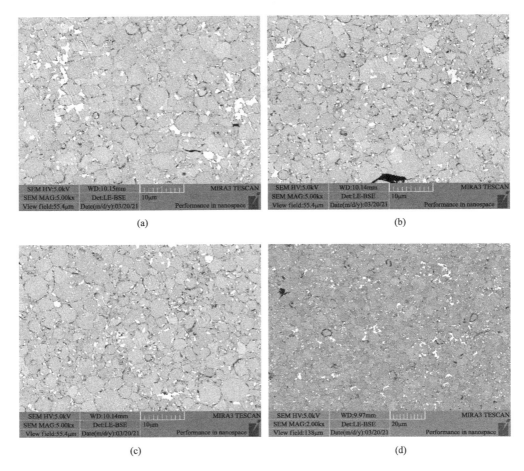

图 4-11　不同混料回转速度时 0.75%（质量分数）石墨烯复合材料显微组织
（a）20r/min；（b）25r/min；（c）30r/min；（d）35r/min

伴随着复合材料组织均匀化，高回转速度混合粉末分散介质对粉末冲击作用加大，混合过程中大量粉末黏结在分散介质和混料罐内壁上，造成复合粉末中增强体石墨烯的损失。可见较高的混合回转速度对复合材料均匀性有明显改善作用，但会造成石墨烯表面纳米铜过渡金属层的剥落，使得石墨烯与铝直接接触增加烧结过程中有害界面反应发生的概率。图 4-12 是球料比为 7：1，混合回转速度为 35r/min 时，复合材料组织 EDS 元素分布情况，图 4-12（a）中白亮色区域为镀铜改性的石墨烯，可以发现经过三维混合后，石墨烯尺寸发生了明显的变化。图 4-12（c）为复合材料中 Cu 元素的分布情况，由于 Al2024 合金中本身含有 Cu，因此 EDS 扫描照片中 Cu 元素分布在复合材料的各个区域，但图中明显存在 Cu 相对富集的区域，这些 Cu 富集区域为铝粉颗粒界面处的纳米铜修饰石墨烯层片结构。

图 4-12(d) 是复合材料中 C 元素的分布情况，由图可知 C 元素在基体中分布比较均匀，主要原因是石墨烯层片结构通常均匀地存在于基体合金铝粉颗粒的界面处，只露出石墨烯横截面，因而在 EDS 扫描中不会出现 C 元素富集的情况。复合材料组织内没有明显的 C 集中出现区域，说明采用三维混合、真空热压工艺制备的石墨烯增强铝基复合材料中，石墨烯表面纳米铜修饰层在低能量混合过程中没有被破坏，纳米铜镀层对石墨烯表面起到了保护作用。因此，在复合粉末混合过程中混料罐体回转速度不能太高，理想速度应在 30r/min 以内，考虑混合效率和均匀性，球料比为 7∶1 较为理想。

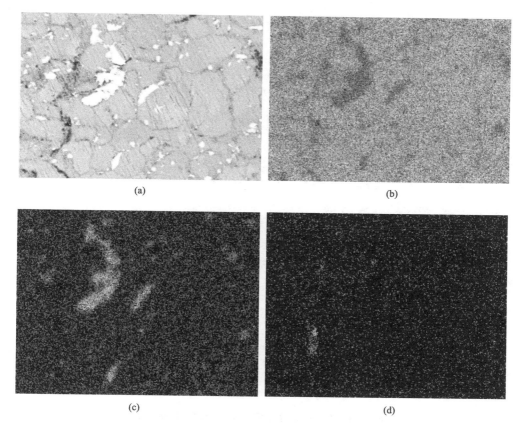

(a)　(b)　(c)　(d)

图 4-12　高混合转速复合材料元素分布
(a) 显微组织；(b) Al 元素分布；(c) Cu 元素分布；(d) C 元素分布

根据混料参数优化结果，复合粉末混合参数为球料比 7∶1，罐体回转速度 30r/min，混合时间 6h，然后采用真空热压烧结工艺制备不同质量分数石墨烯的铝基复合材料。图 4-13 为四种不同质量分数增强体复合材料微观组织结构，由图可以观察到不同石墨烯含量的复合材料组织，当复合材料中石墨烯含量较低时，由图 4-13(a)、图 4-13(b) 可以观察到白亮色纳米铜表面修饰的石墨烯在基体合金中分布均匀，纳米铜修饰的石墨烯与复合材料基体铝合金结合致密，石墨烯含量为 0.25%、0.5% 的复合材料组织致密，没有明显的孔隙、脱落。

对于高质量分数石墨烯的复合材料［图 4-13(c)、图 4-13(d)］，随着石墨烯含量的提高在一些区域可以观察到白亮色的镀铜改性石墨烯相对集中现象,这是由于石墨烯聚集造成的。当石墨烯含量为 1.0% 时 [图 4.13(d)],复合材料组织内部因石墨烯的团聚,而出现一些微小的孔隙,这些微小的孔隙造成复合材料相对密度的下降,同时也会影响复合材料的力学性能。

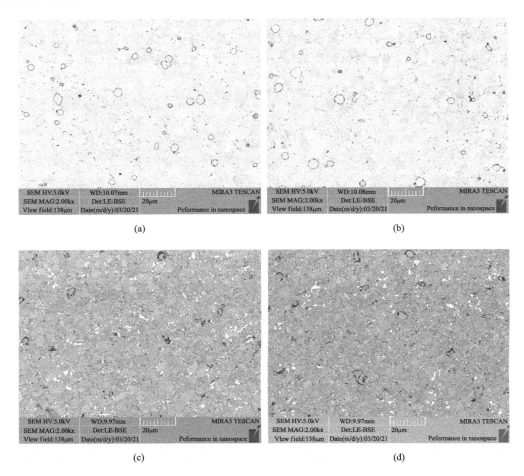

图 4-13 不同质量分数增强体复合材料显微组织

(a) 0.25% (质量分数);(b) 0.5% (质量分数);(c) 0.75% (质量分数);(d) 1.0% (质量分数)

使用 EDS 对石墨烯含量为 0.5% (质量分数) 的复合材料进行表面元素分析,表明采用三维混合真空热压制备的复合材料中石墨烯表面纳米铜修饰层在低能量混合过程中没有被破坏,纳米铜镀层对石墨烯表面起到了保护作用。由图 4-14 可以观察到辅材料表面没有明显的 C 元素聚集。

针对石墨烯增强 Al7075 复合材料,图 4-15(a)～图 4-15(d) 给出了 7075 铝合金和镀铜石墨烯质量分数分别为 0.5%、0.75%、1.0% 时复合材料表面 SEM 形貌[14]。从图 4-15(a) 中可以看出,Al7075 合金的组织致密,没有明显的疏松结构,晶粒之间的界面结合良好,说明在热压烧结的过程中有颗粒发生了变形,使颗粒之间更好地黏结在一起。而加入增强相后的复合材料,观察图 4-15(b)～图 4-15(d),复合材料表面的孔隙逐渐变多、变大,

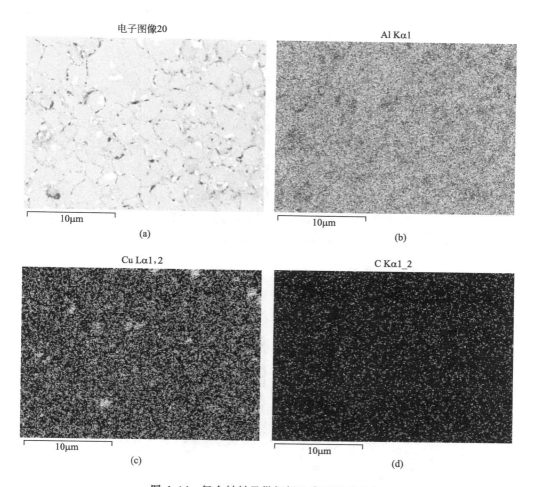

电子图像20

(a)

Al Kα1

(b)

Cu Lα1,2

(c)

C Kα1_2

(d)

图 4-14 复合材料显微组织及表面元素分布

（a）显微组织；（b）Al 元素分布；（c）Cu 元素分布；（d）C 元素分布

这说明了复合材料的致密度随石墨烯含量的增加而降低。同时，界面之间明显出现了一层不同于基体的物质，但石墨烯在晶界中的分布从图中很难分辨，这是因为含量不多的石墨烯呈片状并且表面褶皱，很容易嵌入金属基体中，因此利用能谱仪来检测晶界处是否有石墨烯的存在。图 4-15（e）为图 4-15（b）所示位置的 EDS 分析，通过结果可以发现，该位置具有很高的 C 元素含量，质量分数达到了 52.76%，说明此处石墨烯的存在，证明了石墨烯受到基体合金的影响无法从此倍数的扫描电镜中直接观察到其形貌组织。

本章也研究了高含量石墨烯增强 Al7075 复合材料的显微组织，如图 4-16（a）～图 4-16（c）所示，可以看到当复合材料中添加的增强相质量分数较高时，金相显微组织中石墨烯的团聚现象比较严重，形成了较多的团絮状和条状石墨，这样的石墨对铝合金基体组织的割裂作用较强，从而严重影响复合材料的机械性能，所制得的复合材料综合性能下降，无法达到预期的效果。图 4-16（b）和图 4-16（c）中，可以很明显地看到团聚在一起的石墨烯。

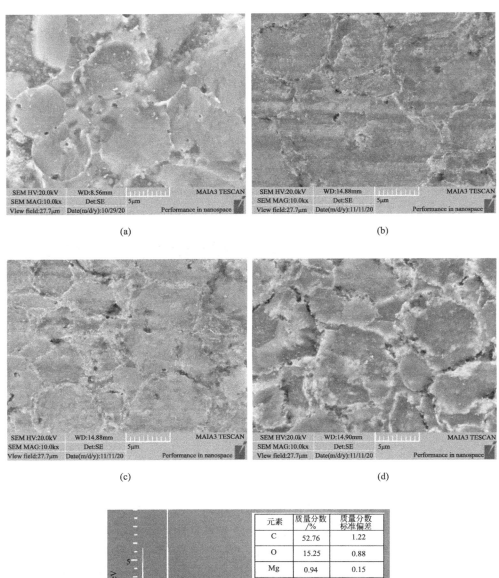

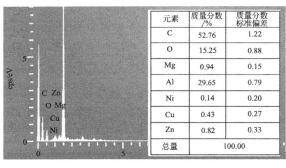

图 4-15 Al7075 和石墨烯增强铝基复合材料扫描电子显微镜图片及 EDS 分析结果[14]

（a）Al7075；（b）0.5％石墨烯；（c）0.75％石墨烯；（d）1.0％石墨烯；（e）EDS 分析结果

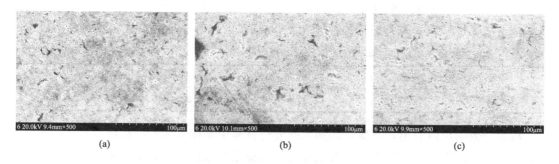

图 4-16 高质量分数石墨烯增强 7075 铝基复合材料 SEM 形貌

(a) 1.5%（质量分数）；(b) 2.0%（质量分数）；(c) 3.0%（质量分数）

（2）XRD 结果

图 4-17 给出了纯铝及其石墨烯增强铝基复合材料（GPN）热压烧结后的 XRD 图谱[15]。由图可见，该复合材料的衍射峰除了主要的 Al 峰外，并未发现 C 元素的衍射峰，这是由于石墨烯含量较低，未达到 X 射线检测的元素含量下限[16]。此外在所有复合材料的 XRD 图谱上未出现碳化物（Al_4C_3）衍射峰。这表明在本实验条件下铝基体与石墨烯界面没有发生化学反应。Bartolucci 等人[17]报道了热挤压后的石墨烯增强铝基复合材料中出现了 Al_4C_3。Bustamante 等人[18]认为 Al_4C_3 的形成对复合材料的后续热加工具有强烈的依赖性。我们早期的第一性原理计算结果表明，C 与铝原子间的相互作用以范德瓦耳斯力为主[19]。

图 4-18 给出了不同含量石墨烯增强 7075 铝合金复合材料与铝基体的 XRD 图[14]。由图可知，该复合材料的衍射峰除了主要的 Al 峰、微弱的 C 元素峰之外，还包括了基体中 $MgZn_2$ 和 Al_2CuMg 衍射峰。除了石墨烯增强相含量为 1%（质量分数）的复合材料外，其他复合材料很难发现石墨烯衍射峰的存在。通过 Jade 软件分析表明，石墨烯铝基复合材料的样品中并未找到 Al_4C_3 的特征衍射峰，说明增强相与铝基体间没有发生化学反应。

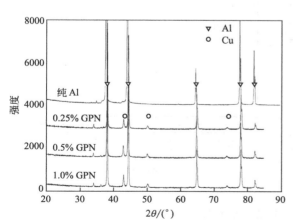

图 4-17 不同含量石墨烯增强铝基复合材料和
纯铝的 XRD 图谱[15]

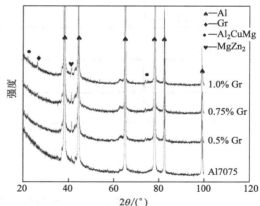

图 4-18 不同含量石墨烯增强铝基复合
材料与铝基体的 XRD 图谱[14]

　　为了探究石墨烯含量对基体晶粒大小的影响，采用 Nano Measure 软件来分析基体中的颗粒平均粒径尺寸，如表 4-7 所示。

▢ 表 4-7　Al7075 和石墨烯铝基复合材料平均晶粒尺寸

项目	Al7075	0.5% Gr+99.5% Al	0.75% Gr+99.25% Al	1.0% Gr+99.0% Al
平均晶粒尺寸/μm	7.82	7.73	7.32	7.28

　　从表中数据可以看出，石墨烯的加入使复合材料中基体的平均晶粒尺寸有所减小，起到了细晶强化的作用。相比来说，石墨烯含量（质量分数）由 0.5% 增加到 0.75% 时起到的细晶强化作用较明显，有较大幅度的降低，但继续向基体中添加石墨烯至 1.0%，细晶强化作用减弱。

　　图 4-19(a) 给出了石墨烯增强 2024 铝基复合材料的 XRD 图谱。衍射图谱中检测到了 Al、Cu、Al_2Cu 的衍射峰。所有样品的 Al 主峰均位于 38.46°(111)、44.71°(200)、65.08°(220)、78.21°(311) 和 82.42°(222) 处，纳米铜修饰石墨烯含量为 0.25%、0.5%、0.75%、1.0% 衍射峰图谱中都没有 C 的衍射峰出现，表明纳米铜表面修饰石墨烯已经完全复合到基体合金中。除了 Al 基体的衍射峰外，还发现了一些很弱的衍射峰，这些峰的强度相对较弱，可能是由于复合材料中含有少量的纳米铜表面修饰石墨烯与基体铝合金生成了金属化合物，见图 4-19(b)。此外，纳米铜修饰石墨烯含量（质量分数）为 0.75%、1.0% 铝基复合材料中明显存在由于改性石墨烯加入造成 Cu 增加的现象，这是由于化学沉积铜活性高，与基体合金容易生成金属间化合物，从而改善界面结合[20]。由于从 X 射线衍射图谱中没有发现增强相与基体形成的 Al_4C_3 化合物衍射峰，但 $AlCu_3$ 峰明显相对于基体合金增强，可以认为增强相石墨烯与基体是通过石墨烯表面纳米铜过渡金属层与基体铝合金化形成金属间化合物实现结合。

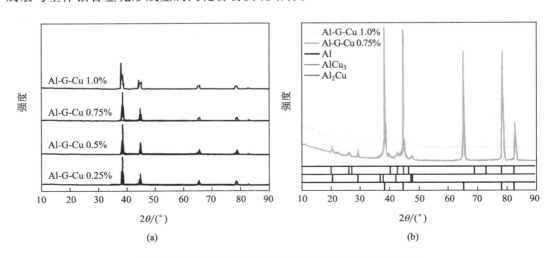

图 4-19　石墨烯增强 2024 铝基复合材料的 XRD 图谱

　　图 4-20 所示为石墨烯增强 Al2024 复合材料样品的平均晶粒尺寸，平均晶粒尺寸数据通过 Williamson-Hall 方法计算得到[21,22]。从复合材料的平均晶粒尺寸可以看出，复合粉

末混合工艺能量较低对基体合金冲击变形作用小，因此对基体合金细化作用并不明显。复合材料基体合金晶粒细化的相对提高主要原因是增强相的含量的增加。由于粉末混合剪切对石墨烯起到了破碎作用，增加石墨烯与基体结合面积，石墨烯在基体中的均匀分散能够抑制基体合金粉末在热压烧结过程中在高温保温条件下晶粒长大，并且随石墨烯含量的增加，弥散强化作用增强，晶粒尺寸减小。石墨烯的加入细化了晶粒尺寸，并在基体中引入了较高的位错密度，起到细晶强化的作用。值得

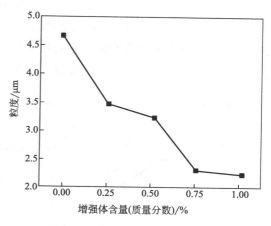

图 4-20　复合材料平均晶粒尺寸

注意的是，从石墨烯含量为 0.25％到 0.75％（质量分数），随着增强相含量的增加，晶粒细化效果增加，随着石墨烯含量的进一步增加，晶粒细化效果趋于平缓。

（3）小角中子散射（SANS）分析

小角中子散射技术是用于测定分散于连续介质中的粒子或聚集体在一定时间内的平均形状和组织的强有力技术，其测定的典型尺度在几埃到几千埃的范围内，散射长度密度或原子核排布密度差异是产生这种散射现象的根本原因[23,24]。小角中子散射技术可以给出所研究样品的微结构信息，诸如散射体数目、平均尺度及分布、界面层厚度、界面分形维数、比表面积和散射体质量等，与其它方法相比，具有制样简单，几乎不用特殊处理，信息代表性强，观察区域大等优点。在石墨烯增强的铝基复合材料中，铝合金基体与石墨烯增强相物质结构相差巨大，两种相的中子散射长度密度相差较大，形成了巨大的散射衬度，有利于形成明显的散射信号，此外石墨烯在铝合金基体中含量较低，符合稀疏体系的要求。鉴于以上特点，采用小角中子散射（SANS）技术分析铝基复合材料中石墨烯增强体在基体中的分布、形态以及单层还是多层状态，揭示铝基复合材料界面形成、演变规律。考虑到铝合金中纳米尺度的析出相会对中子散射信号形成叠加贡献，因此只研究纯铝基复合材料中石墨烯的分布。

SANS 技术作为一种强有力的技术用于探测复合材料中石墨烯的结构与形态在聚合物基纳米复合材料中已经获得较大的成功[25,26]。其优势是可用来分析复合材料中石墨烯是单层结构还是呈聚集态，以及石墨烯的形貌是光滑的还是褶皱的[25,27]。图 4-21 给出了 6 种石墨烯增强铝基复合材料（见表 4-8）的 SANS 曲线[28]。由图 4-21 可见，所有试样都呈现出相似的分形特征。分形体系的一个最重要的理论是体系的性质与另一个性质成负指数关系。这个相关性叫做指数定律。对于小角散射体系来说，散射强度在一定的条件下与散射矢量成负指数关系[29]。

$$I(q) = I_0 q^{-p} \qquad (4-4)$$

其中，I_0 和 p 是常数，p 的大小决定分形系统的性质。对散射强度曲线作 $\ln I(q)$-$\ln q$ 关系变换，即 $\ln I(q) = \ln I_0 - p\ln q$，得到关系曲线，称为分形曲线，如图 4-21 所示，由该

曲线的直线部分的斜率$-p$，可求得散射体系的分形维数。当$1 \leqslant p \leqslant 3$时为质量分形，分形维数$D_m = p$；当$3 < p \leqslant 4$时为表面分形，分形维数$D_s = 6 - p$。对于某些散射体系，分形曲线上呈现出多个线性段，这表明散射体系中的散射体较为复杂，可能仅由不同大小的颗粒或孔组成即质量分形，也可能既存在质量分形也存在表面分形。

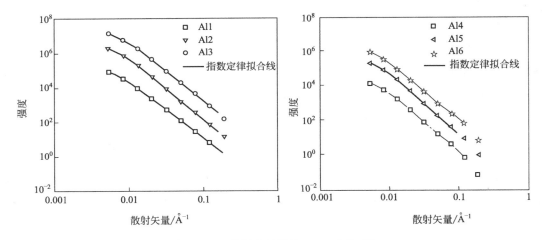

图 4-21　6种复合材料的 SANS 曲线[28]

通常，具有q^{-4}形式的表明是光滑的表面分形，而介于q^{-3}与q^{-4}之间的是粗糙的表面分形结构。对图 4-21 中的整个q范围内的散射曲线进行最小二乘法的线性拟合可获得指数p值，列于表 4-9 中。散射曲线从低q到高q区间，具有以下特征。

□ **表 4-8　SANS 测试的复合材料试样**

试样	石墨烯质量分数/%	球磨时间/h
Al1	0.25	12
Al2	0.25	24
Al3	0.25	48
Al4	0.5	48
Al5	0.75	48
Al6	1.0	48

① 体系中的质量分形出现在低q区的，$0.005\text{Å}^{-1} < q < 0.009\text{Å}^{-1}$（尺度范围在 70～125nm）。在这一尺度范围内$-1.9 < p_1 < -1.4$，与样品中石墨烯的混料时间和含量相关（表 4-9）。这表明大于-1.9的p_1值是由于复合材料中石墨烯的团聚引起的。根据石墨烯在溶液和聚合物中分散的小角散射测试结果可知，p值接近于-2是由薄片状的二维结构散射产生的[25]。为了进一步解释本实验结果，我们也对该复合材料的拉伸断口形貌做了 SEM 分析，如图 4-22 所示。由图 4-22（a）可知，复合材料的断口上存在石墨烯团聚物，这与 SANS 分析的结果是一致的。由图 4-22（b）的高倍 SEM 图可见，石墨烯团聚物是由多层石墨烯片组成的。

⊡ 表 4-9　SANS 拟合参数[28]

试样	低 q 指数 p_1	高 q 指数 p_2	$D_s = 6 + p_2$	$q_c/\text{Å}^{-1}$
Al1	−1.7	−3.2	2.8	0.010
Al2	−1.8	−3.7	2.3	0.009
Al3	−1.9	−3.5	2.5	0.008
Al4	−1.7	−3.8	2.2	0.009
Al5	−1.6	−3.7	2.3	0.009
Al6	−1.4	−3.9	2.1	0.009

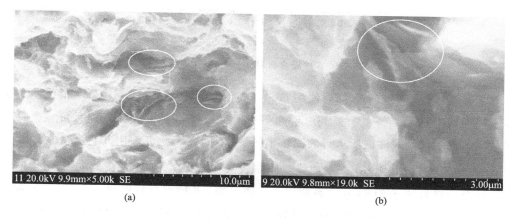

(a)　(b)

图 4-22　样品 Al6 断口形貌

② 高 q 区（$0.02\text{Å}^{-1} < q < 0.2\text{Å}^{-1}$）的指数定律行为（尺度范围在 3～30nm）。对于所有试样，高 q 区 $-3.9 \leqslant p_2 \leqslant -3.2$（表 4-9），其对应的 $2.1 \leqslant D_s \leqslant 2.8$，是由较为粗糙的表面散射所致[29]。我们把这种分形行为归咎于石墨烯片的粗糙表面散射。本文所得的表面分形维数 D_s 值与文献在溶液中分散的具有卷曲或褶皱结构的石墨烯的 SANS 分析所得的表面分形维数（$D = 2\sim3$）基本一致[30]。

图 4-21 中所有复合材料样品都呈现出质量分形区和表面分形区，因此很难确定出临界 q 值来进一步区分复合材料中散射体的尺度范围。如何将临界 q 值定位在质量分形与表面分形分界处是很值得探索的问题。对 SANS 分析曲线的散射强度 I 求散射矢量 q 的一阶导数，如图 4-23 所示。对图 4-21 中的 $I(q)$-q 数据通过 $\Delta I / \Delta q$ 来计算一阶导数。将一阶导数对连续的 q 值中点作图得图 4-23，图中实线表示用最小二乘法拟合的指数定律拟合线。从图 4-23 可见，在质量分形区与表面分形区之间有一个明显的分界点。很明显这种方法给出了低 q 值与高 q 值区的临界值 q_c。q_c 的范围在 0.008～0.01Å^{-1}，这一区间对应于 $q_2^{-p} I(q)$ 值为常数时 q 区间的起始部分。

与本实验条件下的 SANS 分析测量尺度范围（3～125nm）相比，石墨烯片的横向尺寸接近 5μm。这就意味着 SANS 分析探测到的长度范围主要是石墨烯的局部结构，即石墨烯片表面的部分结构，而不是完整的石墨烯片产生的散射信号。为了能够完整地表征石墨烯结构，未来有必要采用超小角中子散射（USANS）技术。

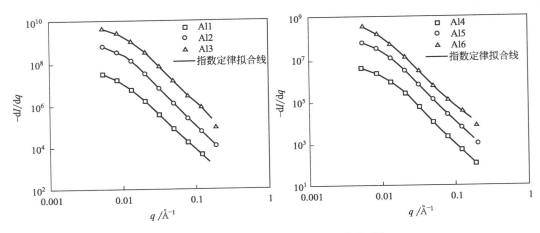

图 4-23　6 种复合材料的 – dI/dq-q 曲线 [28]

对于稀疏体系，在低 q 区间，使用 Guinier 近似可以从 $\ln[I(q)]$ 对 q^2 的线性关系的斜率求得回转半径 r_g[30,31]。然而在低 q 区间的 Guinier 线性区很小，而且可能会存在多个线性区，在不同的线性区所求得的回转半径 r_g 不同。因此可采用其它方法来计算回转半径 r_g。本实验作 $q^2 I(q)$-q 关系曲线，该曲线会在 $q = \sqrt{3}/r_g$ 处存在最大值。图 4-24 给出了 6 种复合材料的 $q^2 I(q)$-q 关系曲线，由图可知，6 种复合材料的 $q^2 I(q)$-q 关系曲线上的最大值都出现在 $q = 0.006416 \text{Å}^{-1}$ 处。由此可求得 6 种复合材料的回转半径 r_g 为 270Å。这表明该数值是一个与石墨烯含量无关的特征尺寸。就片状结构（$h \ll R$，其中 h 是片的厚度，R 是片的半径）而言，薄盘状结构的几何半径 R，与其回转半径 r_g 的关系是 $r_g = R/\sqrt{2}$[31]。根据这一关系，可计算出 6 种石墨烯片的直径为 76nm，远小于实验中所用石墨烯片直径（5μm）。本实验 SANS 分析的 q 值范围是 $0.005 \sim 0.6 \text{Å}^{-1}$，其探测的特征尺寸约为 1~125nm。由此可见，本实验的复合材料中石墨烯局部表面的特征尺寸集中在 125nm 以下。Weir 等人[25]通过 SANS 分析确认了在聚合物基纳米复合材料中存在直径约 100nm，且卷曲、褶皱的石墨烯片。

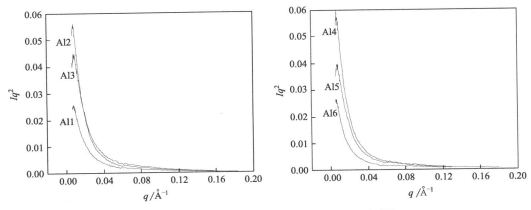

图 4-24　6 种复合材料的 $q^2 I(q)$-q 关系曲线 [28]

4.5 力学性能

4.5.1 硬度

对石墨烯增强的纯铝基复合材料的维氏硬度测试结果如图 4-25 所示[12]。由图可见，随石墨烯含量增加，复合材料的维氏硬度先增加后下降。最大硬度值出现在石墨烯含量为 0.7%（质量分数）处，硬度为（89.3±3.2）HV，与纯铝基体的硬度（64.0±2.0）HV 相比，提高了约 39.5%。

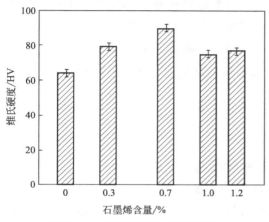

图 4-25 纯铝基及其石墨烯增强
复合材料的维氏硬度[12]

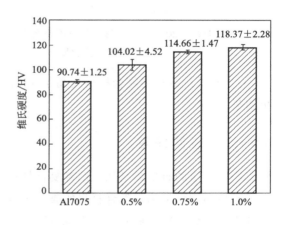

图 4-26 7075 铝合金基体及石墨烯增强
铝基复合材料的维氏硬度[14]

如图 4-26 为实验测得的 7075 铝合金基体及不同石墨烯含量铝基复合材料的维氏硬度值[14]，未添加石墨烯的 7075 铝合金硬度值为（90.74±1.25）HV，很明显，向铝基体中加入石墨烯后复合材料的硬度明显增加，添加含量 0.5%（质量分数）的增强相硬度为（104.02±4.52）HV，误差波动范围较大；而当增强相含量达到 0.75%（质量分数）时，复合材料的硬度继续提高到（114.66±1.47）HV；随后继续向基体中加入石墨烯至 1.0%（质量分数）时，复合材料的硬度值达到最高，为（118.37±2.28）HV，说明复合材料的硬度随增强相含量的增加而增加，但后续的加入并没有对复合材料的硬度产生更大的影响，增长幅度变小，可能已接近石墨烯对基体合金提升的临界值。复合材料的硬度受两方面影响，一方面是基体本身和增强相强度不同的影响，另一方面则是工艺流程的原因而导致复合材料内部存在的孔洞等缺陷，进而影响到复合材料的硬度。

由前述的致密度关系可知，随着石墨烯在复合材料中的质量分数的增加，致密度逐渐降低。根据混合定律可知，复合材料的硬度会逐渐增加。它们之间以竞争关系存在，然而石墨烯在复合材料中的质量分数起到关键性的决定作用，这也是即使复合材料的致密度在下降，但材料的硬度仍在上升的原因。

如图 4-27 所示为石墨烯含量（质量分数）为 0、0.25%、0.5%、0.75%、1.0% 的

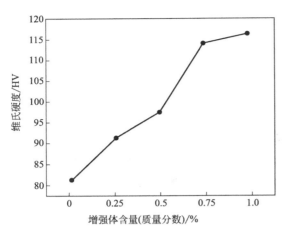

图 4-27 2024 铝合金基体及石墨烯增强
铝基复合材料的维氏硬度

Al2024 铝基复合材料维氏硬度测试结果。在以前的工作中，采用相同方法和工艺参数制备的 Al2024 合金的维氏硬度为 (82.0 ± 4.6) HV[32]，也示于图 4-27 中。从图 4-27 中可以看出，4 个复合材料样品的维氏硬度明显高于 Al2024 合金的，石墨烯的加入使得复合材料的硬度较 Al2024 基体合金分别提高了 12.4％、19.8％，40.6％和 43.3％。

由图 4-27 也可以发现随着复合材料中石墨烯质量分数的增加，对应的复合材料样品的硬度也随之升高，但相比于 0.75％（质量分数）复合材料的硬度，

1.0％（质量分数）的复合材料提高了 1.9％，表明单纯增加增强体相对硬度提高已经不再明显。

4.5.2 拉伸性能

不同含量的石墨烯增强纯铝基复合材料的拉伸性能如图 4-28 所示[15]。图 4-28（a）给出了石墨烯增强纯铝基复合材料的典型工程应力-应变曲线，图 4-28（b）给出了石墨烯增强纯铝基复合材料的极限抗拉强度（UTS）和断后伸长率（δ）随石墨烯含量的变化。由图 4-28（b）可见，随石墨烯含量增加，强化效应先增加后降低。在石墨烯含量为 0.5％（质量分数）时，复合材料的极限抗拉强度（UTS）和断后伸长率（δ）达到最大。在石墨烯含量为 0.25％和 0.5％（质量分数）时，复合材料的抗拉强度分别为 174.4MPa 和

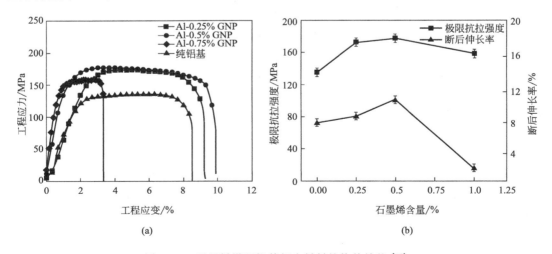

图 4-28 石墨烯增强铝基复合材料的拉伸性能 [15]

（a）应力-应变曲线；（b）极限抗拉强度与断后伸长率随石墨烯含量的变化

178.3MPa，相比纯铝基体的抗拉强度 136.1MPa 分别提高了 28.1% 和 31%，与文献 [33] 中报道的结果基本一致。通常复合材料的强化机理主要有：

（1）奥罗万（Orowan）强化

以小尺寸的增强体粒子阻碍位错运动的方式来实现强化效果。奥罗万强化引起的屈服强度增加可描述为[34]

$$\sigma_{Orowan} = \frac{2Gb}{2\pi(1-\nu)^{1/2}\lambda} \times \frac{1}{\lambda}\ln(D/b) \tag{4-5}$$

式中　G——基体的切变模量，GPa；

　　　b——柏氏矢量；

　　　ν——泊松比；

　　　λ——增强体的平均间距，μm；

　　　D——增强体的平均尺寸，μm。

从式(4-5)可知，增强体平均间距越小，对复合材料屈服强度的强化效果则越好。由于石墨烯片层厚度仅有几纳米，且石墨烯在铝基体中均匀分散，因此能够对铝基体产生较好的增强效果。而随石墨烯含量的增加，尽管石墨烯间的平均间距减小，有利于进一步提高强化效果，然而石墨烯的团聚会导致式（4-5）中的 D 值变大，不利于增加强化效果。

（2）细晶强化

复合材料的晶粒尺寸越小，晶界面积则越大，对位错的阻碍效果也随之变大，其强化效果即越明显。细晶强化对复合材料屈服强度的影响可由 Hall-Petch 关系式来表述[35]

$$\Delta\sigma_{gb} = \left[\frac{K}{D}\right]^{\frac{1}{2}} \tag{4-6}$$

式中　K——常数；

　　　D——平均晶粒尺寸，μm。

式(4-6)表明，复合材料的屈服强度和晶粒尺寸的平方根成反比。在本实验中，由前述 4.4.2 节中石墨烯的分布可知，复合材料中石墨烯主要分布在基体合金的晶界上，可有效阻碍晶界的迁移，从而限制了热压烧结中基体晶粒的长大，因此有利于提高复合材料的强度，但由于石墨烯含量增加后导致石墨烯在晶界上团聚严重，减弱了石墨烯阻止晶粒长大的效应，不利于复合材料强度的提高。

（3）位错密度强化

增强相与铝合金基体的热膨胀系数相差很大，铝基复合材料在高温烧结冷却及固溶后淬火的进程中，Al 基体与增强体的界面附近会发生一定程度的塑性应变而使 Al 基体内的位错密度变大，从而导致位错强化。按照 Bailey-Hirsch 关系，位错强化产生的效果可用下式表示[36]

$$\Delta\sigma_d = M\alpha Gb\rho^{\frac{1}{2}} \tag{4-7}$$

式中　M——平均取向因子；

　　　α——常数；

G——切变模量，GPa；

b——柏氏矢量；

ρ——位错密度。

纯铝基的热膨胀系数（23.6×10^{-6} K^{-1}[33]）与石墨烯的热膨胀系数（-0.8×10^{-6} K^{-1}[37]）相差较大，受热时会在界面上引起多向热应力，使基体内的位错密度变大，从而会使复合材料的强度提高。

（4）载荷传递强化

对铝基复合材料施加外力时，应力会经由界面从较软的铝基体传递至较硬的增强体，由增强体承担大部分应力。如果铝基体与增强体结合良好，载荷传递强化的作用尤为重要。通过石墨烯表面的镀铜提高了基体与石墨烯界面结合强度，而且石墨烯具有极高的抗拉强度（130GPa），因此可以有效地进行载荷传递。

通常，复合材料的强化多为几种强化机制共同起作用，单一强化机制很少。

在抗拉强度达到最大值前，复合材料的韧性也随着石墨烯含量的增加有较大的提高。对于石墨烯含量为0.25%和0.5%（质量分数）的复合材料，断后伸长率分别为9.2%和11.1%，与纯铝基的8.5%相比，有较大的提高。这表明石墨烯强化的铝基复合材料的强度和韧性同时得到改善。对于这种复合材料的特殊力学性能可能的解释是，铝基体与石墨烯间的较强的界面结合能够有效地将载荷从基体传递到石墨烯，从而使较硬的石墨烯增强体承担了较大的载荷。与上述两种石墨烯含量的复合材料相比，含量更高的石墨烯（质量分数1.0%）对复合材料的拉伸性能的影响是相反的，强度和韧性都呈现下降趋势。特别是断后伸长率，仅为3.2%。这是由于在铝基体中石墨烯较多时，对于具有较大长径比和比表面积的石墨烯片来说，达到均匀分散变得越发困难。因此不良的分散会产生石墨烯的严重聚集，从而恶化了复合材料的强韧性[38]。

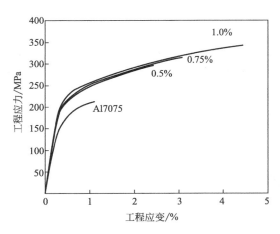

图4-29 7075基体合金及其石墨烯增强
复合材料的应力-应变曲线[14]

针对7075铝合金基复合材料，将7075合金及其不同质量分数石墨烯增强的复合材料，经固溶时效处理后，在室温下进行拉伸性能实验，工程应力-应变曲线如图4-29所示[14]。表4-10给出了实验测得的抗拉强度、屈服强度以及伸长率的数据[14]。从图4-29可知，7075基体合金及其石墨烯增强复合材料的应力-应变曲线形状相似，没有明显的塑性变形阶段。从表4-10可知，热压烧结后的铝合金基体的屈服强度为166.42MPa，随着石墨含量由0.5%增加到1.0%（质量分数），复合材料的屈服强度分别为178.85MPa、196.74MPa、200.21MPa，增强相含量增加屈服强度也随之增加，分别较基体合金有7.47%、18.22%和20.3%的提高。Al7075基体合金的抗拉强度为213.15MPa，向基体中加入的石墨烯增强相含量为 0.5%、0.75%、1.0%（质量分数）时，复合材料的抗拉强度分别达到 296.83MPa、315.74MPa 和 342.06MPa，表现出随着石墨烯含量的增加复合材料的抗拉强度逐渐升高的趋势，说明石墨烯的加入对基体起到了一定的强化作用，因此复合材料的抗拉强度有所提高。添加不同含量增强相使复合材料在抗拉强度的增强上幅度不一，较基体合金分别有 38.9%、48.1% 和 60.5% 的提高，质量分数达到 1.0% 时的效果达到最佳。

▫ 表 4-10　不同含量增强复合材料试样的抗拉强度、屈服强度以及伸长率[14]

复合材料成分	抗拉强度/MPa	屈服强度/MPa	伸长率/%
Al7075	213.15	166.42	1.11
0.5% Gr+99.5% Al7075	296.83	178.85	2.44
0.75% Gr+99.25% Al7075	315.74	196.74	3.07
1.0% Gr+99.0% Al7075	342.06	200.21	4.42

伸长率反映了复合材料的塑性变形能力，从表 4-10 中的数据可知，向铝合金基体中添加石墨烯使复合材料的伸长率得到了明显的提高，随着增强相含量的增加，伸长率分别较基体提高了 119.8%、176.6%、298.2%。可以看出，随着石墨烯含量的继续增加，复合材料的伸长率也随之升高，说明石墨烯的加入提高了复合材料的塑性。

4.5.3　断口形貌

石墨烯增强铝基复合材料的断裂机制与界面的结合状况关系密切。铝基复合材料的断裂机制从微观角度上来说可以分为以下几种：界面脱粘、增强体的失效及滑移带中的基体开裂。引起界面脱粘的原因是界面结合较弱，从而导致复合材料基体与增强体分离；引起增强体失效是由于增强体自身的本征性能不足，使复合材料在增强体开裂的位置产生裂纹；滑移带中的基体开裂是在界面结合良好且增强相无晶体缺陷的情况下，基体本身的塑性变形能力不足以抵制外界载荷而导致的失效形式[39]。

纯铝基体及其石墨烯增强的铝基复合材料的拉伸断口形貌如图 4-30 所示[15]。由图 4-30(a) 可见，纯铝基断口上的韧窝和撕裂痕细小且分布均匀，具有明显的沿拉伸载荷方向分布的特征，表明纯铝基的断裂是韧性断裂。与纯铝基断口相比，石墨烯增强的铝基复合材料的断口是平整的，韧窝和撕裂痕的数量减少，在断口表面可观察到少量石墨烯片。对于石墨烯含量为 0.25% 和 0.5%（质量分数）的复合材料 [图 4-30(b) 和图 4-30(c)]，断口有颗粒状的分布特征，表明有沿晶断裂的倾向。这是因为石墨烯主要分布于复合材料的晶界，当受到外载荷时，裂纹易于在晶界形核并扩展，导致沿晶界断裂。然而，复合材料在拉伸载荷下的塑性变形受到石墨烯片的抑制，随着拉伸载荷的增加，夹在石墨烯片中的铝基体会引起应力集中，产生孔洞并逐渐长大。这会导致裂纹的形成和不断扩展，表现出明显的韧性断裂。因此，对于石墨烯含量较低的复合材料来说，这是一种韧性断裂和脆性断裂的复合断裂机制。

当石墨烯含量增加到 1.0%（质量分数）时，发现一些石墨烯在撕裂脊的边缘被拔出，复合材料表现出许多脆性断裂的平坦断口，其特征是具有不同尺寸的扁平韧窝或几乎没有韧窝，断口上观察到许多石墨烯片，如图 4-30(d) 所示。石墨烯聚集明显，与基体分离，在拉伸过程中裂纹优先在石墨烯中形成并延伸到铝基体，降低了石墨烯/铝复合材料的拉伸强度和伸长率。随石墨烯含量的增加，石墨烯/铝复合材料的断裂机制由韧性断裂转变为脆性断裂。

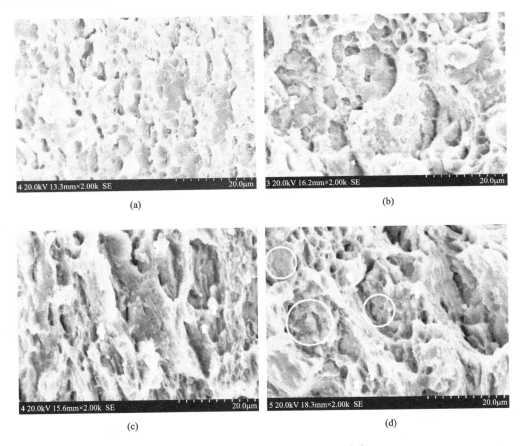

图 4-30 复合材料的拉伸断口形貌[15]

(a) 纯铝基；(b) 0.25%（质量分数）；(c) 0.5%（质量分数）；(d) 1.0%（质量分数）

图 4-31 给出了 7075 铝合金及其石墨烯增强的铝基复合材料的拉伸断口形貌[14]。由图 4-31(a) 可见，7075 铝合金基体的断口中存在较少的韧窝，而表面及撕裂痕较平整，具有脆性断裂特点。由图 4-31(b)～图 4-31(d) 可以发现，石墨烯含量为 0.5%、0.75%、1.0%（质量分数）的复合材料拉伸断口形貌呈现出一些相似的特点，与 7075 铝合金断口形貌相比存在明显的差异，复合材料的断口表面较粗糙，有较为明显的韧窝以及撕裂棱，是韧性断裂的典型特征，且随着增强相含量的增加，韧窝逐渐变小，撕裂棱的尖角逐渐变得尖锐，韧窝和撕裂棱的深度升高，说明复合材料的韧性随着石墨烯的增加而变高，这也解释了前面伸长率增加的原因。

由于很难直接从复合材料断口形貌图中观察到片状石墨烯，因此利用能谱分析其位置

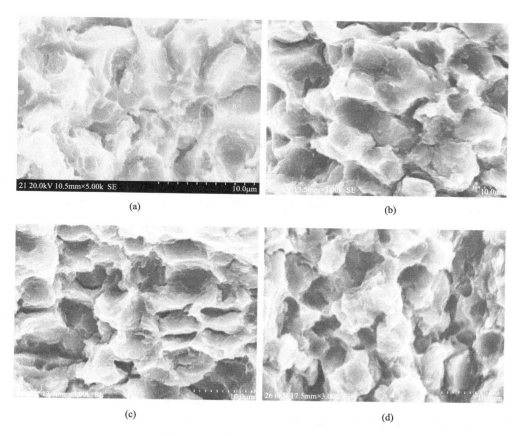

图 4-31　复合材料拉伸断口形貌 [14]

（a）Al7075；（b）0.5％石墨烯；（c）0.75％石墨烯；（d）1.0％石墨烯

的元素组成。图 4-32 为石墨烯含量为 0.5％（质量分数）的复合材料断口的 EDS 能谱。从结果数据中可以得知，该位置的 C 元素含量为 5.34％（质量分数），为石墨烯增强相存在于复合材料断口位置提供了佐证。

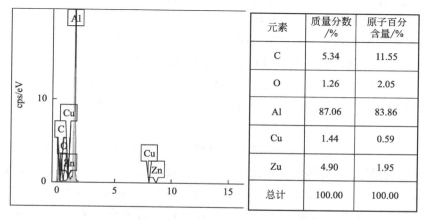

元素	质量分数/%	原子百分含量/%
C	5.34	11.55
O	1.26	2.05
Al	87.06	83.86
Cu	1.44	0.59
Zu	4.90	1.95
总计	100.00	100.00

图 4-32　复合材料断口的 EDS 能谱 [14]

4.6 摩擦与磨损性能

4.6.1 载荷对复合材料磨损性能的影响

复合材料内添加不同含量的石墨烯增强相使得复合材料的硬度、强度、增强相的分布

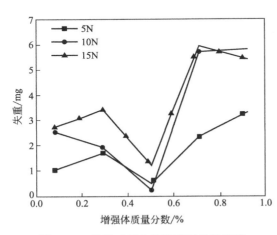

图 4-33 载荷对复合材料磨损量的影响

都会有所不同，也会影响复合材料摩擦磨损性能。图 4-33 是不同质量分数石墨烯增强的 Al2024 铝基复合材料在不同载荷下的磨损量变化趋势。载荷分别 5N、10N、15N，往复频率为 2Hz，时间为 5min。由图可知，当载荷为 5N 时随石墨烯含量的增加复合材料磨损量先小幅增加，当石墨烯含量为 0.5％时，复合材料的磨损量达到最小值 0.5mg，随石墨烯含量继续增加磨损量又继续增多，表明高石墨烯含量的复合材料耐磨性较低。

当载荷增加到 10N 时，与 Al2024 基体合金相比，复合材料的磨损量随石墨烯的加入先下降，石墨烯含量为 0.5％（质量分数）时，磨损量达到最小值 0.2mg。然后，复合材料的磨损量随石墨烯含量的增加而上升，并且磨损质量增加幅度较大，石墨烯含量为 0.75％、1.0％（质量分数）的复合材料的质量损失分为 5.7mg、5.8mg。继续增加载荷到 15N，与 Al2024 基体合金对比，复合材料摩擦磨损质量损失也是先增加再减少，随后再大幅增加，磨损量最小值也是石墨烯含量为 0.5％（质量分数）的复合材料。

图 4-34 是载荷为 10N 时，不同石墨烯含量的 Al2024 复合材料磨损区域三维测量结果，磨痕颜色越深代表深度越大，从图 4-34（a）和图 4-34（b）可以观察到 0.25％含量的铝基复合材料磨损深度较大，底部深色区域较宽，0.5％石墨烯含量的复合材料在磨痕底部只有很小的蓝色区域，表明磨痕较浅。当石墨烯含量增加到 0.75％和 1.0％（质量分数）时，复合材料磨痕底部基本为深蓝色或红色，磨痕深度较大，并且磨痕的宽度也明显增加。表明随石墨烯含量的增加，复合材料的磨损量并未出现下降，反而出现大幅增加的趋势。

通过对复合材料痕迹磨损体积的测量，也可以发现磨损体积与磨损质量趋势一致，如图 4-35 所示。与 Al2024 基体合金相比，石墨烯含量为 0.5％（质量分数）的复合材料的磨损体积最小，体积为 $1.66 \times 10^8 \mu m^3$，小于 Al2024 基体合金的磨损体积 $7.37 \times 10^8 \mu m^3$，远远小于石墨烯含量为 1.0％（质量分数）时复合材料的磨损体积（$2.41 \times 10^9 \mu m^3$）。实验结果表明，石墨烯含量为 0.5％（质量分数）时，复合材料体积磨损量

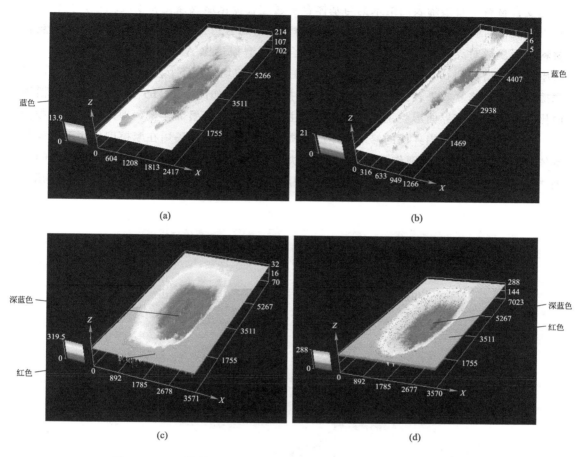

图 4-34 10N 载荷下石墨烯含量对 2024 铝基复合材料磨损量的影响

(a) 0.25%（质量分数）；(b) 0.5%（质量分数）；(c) 0.75%（质量分数）；(d) 1.0%（质量分数）

最小。

复合材料中的石墨烯在滑动摩擦过程中通过石墨烯层片的展开对界面进行保护与修复，石墨烯在磨损界面的展开可以减少摩擦副对基体的破坏。摩擦副以不同载荷下对复合材料进行往复式摩擦，摩擦副对材料的作用力的大小也不同，对复合材料表面的挤压与剪切力区别较大。图 4-36 是载荷为 5N 时，不同石墨烯含量的 Al2024 铝基复合材料的表面磨损形貌，由图 4-36（a）可以观察到石墨烯含量为 0.25%（质量分数）时，复合材料摩擦面

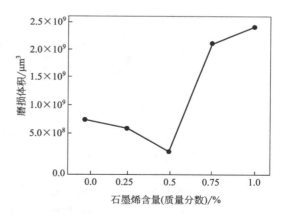

图 4-35 10N 载荷下石墨烯含量对 Al2024 复合材料体积磨损量的影响

出现少量的磨粒和不连续的微小沟槽，此时摩擦磨损机理是磨粒磨损，磨粒产生的主要原

因是复合材料中石墨烯表面纳米铜与基体合金通过合金化形成强化相硬质颗粒，复合材料在承受载荷时硬质颗粒脱落形成磨粒[40]。由于石墨烯含量为 0.25%（质量分数）的复合材料中石墨烯对界面修护作用较小，因此复合材料磨损量比 Al2024 铝合金有所增加。当石墨烯含量增加到 0.5%（质量分数）时，在摩擦副剪切作用下，石墨烯展开量增加，对摩擦磨损界面修复效果较好，复合材料的磨损量降低。如图 4-36(b) 所示，此时磨损界面比较平整，摩擦界面形貌主要以微切削为主。继续增加石墨烯含量，理论上在承受载荷时，石墨烯在摩擦磨损界面的修复作用应该提高，但过多的石墨烯在摩擦副作用下破碎与基体磨屑混合后在摩擦副作用下黏结成大块磨粒，增加了摩擦副对复合材料基体的切削[41]，磨损界面出现大量的凹坑，后期出现层片剥落，如图 4-36(c)、图 4-36(d) 所示。

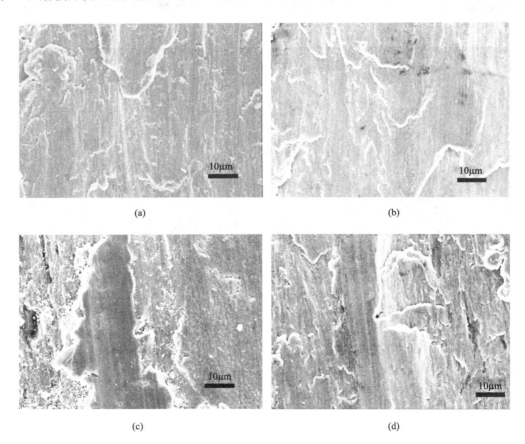

(a)　　　　　　　　　　　　　　　(b)

(c)　　　　　　　　　　　　　　　(d)

图 4-36　5N 载荷下石墨烯含量对 2024 铝基复合材料表面磨损形貌的影响

（a）0.25%（质量分数）；（b）0.5%（质量分数）；（c）0.75%（质量分数）；（d）1.0%（质量分数）

增加摩擦力载荷到 10N，此时摩擦副对复合材料作用力增加，对复合材料中的石墨烯滑动摩擦过程中层片结构的展开起到促进作用，石墨烯展开对摩擦磨损界面起保护与修复作用，改善磨损状况，在图 4-33 中载荷为 10N 时，石墨烯含量为 0.25% 和 0.5%（质量分数）的复合材料磨损量都出现降低，复合材料磨损界面以轻微的切削为主，如图 4-37(a) 和图 4-37(b) 所示。对于高质量分数的石墨烯铝基复合材料，磨损量却出现大幅度增加，通过对磨损界面的观察发现大量的层片脱落。复合材料中石墨烯含量的增加在提高材料强度同时，也对基体合金硬度提高有促进作用[42,43]。材料硬度的提高使其耐磨性增加，但基体合金磨屑的硬度也会相应提高，随摩擦的持续进行，摩擦副前端累积的大量微小磨粒在大载荷挤压力和摩擦高温作用下黏结形成大块磨粒，对基体形成切屑，导致表层剥离，抵消了石墨烯对基体强化和磨损界面修护的作用，磨损主要以磨粒磨损为主。从图4-33中可以看到载荷增加到10N和15N时，复合材料的磨损量较大。图4-37(c)和图4-37(d)是10N载荷条件下，复合材料的摩擦磨损界面，可以看到在大载荷条件下，铝合金发生黏着磨损和磨粒磨损，并伴有基体片层脱落。

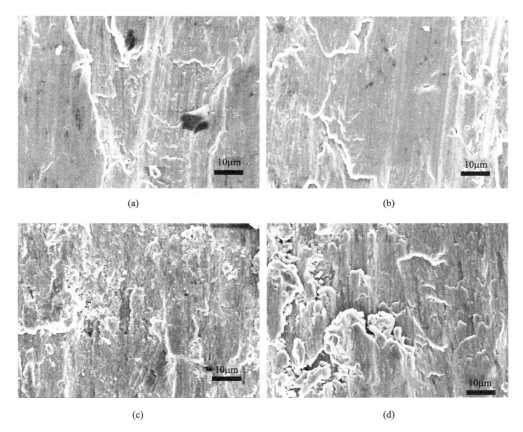

图4-37 10N载荷下石墨烯含量对2024铝基复合材料磨损形貌的影响

(a) 0.25%（质量分数）；(b) 0.5%（质量分数）；(c) 0.75%（质量分数）；(d) 1.0%（质量分数）

不同载荷条件下，不同石墨烯含量的复合材料呈现出差异较大的摩擦磨损性能。当实验载荷较小时，石墨烯铝基复合材料中的石墨烯通过增加基体强度与硬度增加材料的耐磨性，同时滑动摩擦也有利于石墨烯在磨损界面处展开修复摩擦磨损界面，从而改善界面润滑条件。但石墨烯的强化作用对基体硬度的提高造成磨损时磨屑磨粒硬度的相应增加，同时石墨烯表面存在的纳米铜颗粒与基体合金生成金属间化合物 Al_2Cu 硬质相，增加了磨粒对复合材料磨损界面的破坏[44,45]。摩擦磨损是一个动态过程，当磨粒在摩擦副运动前沿不断累积，会黏合形成硬度较高的磨料块，图 4-38 给出 10N 载荷下质量分数 0.5％石墨烯的 Al2024 铝基复合材料各阶段的磨屑形貌。当载荷加大时磨料会对磨损界面造成刻蚀、破坏形成凹坑，凹坑在摩擦副作用下扩展、加深引起片层脱落、剥离，加剧摩擦界面磨损，复合材料的质量损耗增加明显[46,47]。石墨烯含量为 0.5％（质量分数）的复合材料在不同摩擦载荷下都表现出良好的摩擦磨损性能。

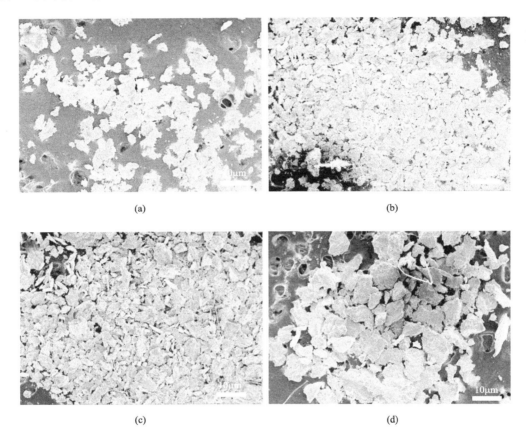

(a)　　　　　　　　　　　　　　　(b)

(c)　　　　　　　　　　　　　　　(d)

图 4-38　10N 载荷下质量分数 0.5% 石墨烯的 Al2024 铝基复合材料各阶段的磨屑形貌

(a) 30s；(b) 60s；(c) 90s；(d) 120s

4.6.2　滑动频率对复合材料磨损性能的影响

摩擦磨损过程中不同的滑动频率会导致摩擦过程摩擦界面处剪切力的变化，而且摩擦会产生热量，由于频率改变造成摩擦速度变化导致摩擦界面处因摩擦产生的热在界面处的累计速度和量的改变，造成摩擦磨损过程中摩擦界面的形貌和磨损性能的改变[48]。滑动频率改变造成摩擦界面剪切作用出现改变，对复合材料中增强相石墨烯在摩擦磨损过程中行为造成影响，改变复合材料的摩擦性能[49]。实验分别研究 1Hz、2Hz、3Hz 往复频率下，不同复合材料的磨损性能。图 4-39 为不同频率条件下，复合材料质量损失。由图可知，在不同载荷、不同往复频率摩擦磨损测试条件下，复合材料的磨损量随载荷与滑动频率变化在低滑动频率时规律趋于一致，复合材料的磨损量随石墨烯含量增加先略微上升，然后在 0.5% （质量分数）时达到最优，随即复合材料的摩擦质量损耗随石墨烯含量增加快速增高，如图 4-39(a) 和图 4-39(b) 所示。

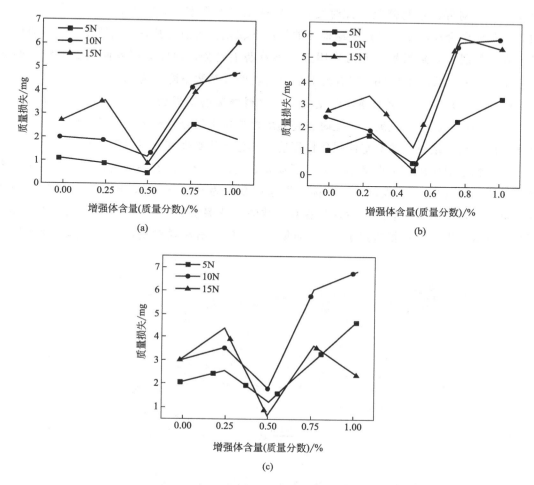

图 4-39　往复频率对石墨烯增强 Al2024 铝基复合材料质量损失的影响
(a) 1Hz；(b) 2Hz；(c) 3Hz

当滑动频率提高到 3Hz 时，不同载荷条件下石墨烯铝基复合材料的磨损情况出现了变化，从图 4-39(c) 可以看到滑动往复频率增加，低载荷条件下，复合材料的磨损规律与低往复频率载荷时基本相同，但当滑动频率为 3Hz，载荷为 15N 时，质量损失曲线出现了变化，复合材料质量损失随石墨烯含量的增加出现先升高再下降，随后又随石墨烯含量继续提高出现再次升高，石墨含量为 1.0% （质量分数）时，磨损质量损失却出现了再次下降。图 4-40 是载荷 15N、频率 3Hz 时不同石墨烯含量复合材料磨损界面形貌。图 4-40(a) 为石墨烯含量为 0.25% （质量分数）的铝基复合材料在 15N、3Hz 条件下的摩擦磨损形貌，在高载荷、高频率滑动作用下复合材料表面磨损严重，出现了凹坑、犁沟、撕裂等。但在磨损界面也可以观察到石墨烯，在高速剪切作用下石墨烯对磨损界面进行了一定的修复，但由于含量较低作用不明显，高速运动的摩擦行为产生大量摩擦热软化基体合金形成黏着磨损，复合材料磨损严重，摩擦系数较大，如图 4-41(a) 所示。随着石墨烯含量提高到 0.5%（质量分数），复合材料摩擦磨损界面处的石墨烯在高剪切力作用下沿磨损界面展开，对界面进行修复，此时复合材料磨损界面平整，表明在高载荷、高频滑动磨损界面基体合金在滑动摩擦产生摩擦热的作用下软化使磨损向黏着磨损转变，但石墨烯在磨损界面处展开起到保护、润滑作用抑制黏着磨损趋势，因此磨损界面趋于平整，如图 4-40(b) 所示。从图 4-41(b) 可知此时复合材料摩擦系数下降，为 0.09[50]。

图 4-40(c) 为 0.75%石墨烯含量的复合材料摩擦磨损界面形貌，从图中可以观察到石墨烯在磨损界面处已经展开，此时在高速摩擦作用下复合材料表面铝基体因摩擦热已经软化但由于高含量石墨烯对基体强化作用使得部分基体塑性变形不足因此磨损界面并不平整，在磨粒磨损作用下出现微小凹坑，磨损界面也存在犁沟并有黏着磨损的存在。从摩擦系数 [图 4-41(c)] 可以发现，在磨损前期摩擦系数为 0.68～0.7，随着石墨烯展开磨损界面得到一定的修复，磨损中后期黏着磨损减弱，摩擦系数下降到 0.12～0.2 之间波动。当复合材料石墨烯增强相达到 1.0%（质量分数）时，石墨烯对复合材料基体强化作用使

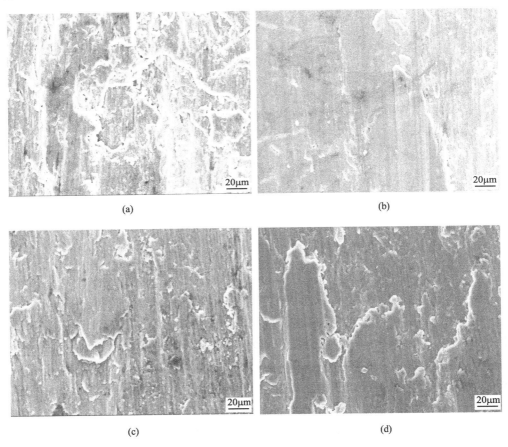

(a)

(b)

(c)

(d)

图 4-40　载荷 15N、频率 3Hz 时不同石墨烯含量 2024 铝基复合材料的磨损界面形貌

(a) 0.25%（质量分数）；(b) 0.5%（质量分数）；(c) 0.75%（质量分数）；(d) 1.0%（质量分数）

复合材料硬度得到强化，因此复合材料的耐磨性增加，摩擦系数降低 [图 4-41(d)]。随
摩擦磨损时间的延长，摩擦界面的基体合金受摩擦热的作用软化，出现黏着磨损倾向，从
图 4-40(d) 可以观察到黏着磨损痕迹。但 3Hz、15N 磨损时，复合材料摩擦磨损界面处
的增强体石墨烯层片结构在高速滑动剪切作用下延滑动面展开，对磨损界面进行修复，因
此，磨损界面处黏着磨损趋势被抑制和减弱，磨损界面相对于石墨烯含量 0.5％（质量分
数）的复合材料磨损界面光滑、平整，只有轻微的黏着磨损痕迹。

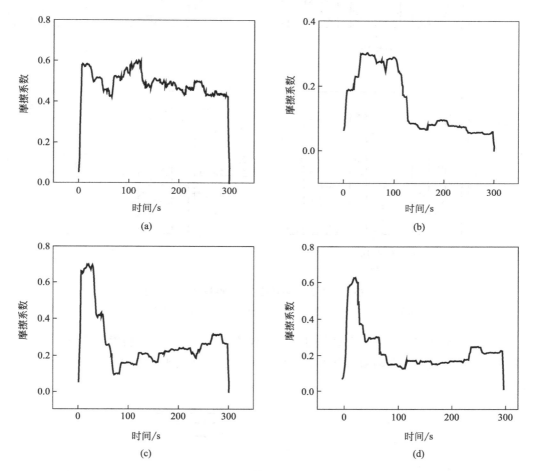

图 4-41 载荷 15N、频率 3Hz 下不同石墨烯含量的 Al2024 复合材料摩擦系数

(a) 0.25％（质量分数）；(b) 0.5％（质量分数）；(c) 0.75％（质量分数）；(d) 1.0％（质量分数）

4.6.3 复合材料磨损性能的评价

图 4-42 是不同含量石墨烯增强 Al2024 复合材料在不同载荷和滑动频率条件下磨损体
积的测量结果。从图可以看到，不同载荷条件下石墨烯铝基复合材料磨损体积变化较大。
因不同摩擦载荷力、滑动频率对磨损机制影响较大，不同石墨烯含量的复合材料在不同磨
损条件下磨损体积也波动较大。其中石墨烯含量为 0.5％（质量分数）的复合材料在不同
摩擦参数下的磨损体积最低。

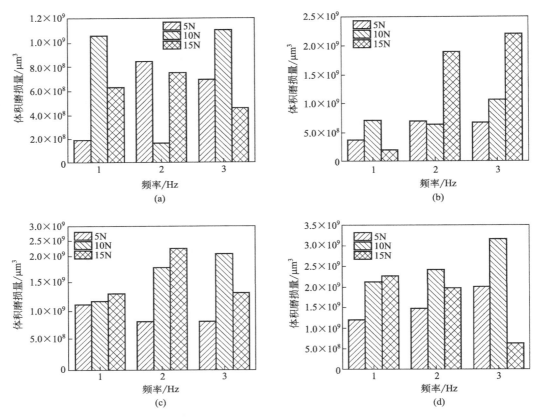

图 4-42　不同磨损条件下石墨烯增强 2024 铝基复合材料的体积磨损量

（a）0.25%（质量分数）；（b）0.5%（质量分数）；（c）0.75%（质量分数）；（d）1.0%（质量分数）

但对于不同参数条件下复合材料进行统一评价才能合理评价材料磨损性能，为了评价复合材料在不同载荷和滑动参数下的磨损性能，通过比磨损来判断复合材料的耐磨性能，公式为：

$$W = \frac{V}{F_N S} \tag{4-8}$$

式中　V——磨损试验后的磨损体积损失，m^3；

　　　F_N——法向载荷，N；

　　　S——滑动距离，m。

实验中，载荷为 5N、10N、15N，往复频率为 1Hz、2Hz、3Hz 以及磨损时间 5min，摩擦副增幅为 5mm。不同参数条件下复合材料的磨损量通过激光共聚焦显微镜测量获得，见图 4-42。通过计算分别得到不同滑动频率、摩擦载荷与石墨烯含量对复合材料的比磨损，如图 4-43 所示。从

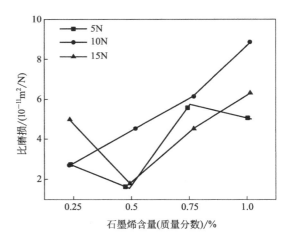

图 4-43　不同载荷及 1Hz 下石墨烯增强 2024 铝基复合材料的比磨损

图 4-43 可以观察到，滑动频率为 1Hz、5N 载荷条件下的复合材料比磨损随石墨烯含量的增加先下降后升高而后再下降。在石墨烯含量为 0.5%（质量分数）时比磨损最小，此时复合材料的磨损为轻微切削磨损，随后复合材料的比磨损又随石墨烯含量增加而升高，但总体上比磨损值都比较小，表明在低载荷、低滑动频率条件下复合材料磨损性能较好。随载荷提高到 10N，复合材料的比磨损随石墨烯含量增加而升高，通过对 10N 载荷下石墨烯复合材料磨损界面形貌的观察（图 4-44），发现此时磨损界面随石墨烯含量增加逐步出现黏着磨损和磨料磨损，磨损界面存在撕裂，并且当石墨烯含量为 1.0%（质量分数）时，凹坑、层片脱落明显。当载荷提高到 15N 时，石墨烯含量为 0.5%（质量分数）的复合材料在大载荷作用下石墨烯沿磨损界面展开，对磨损界面修复、润滑，磨损性能最好，比磨损值为 $1.75 \times 10^{-11} \mathrm{m^2/N}$。

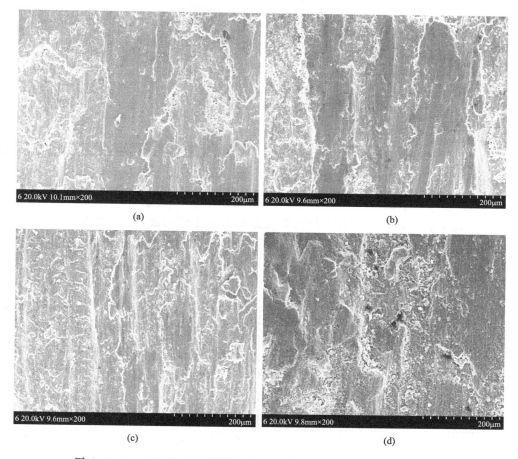

图 4-44 10N 及 1Hz 下石墨烯增强 2024 铝基复合材料的磨损界面形貌
（a）0.25%（质量分数）；（b）0.5%（质量分数）；（c）0.75%（质量分数）；（d）1.0%（质量分数）

从图 4-45 可见，滑动频率为 2Hz、5N 载荷条件下复合材料的比磨损随石墨烯含量增加而升高，表明低载荷高频率滑动作用下磨损界面因摩擦过程对石墨烯展开剪切作用不够，石墨烯对界面修复和保护作用无法抵消磨屑对界面的破坏，复合材料磨损性能下降[51]。

当载荷增加时，摩擦剪切作用加剧，石墨烯在界面处受到剪切而展开，对磨损界面进行修护，但石墨烯增加也会造成磨粒增多。复合材料初期磨损时，因复合材料硬度较大，造成磨屑对界面刻蚀、切削作用较大，对界面破坏作用较大[52]。继续增加载荷可以促进摩擦热对复合材料基体组织软化，提高剪切作用，但也会造成黏着磨损的增加，但剪切作用的增加促进石墨烯展开，因此整体提高石墨烯铝基复合材料的耐磨损性能，如图 4-46 所示。2Hz 时，高载荷条件下（10N、15N），石墨烯含量为 0.5%（质量分数）的复合材料比磨损最小，分别为 $0.345 \times 10^{-11} \mathrm{m}^2/\mathrm{N}$ 和 $1.04 \times 10^{-11} \mathrm{m}^2/\mathrm{N}$。

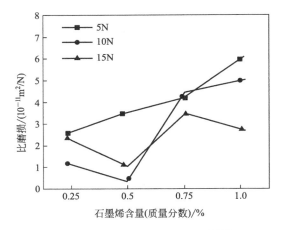

图 4-45　不同载荷及 2Hz 下石墨烯增强
2024 铝基复合材料的比磨损

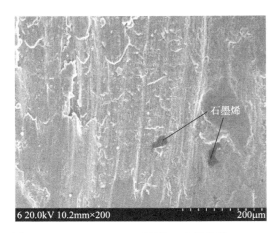

图 4-46　15N 及 2Hz 下石墨烯（质量分数 0.5%）
增强 2024 铝基复合材料的磨损界面形貌

提高摩擦磨损滑动频率对复合材料的比磨损影响比较明显，表明摩擦磨损过程中载荷、频率的变化对石墨烯增强体在磨损界面处的展开、修复、润滑行为影响较大。从图 4-47 可以发现，当滑动频率增加到 3Hz，此时因高速滑动摩擦使得磨损界面的剪切作用进一步得到增强，随实验载荷的增加，摩擦剪切作用对复合材料中石墨烯的展开起到促进作用，大量石墨烯参与滑动过程中对界面进行修复[53,54]。图 4-47 中载荷为 5N 时，复合材料的比磨损随石墨烯含量的增加而逐渐提高，表明在滑动频率 3Hz 条件下，复合材料中石墨烯含量的增加对复合材料摩擦磨损性能提高起到相反的作用。当载荷提高到 10N 时，复合材料中石墨烯含量为 0.5%（质量分数）时，比磨损达到最低，继续增加石墨烯含量，比磨损随之升高，复合材料摩擦磨损性能下降。

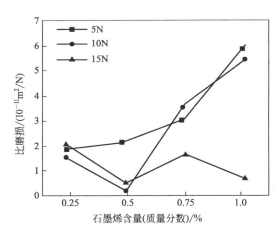

图 4-47　不同载荷及 3Hz 下石墨烯增强
2024 铝基复合材料的比磨损

当摩擦载荷增加到 15N 时，尽管磨损体积增加，但不同石墨烯含量的复合材料的比磨损却出现整体下降，说明高载荷、高滑动条件下时，石墨烯因剪切作用在摩擦磨损过程中对摩擦磨损界面的修复、润滑能力得到了强化，高质量分数增强体含量的石墨烯增强铝基复合材料磨损性能提高，石墨烯含量为 1.0％（质量分数）时比磨损为 $0.577 \times 10^{-11}\,\mathrm{m^2/N}$。

参考文献

[1]　张国定，赵昌定. 金属基复合材料 [M]. 上海：上海交通大学出版社，1996.

[2]　Tjong S C. Recent progress in the development and properties of novel metal matrix nanocomposites reinforced with carbon nanotubes and graphene nanosheets [J]. Materials Science and Engineering：Reports，2013，74：281-350.

[3]　Nieto A，Bisht A，Lahiri D，et al. Graphene reinforced metal and ceramic matrix composites：a review [J]. International Materials Reviews，2017，62 (5)：241-302.

[4]　Baig Z，Mamat O，Mustapha M. Recent progress on the dispersion and the strengthening effect of carbon nanotubes and graphene-reinforced metal nanocomposites：a Review [J]. Critical Reviews in Solid State and Materials Sciences，2018，43 (1)：1-46.

[5]　Lee C，Wei X D，Kysar J W，et al. Measurement of the elastic properties and intrinsic strength of monolayer graphene? [J]. Science，2008，321 (5887)：385-388.

[6]　郭强，赵蕾，李赞，等. 金属材料的石墨烯强韧化 [J]. 中国材料研究进展，2019，38 (3)：205-249.

[7]　Kim Y，Lee J，Yeom M S，et al. Strengthening effect of single-atomic-layer grapheme in metal-graphene nanolayered composites [J]. Nature Communications，2013，4：2114-2120.

[8]　Zhao L，Guo Q，Li Z，et al. Strain-rate dependent deformation mechanism of graphene-Al nanolaminated composites studied using micro-pillar compression [J]. International Journal of Plasticity，2018，105：128-140.

[9]　Li Z，Zhao L，Guo Q，et al. Enhanced dislocation obstruction in nanolaminated graphene/Cu composite as revealed by stress relaxation experiments [J]. Scripta Material，2017，131：67-71.

[10]　Service R F. Carbon sheets an atom thick give rise to graphene dreams [J]. Science，2009，324 (5929)：875-877.

[11]　Qian Y Q，Vu A，Smyrl W，et al. Facile preparation and electrochemical properties of V_2O_5-graphene composite films as free-standing cathodes for rechargeable lithium batteries [J]. J. Electrochem. Soc. ，2012，159：1135-1140.

[12]　Du X M，Chen R Q，Liu F G. Investigation of graphene nanosheets reinforced aluminum matrix composites [J]. Digest Journal of Nanomaterials and Biostructures，2017，12 (1)：37-45.

[13]　Boostani A F，Mousavian R T，Tahamtan S，et al. Graphene sheets encapsulating SiC nanoparticles：a roadmap towards enhancing tensile ductility of metal matrix composites [J]. Materials Science and Engineering：A，2015，648：92-103.

[14]　齐浩天. 石墨烯增强铝基复合材料的微观组织及磨损性能研究 [D]. 沈阳：沈阳理工大学，2020.

[15]　Du X M，Zheng K F，Liu F G. Microstructure and mechanical properties of graphene-reinforced aluminum-matrix composites [J]. Materials and Technology，2018，52 (6)：763-768.

[16]　Suryanarayana C，Ivanov E，Boldyrev V V. The science and technology of mechanical alloying [J]. Materials Science and Engineering A，2001，304-306 (1)：151-158.

[17]　Bartolucci S F，Paras J，Rafiee M A，et al. Graphene-aluminum nanocomposites [J]. Materials Science and Engineering A，2011，528 (27)：7933-7937.

[18]　Bustamante R P，Bustamante F P，Guel I E，et al. Effect of milling time and CNT concentration on hardness of CNT/Al2024 compositesproduced by mechanicalalloying [J]. Mater. Charact. ，2013，75 (1)：13-19.

[19]　Du X M，Zheng K F，Cheng R Q，et al. First-principle study of the interaction between graphene and metals [J]. Dig. J. Nanomater. Bios. ，2017，12 (2)：463-471.

[20]　Zhang J，Yang S，Chen Z，et al. Microstructure and tribological behaviour of alumina composites

reinforced with SiC-graphene core-shell nanoparticles [J]. Tribology International, 2019, 131: 94-101.

[21] Gangil N, Siddiquee A N, Maheshwari S. Aluminium based in-situ composite fabrication through friction stir processing: A review [J]. Journal of Alloys and Compounds, 2017, 715: 91-104.

[22] Gao X, Yue H, Guo E, et al. Preparation and tensile properties of homogeneously dispersed graphene reinforced aluminum matrix composites [J]. Materials & Design, 2016, 94: 54-60.

[23] Galtter O, Kratky O. Small angle X-ray sacttering [M]. New York: Acadenic Press Inc, 1982, 3-13.

[24] Feigin L A, Svergum D I. Structure analysis by small angle X-ray and neutron scattering [M]. New York: Plenum press, 1987, 35.

[25] Weir M P, Johnson D W, Boothroyd S C, et al. Extrinsic wrinkling and single exfoliated sheets of Graphene Oxidein Polymer Composites [J]. Chem. Mater, 2016, 28 (6): 1698-1704.

[26] Emily M. M, Neal T. S, Christopher A. H, et al. Structure and morphology of charged Graphene Platelets in solution by small-angle neutron scattering [J]. J. Am. Chem. Soc. , 2012, 134 (20): 8302-8305.

[27] Titash M, Rana A, Paul B, et al. Graphene Nanocomposites with high molecular weight poly (ε-caprolactone) grafts: controlled synthesis and accelerated crystallization [J]. ACS Macro Lett. , 2016, 5: 278-282.

[28] Du X M, Qi H T, Li T F, et al. Small-angle neutron scattering characterization of graphene/al nanocomposites [J]. Digest Journal of Nanomaterials and Biostructures, 2019, 14 (1): 329-335.

[29] Schaefer D W, Justice R S. How nano are nanocomposites [J]. Macromolecules, 2007, 40: 8501-8517.

[30] Guinier A, Fournet G. Small-angle scattering of X-rays [M]. London: Chapman & Hall, 1955.

[31] Feigin L A, Svergun D I. Structure analysis by small angle X-ray and neutron scattering [M]. New York: Plenum Press, 1987.

[32] Liao J, Tan M J. Mixing of carbon nanotubes (CNTs) and aluminum powder for powder metallurgy use [J]. Powder Technology, 2011, 208 (1): 42-48.

[33] Rashad M, Pan F, Tang A, et al. Effect of Graphene Nanoplatelets addition on mechanical properties of pure aluminum using a semi-powder method [J]. Progress in Natural Science: Materials International, 2014, 24 (2): 101-108.

[34] Ma K K, Wen H M, Hu T, et al. Mechanical behavior and strengthening mechanisms in ultrafine grain precipitation-strengthened aluminum alloy [J]. Acta Materialia, 2014, 62: 141-155.

[35] Geni M, Kikuchi M. Damage analysis of aluminum matrix composite considering non-uniform distribution of SiC particles [J]. Scripta Metallurgica, 1992, 26: 825-830.

[36] Wen H M, Topping T D, Isheim D, et al. Strengthening mechanisms in a high-strength bulk nanostructured Cu-Zn-Al alloy processed via cryomilling and spark plasma [J]. Acta Materialia, 2013, 61: 2769-3782.

[37] Yoon D, Son Y W, Cheong H. Negative Thermal Expansion Coefficient of Graphene Measured by Raman Spectroscopy [J]. Nano Lett. , 2011, 11 (8): 3227-3231.

[38] Li J L, Xiong Y C, Wang X D, et al. Microstructure and tensile properties of bulk nanostructured aluminum/graphene composites prepared via cryomilling [J]. Materials Science and Engineering: A, 2015, 626: 400-405.

[39] Senapathi A, Raju S S, Rao G S. Tribological Performance of Al-MMC Reinforced with Treated Fly Ash using Response Surface Methodology [J]. Indian Journal of Science and Technology, 2017, 10 (15): 105-114.

[40] Shahrdami L, Sedghi A, Shaeri M H. Microstructure and mechanical properties of Al matrix nanocomposites reinforced by different amounts of CNT and SiC$_W$ [J]. Composites Part B: Engineering, 2019, 175: 107081.

[41] Chen W X, Tu J P, Wang L Y, et al. Tribological application of carbon nanotubes in a metal-based composite coating and composites [J]. Carbon, 2003, 41 (2): 215-222.

[42] Baradeswaran A, Perumal A E. Study on mechanical and wear properties of Al 7075/Al$_2$O$_3$/graphite

hybrid composites [J]. Composites Part B: Engineering, 2014, 56: 464-471.

[43] Baradeswaran A, Vettivel S C, Perumal A E, et al. Experimental investigation on mechanical behaviour, modelling and optimization of wear parameters of B_4C and graphite reinforced aluminium hybrid composites [J]. Materials & Design, 2014, 63: 620-632.

[44] 高红霞, 王华丽, 杨东. 单一纳米及纳/微米 SiC 混合颗粒增强铝基复合材料研究 [J]. 粉末冶金技术, 2016, 34 (1): 11-15.

[45] 高红霞, 王华丽, 杨东. 纳微米 SiCp/Al-Si 复合材料的摩擦磨损性能 [J]. 特种铸造及有色合金, 2016, 36 (4): 418-421.

[46] 杨真, 卢德宏, 陈飞帆, 等. 纳、微米 Al_2O_3 颗粒混杂增强铝基复合材料的磨损性能 [J]. 润滑与密封, 2011, 36 (02): 87-91.

[47] Eskandari H, Taheri R, Khodabakhshi F. Friction-stir processing of an $AA8026-TiB_2-Al_2O_3$ hybrid nanocomposite: microstructural developments and mechanical properties [J]. Materials Science and Engineering A, 2016, 660: 84-96.

[48] Ames W, Alpas A T. Wear mechanisms in hybrid composites of graphite-20 Pct SiC in A356 aluminum alloy (Al-7 Pct Si-0. 3 Pct Mg) [J]. Metallurgical and Materials Transactions A, 1995, 26 (1): 85-98.

[49] Suresha S, Sridhara B K. Wear characteristics of hybrid aluminium matrix composites reinforced with graphite and silicon carbide particulates [J]. Composites Science and Technology, 2010, 70 (11): 1652-1659.

[50] Esmati M, Sharifi H, Raeissi M, et al. Investigation into thermal expansion coefficient, thermal conductivity and thermal stability of Al-graphite composite prepared by powder metallurgy [J]. Journal of Alloys and Compounds, 2019, 773: 503-510.

[51] Sun Y P, Yan H G, Su B, et al. Microstructure and mechanical properties of spray deposition Al/SiCp composite after hot extrusion [J]. Journal of materials engineering and performance, 2011, 20 (9): 1697-1702.

[52] Lu Y, Li J, Yang J, et al. The fabrication and properties of the squeeze-cast tin/al composites [J]. Materials and Manufacturing Processes, 2016, 31 (10): 1306-1310.

[53] Rashad M, Pan F, Yu Z, et al. Investigation on microstructural, mechanical and electrochemical properties of aluminum composites reinforced with graphene nanoplatelets [J]. Progress in Natural Science: Materials International, 2015, 25 (5): 460-470.

[54] Yue H, Yao L, Gao X, et al. Effect of ball-milling and graphene contents on the mechanical properties and fracture mechanisms of graphene nanosheets reinforced copper matrix composites [J]. Journal of Alloys and Compounds, 2017, 691: 755-762.

5

纳米相混杂增强铝基复合材料的制备及性能

5.1 引言

    本书的第 3 章和第 4 章分别详细介绍了 SiC 颗粒（SiCp）和石墨烯增强铝基复合材料的制备技术及其性能。从目前国内外有关 SiC 颗粒或石墨烯以及其它陶瓷或碳纳米材料等增强体单一增强的铝基复合材料的研究工作可以发现，这些增强体对铝基复合材料的增强机制主要包括载荷传递、细晶强化和位错增殖作用以及热错配强化作用。不论是陶瓷颗粒、纤维或晶须，还是碳纳米管、石墨烯增强的铝基复合材料，虽然都在不同程度上强化了铝合金基体，但由于增强体自身结构、形状的限制，其增强效果有限。从材料整体的力学强度和塑韧性关系研究来看：传统的单一增强体增强复合材料的强度-伸长率关系是随着强度的增加，伸长率出现较明显的下降，从而使材料的工程应用受限。如何从单一增强体种类拓展到多种增强体协同增强增韧铝合金基体，以期获得更为显著的综合力学性能的提升，是解决该类问题的关键。而合理地设计多种类增强体构型，调控其在基体中的定量关系，充分发挥增强体间的优势，避免各增强相之间的拮抗作用，实现理想的多种类复合型增强体设计，是研制复合增强体的重要方面。

    本章将介绍笔者在制备石墨烯和 SiC 颗粒复合增强体过程中两种途径的研究思路和成果，进而深入探究复合增强相增强铝基复合材料的协同作用机制，为未来金属基复合材料的发展提供新的思路。

5.2 实验材料与方法

5.2.1 实验材料

    本实验所需的材料主要有：Al7075 合金粉、纳米 SiC 颗粒和石墨烯。表 5-1 给出的是所有原材料的相关参数。

☐ **表 5-1　实验用原材料相关参数**

名称	尺寸/μm	厚度/nm	纯度/%
Al7075 合金粉	10	—	99
石墨烯	5～10	3～10	—
纳米 SiC 颗粒	0.8	—	99.9

5.2.2　实验方法

（1）实验方案

实验的技术路线如图 5-1 所示，整个实验主要分为三部分。

① 采用高能球磨方法制备石墨烯-SiC 纳米颗粒复合增强相，并探究最佳复合参数。

② 通过高能球磨方法将石墨烯-SiC 纳米颗粒复合增强相与铝合金粉末均匀混合，经真空热压烧结和固溶、时效处理得到复合材料样品。

③ 对复合材料样品进行表征和性能评价，并与未经包覆处理的纳米相混杂增强铝基复合材料和单一纳米相增强铝基复合材料做对比，确定最佳成分、制备工艺参数及强化机理。

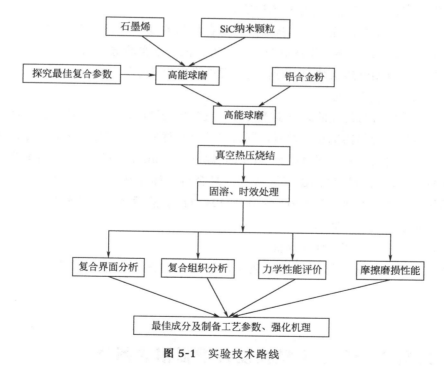

图 5-1　实验技术路线

（2）石墨烯-SiC 纳米颗粒复合增强相的制备工艺[1-3]

对于石墨烯-SiC 纳米颗粒复合增强相的制备，实验采用高能球磨方法，通过高能球磨使多层石墨烯分散并与纳米 SiC 颗粒复合，形成石墨烯包覆 SiC 纳米颗粒。为了对比不同球磨时间和增强相比例的包覆效果，探究最佳包覆参数，实验首先探究了在石墨烯与 SiC 纳米颗粒比例为 1：1 的情况下，不同球磨时间的包覆效果。随后在最佳球磨时间下探究不同石墨烯与纳米 SiC 颗粒比例的包覆效果。在石墨烯-SiC 纳米颗粒复合增强相的制备实验中，参考相关文献[1-3]以及以往实践经验，确定高能球磨转速为 300r/min，球料比为 15：1。石墨烯-SiC 纳米颗粒复合增强相实验样品的设计情况如表 5-2 所示。

☐ 表 5-2　石墨烯-SiC 纳米颗粒复合增强相实验样品的设计[1]

编号	比例(石墨烯：SiC 纳米颗粒)	球磨时间/h	转速/(r/min)	球料比
F1	1：1	1	300	15：1
F2	1：1	2	300	15：1
F3	1：1	3	300	15：1
F4	1：2	待选	300	15：1
F5	1：3	待选	300	15：1
F6	1：4	待选	300	15：1

（3）复合材料的制备工艺[1-3]

复合材料的制备与处理的第一步需要将制备好的石墨烯-SiC 纳米颗粒复合增强相与铝合金粉末均匀混合，在这步仍然通过高能球磨的方法处理，称之为二次高能球磨。球磨时间为 3h，球磨转速为 300r/min，球料比为 15：1。混合过程在氩气保护下完成，每混合 1h 暂停 15min，以避免铝合金粉末过热。

复合材料的制备与处理的第二步需要将混合均匀的复合材料粉末放置于成型模具中，使用厚度为 0.5mm 的石墨纸作润滑介质，便于脱模。本实验选用粉末冶金技术制备复合材料，实验在真空钼丝热压炉中进行，烧结温度设定为 610℃，压强约为 50MPa。设定升温时间为 1.75h，保温时间为 1h。

复合材料的制备与处理的第三步需要将完成热压烧结的复合材料坯料经固溶、时效处理，以获得最佳性能的铝基复合材料，制备出的复合材料为直径为 50mm，厚度为 16mm 的圆柱。从复合材料坯料切下直径为 50mm，厚度为 3mm 的圆片，以方便固溶、时效处理和后续性能评价所需试件的加工。所有的复合材料样品在 470℃下固溶处理，时间为 2h，然后用冷水淬火，淬火转移时间控制在 10s 以内。然后将淬火的样品在 140℃的温度下进行人工时效处理，时间为 16h。

（4）复合材料的表征和性能评价

本章中所用到的复合材料结构表征与性能测试的方法与相关仪器设备与第 4 章的相同。

5.3　石墨烯-SiC 纳米颗粒复合增强相的制备

5.3.1　球磨时间对复合增强相包覆效果的影响

探究球磨时间对复合增强相包覆效果的影响，在石墨烯与纳米 SiC 颗粒比例为 1：1（表 5-2）的情况下，对比不同球磨时间的包覆效果。

采用拉曼光谱对不同球磨时间下复合粉末中石墨烯的结构进行表征，如图 5-2 所示[1]。拉曼光谱分析方法可以通过缺陷激活所形成的峰带检测石墨烯的无序程度[4]。从图 5-2 可以看出，在三种复合粉末样品中分别发现了约 $1360cm^{-1}$、约 $1591cm^{-1}$ 和约 $2763cm^{-1}$ 处有三个峰带，它们分别为 D 峰带、G 峰带和 2D 峰带，是石墨烯的特征峰带，这说明在高能球磨后石墨烯仍然可以很好地保持原有的特征。D 峰带是由 sp^2 碳原子所携带六原子环的呼吸模式引起的，需要缺陷才能激活，G 峰带对应于 Brillion 区中心的 E_{2g} 声子[5]，2D 峰带是二阶拉曼峰带，是由双声子的二阶散射所造成，与石墨烯的层状结构有关[6]。通常可以通过 D 峰带和 G 峰带的强度比（I_D/I_G）来研究石墨烯结构的完整性和缺陷程度[7,8]。在图 5-2 中，不同球磨时间下复合粉末 D 峰带和 G 峰带的强度比值已经给出。当球磨时间为 1h 时，$I_D/I_G=1.030$；当球磨时间为 2h 时，$I_D/I_G=1.011$；当球磨时间为 3h 时，$I_D/I_G=0.997$。可以发现，随着球磨时间的增加，D 峰带和 G 峰带的强度比值逐渐降低。这表明在实验当中球磨对石墨烯的损伤程度随着时间的增加而降低，可以解释为原本的多层石墨烯在球磨的过程中被逐渐分散开，同时球磨时间加长使得纳米 SiC 颗粒更加细小，在混合球磨过程中对石墨烯造成的损伤也就随之减小。

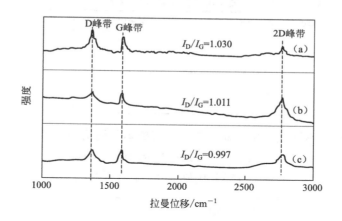

图 5-2 不同球磨时间复合粉末的拉曼光谱分析 [1]

(a) 1h；(b) 2h；(c) 3h

使用扫描电子显微镜从二维层面上观察不同球磨时间下复合粉末的微观形貌，如图 5-3 所示。对比图 5-3(a)～图 5-3(c) 可以发现，当球磨时间为 1h 时，石墨烯仍然保持着原始状态，由于球磨时间较短，石墨烯还未与纳米 SiC 颗粒发生复合。当球磨时间为 2h 时，可以清楚地在石墨烯片层上观察到纳米 SiC 颗粒，不过仍然有较多的纳米 SiC 颗粒散落，未与石墨烯片层形成复合颗粒。当球磨时间为 3h 时，对比于球磨时间为 2h 的情况，散落的纳米 SiC 颗粒数量明显减少，部分纳米 SiC 颗粒分布于石墨烯表面，石墨烯片层向内蜷缩弯曲，呈包覆的状态。

图 5-3 不同球磨时间下复合粉末的微观形貌 [1]

(a) 1h；(b) 2h；(c) 3h

5.3.2 复合比例对复合增强相包覆效果的影响

通过球磨时间对复合增强相包覆效果的影响的探究，最终确定当球磨时间为 3h 时包覆效果为最佳，因此对于复合比例对复合增强相包覆效果影响的探究将选择球磨时间为 3h。样品情况如表 5-3 所示。

表 5-3 复合比例对复合增强相包覆效果影响的实验样品设计

编号	比例(石墨烯：纳米 SiC 颗粒)	球磨时间/h	转速/(r/min)	球料比
F3	1：1	3	300	15：1
F4	1：2	3	300	15：1
F5	1：3	3	300	15：1
F6	1：4	3	300	15：1

采用拉曼光谱对不同复合比例复合粉末中石墨烯的结构进行表征，如图 5-4 所示。当复合比例为 1：1 时，$I_D/I_G=0.997$；当复合比例为 1：2 时，$I_D/I_G=1.052$；当复合比例为 1：3 时，$I_D/I_G=1.222$，当复合比例为 1：4 时，$I_D/I_G=1.263$。可以发现，随着

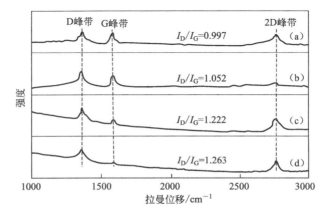

图 5-4 不同复合比例复合粉末的拉曼光谱分析 [1]

(a) 1：1；(b) 1：2；(c) 1：3；(d) 1：4

复合比例的增加，D 峰带和 G 峰带的强度比值逐渐升高。这表明在实验当中石墨烯结构的损伤程度和缺陷程度随着复合比例的增加而增加，这是因为随着复合比例增加，纳米 SiC 颗粒的含量也大幅度增加。这些加入的纳米 SiC 颗粒会对石墨烯造成伤害，而且由于含量较高难以在高能球磨过程中研磨得更加细碎。

图 5-5 所示为不同复合比例复合粉末经过 3h 高能球磨后的微观形貌[2]，对比图 5-5（a）～图 5-5（d）可以发现，当复合比例为 1∶1 时，几乎很少有纳米 SiC 颗粒散落。石墨烯与纳米 SiC 颗粒复合状态较好，石墨烯片层呈现卷曲状态。当复合比例为 1∶2 时，纳米 SiC 颗粒一部分散落在石墨烯周围，一部分聚集于石墨烯片层表面，无法清楚地观察石墨烯的形态，没有达到所要的包覆状态。当复合比例为 1∶3 时，能够观察到纳米 SiC 颗粒大量聚集于石墨烯表面，形成团聚簇，仍有很多纳米 SiC 颗粒散落。当复合比例为 1∶4 时，可以观察到由于纳米 SiC 颗粒比例较高，经过 3h 的高能球磨之后，石墨烯颗粒的尺寸大幅降低。纳米 SiC 颗粒包裹在石墨烯外侧，同时大量纳米 SiC 颗粒散落。

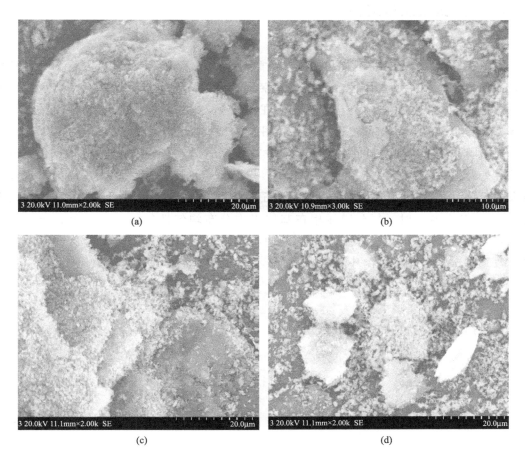

图 5-5　不同复合比例复合粉末的微观形貌 [2]

(a) 1∶1；(b) 1∶2；(c) 1∶3；(d) 1∶4

5.4　复合相增强铝基复合材料的微观结构与性能

根据 5.3 节探究得到的最佳工艺参数（球磨时间 3h，复合比例 1∶1），经二次高能球磨、真空热压烧结、固溶时效处理等流程制备了一组复合材料样品，样品具体含量配比情况如表 5-4 所示。然后对这组复合材料样品进行表征和性能评价。

⊡ 表 5-4　复合材料样品含量配比

样品	石墨烯含量(质量分数)/%	纳米 SiC 颗粒含量(质量分数)/%	Al7075 含量(质量分数)/%
A1	0.25	0.25	99.50
A2	0.50	0.50	99.00
A3	1.00	1.00	98.00

5.4.1　显微组织与结构

（1）均匀性分析

如图 5-6 所示为复合材料样品的光学显微组织，用于观察增强相在复合材料基体中分布的均匀性。在三张图片当中均能够观察到清晰的黑色斑点，这些黑色斑点是由石墨烯与纳米 SiC 颗粒组成的复合增强相。在图 5-6（a）中，黑色斑点很少、尺寸很小，大部分分布于晶界处，分布较为均匀；在图 5-6（b）中，黑色斑点的分布情况与图 5-6（a）中相同，并未出现明显的大面积聚集；在图 5-6（c）中，可见的黑色斑点仍然分布于晶界处，但数量增多，分布也越发密集，黑色斑点的平均尺寸增大，局部出现面积较大的聚集。可以认为，当复合材料中石墨烯与纳米 SiC 颗粒含量均为 0.25% 和 0.50%（质量分数）时，复合增强相在基体当中分布均匀性较好，且主要分布于晶界处，未出现明显团聚现象；而当复合材料中石墨烯与纳米 SiC 颗粒含量均为 1.00%（质量分数）时，复合增强相在基体中出现了十分明显的黑色颗粒团聚现象。

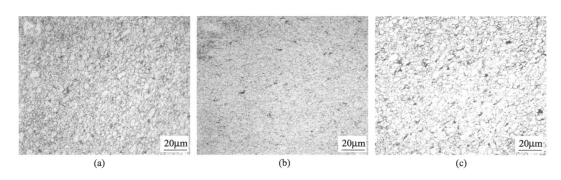

(a)　　　　　　　　　(b)　　　　　　　　　(c)

图 5-6　复合材料样品的光学显微组织

（a）A1；（b）A2；（c）A3

（2）显微结构分析

复合材料的表面形貌主要通过扫描电子显微镜进行观察，以此了解石墨烯和纳米 SiC 颗粒的分布情况。如图 5-7(a)、图 5-7(b) 所示为复合材料样品 A1 的表面形貌。在图 5-7 (a) 中，可以观察到有少许纳米 SiC 颗粒分布在晶界处，但在图中并未观察到石墨烯，这可能是由于石墨烯含量较少且表面存在大量褶皱，很容易被基体金属涂覆，致使很难通过观察的方式识别，此外没有发现增强相颗粒的团聚现象。图 5-7(b) 为图 5-7(a) 对应区域的放大图，通过 EDS 的结果可以发现，在晶界处 C 含量较高，而此处的 Si 含量很低，几乎接近 0。因此可以认为在晶界处存在石墨烯，由于基体合金的涂覆并没有表现出石墨烯的特征。

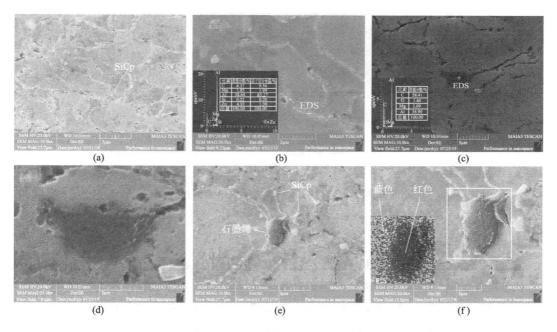

图 5-7 复合材料样品的扫描电子显微镜图片

(a) A1；(b) 图 (a) 的放大；(c) A2；(d) 图 (c) 的放大；(e) A3；(f) 图 (e) 的放大

如图 5-7(c)、图 5-7(d) 所示为复合材料样品 A2 的表面形貌。可以发现在晶粒边界处存在黑色聚集物，通过能谱分析，可以发现 C 元素含量很高，并未监测到 Si，可以判定该黑色聚集物为石墨烯。图 5-7(d) 是图 5-7(c) 对应区域的放大图，可以发现石墨烯表面保持着原有的褶皱，与基体结合处并没有产生新的化合物。此外所观察到的石墨烯尺寸约为 $3\mu m$。

图 5-7(e)、图 5-7(f) 为复合材料样品 A3 的表面形貌。在图 5-7(e) 中，可以明显地发现石墨烯和纳米 SiC 颗粒这些增强相颗粒均分布于晶粒边界处。值得注意的是，在图 5-7(e) 中发现了尺寸较大的石墨烯，图 5-7(f) 即是图 5-7(e) 中石墨烯区域的放大图。在图 5-7(f) 中，可以发现石墨烯片层上存在大量褶皱，这符合石墨烯本身的特征，同时可以看到石墨烯与纳米 SiC 颗粒紧密相连，纳米 SiC 颗粒的一部分被包裹在石墨烯当中。

图 5-7(f) 中的插图即为图中石墨烯区域的 EDS 结果,其中红色点代表 C 元素,蓝色点代表 Si 元素。可以发现石墨烯区域的红色点十分密集,同时在红色点的间隙内存在很多蓝色点,证明在石墨烯内存有 Si 元素,这说明石墨烯将纳米 SiC 颗粒成功地包覆起来,形成了复合增强相,并分布于晶粒边界处。此外,在图 5-7(e)、图 5-7(f) 中并没有发现增强相的团聚现象。

　　图 5-8 是复合材料样品 A3 的透射电镜面扫描图。从图中可见,在图 5-8(a) 中存在明显的黑色物质,根据形态和表面特征可以判断黑色物质为石墨烯。图 5-8(b) 和图 5-8(c) 是面扫描图中 C 和 Si 的分布情况,可以发现在 C 的斑点所覆盖的范围内存在 Si 的斑点,表明纳米 SiC 颗粒被石墨烯包覆。

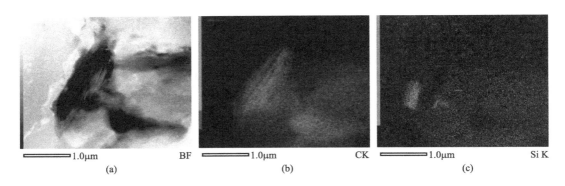

图 5-8　复合材料样品 A3 的透射电镜面扫描图
(a) A3;(b) C;(c) Si

（3）复合界面分析

　　如图 5-9 所示为复合材料样品 A3 的透射电镜图。由于在所有复合材料样品中,样品 A3 中的复合增强相质量分数最高,因此选取 A3 对该种复合材料增强相与基体的复合界面进行分析。如图 5-9(a) 所示为透射电镜明场像,图中颜色较浅部分即为石墨烯,其表面存在许多褶皱,这种表面形貌与已报道文献中的情况相同[9-11]。图 5-9(b) 为图 5-9(a) 对应区域的放大图片,在图 5-9(b) 中能够较为清晰地观察到石墨烯与基体的结合界面,在 Shin 等人[12]的研究中,碳纳米管增强 Al2024 复合材料在透射电镜下被清晰地观察到碳化铝（Al_4C_3）的存在,碳化铝呈现黑色板条状,略微疏松多层,宽度为 5～10nm,长度为 20～50nm,存在于结合界面附近。Zhang 等人[13]制备了石墨烯增强 Al5083 复合材料,在透射电镜下观察到的碳化铝表征形态与上述报道相同。在图 5-9(b) 中并未发现有这种形态的化合物生成,说明石墨烯与基体的界面结合方式为机械结合,结合十分紧密。值得注意的是,在石墨烯片层上能够隐约地观察到具有棱角纳米 SiC 颗粒的堆叠痕迹,这种堆叠痕迹的出现证明纳米 SiC 颗粒成功地被石墨烯包覆,形成了复合增强相。

　　图 5-9(c) 所示为基体中被石墨烯包裹的纳米 SiC 颗粒的截面图。图中黑色区域即为纳米 SiC 颗粒,黑色颗粒外部颜色较浅区域即为石墨烯。从图中可以较为清晰地观察到石墨烯与纳米 SiC 颗粒界面分明,没有化合物相生成。图 5-9(d) 为图 5-9(c) 的放大图,从图 5-9(c) 中能够清晰观察到纳米 SiC 颗粒与石墨烯和铝合金基体的界面。在 Boostani 等

人[14]的研究中，在 SiC 与铝基体的结合界面处形成了疏松多层的碳化铝，碳化铝的形成影响着增强相对基体的强化效果，对铝基复合材料机械性能造成了不利影响。石墨烯的存在可以避免铝合金基体和纳米 SiC 颗粒之间发生反应。在图 5-9(d) 中，可以非常清楚地观察到纳米 SiC 颗粒与石墨烯和铝合金基体接触时不同的界面特征，但并没有发现有碳化铝形成。此外，如图 5-9(e) 所示为复合材料的 SAED 图谱，SAED 图谱中的多晶环也表明复合材料中铝晶粒足够细小且取向随机。

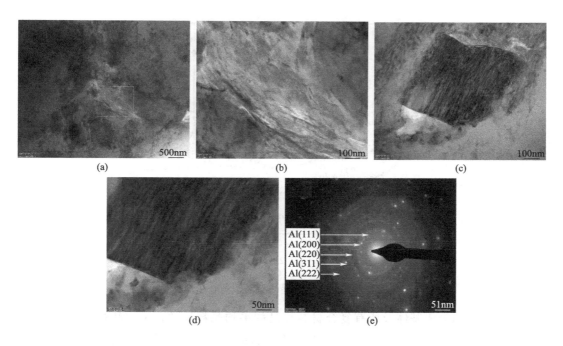

图 5-9　复合材料样品 A3 的透射电子显微镜图片

(a) 石墨烯微观形貌；(b) 图(a) 对应区域放大图；(c) 纳米 SiC 颗粒微观形貌；

(d) 图(c) 对应区域放大图；(e) 复合材料的 SAED 图谱

(4) XRD 图谱分析

图 5-10 给出了复合样品的 X 射线衍射图谱。衍射图谱中存在 Al、石墨烯、SiC、$MgZn_2$ 和 Al_2CuMg 的衍射峰。所有样品的 Al 主峰均位于 38.46°(111)、44.71°(200)、65.08°(220)、78.21°(311)、82.42°(222) 和 99.06°(400) 处。除了 Al 基体的衍射峰外，还发现了一些很弱的衍射峰。这些峰的强度相对较弱。这可能是由于复合材料中含有少量的石墨烯和纳米 SiC 颗粒。在 A2 和 A3 样品衍射图谱的 26.53°(002) 处均发现弱衍射峰，是碳的 X 射线衍射特征峰，表明石墨烯已经复合到基体合金中。此外，在 A1 的 X 射线衍射图中并没有观察到石墨烯峰。这归因于纳米尺寸 SiC 和石墨烯的低含量，由于 XRD 对第二相的检测极限，很难检测到含量低的石墨烯。在样品 A2、A3 中的 35.65°(102) 处发现 SiC 的衍射峰，随着其质量分数的提高，SiC 的衍射峰强度也在变强。这表明 SiC 已经分散到基体当中。同时在所有样品谱图中均发现了金属间化合物的衍射峰，其中在

41.24°处发现了 $MgZn_2$ 的衍射峰，在 22.03°和 73.65°处发现了 Al_2CuMg 的衍射峰。值得注意的是，在任何复合样品谱图中均未观察到碳化铝（Al_4C_3）峰。可以认为在此条件下石墨烯与 Al 基体之间没有发生化学反应。Bartolucci 等人[15]报道了通过热挤压加工的石墨烯/铝复合材料中碳化铝的形成。Pérez-Bustamante 等人[16]认为，碳化铝的形成与复合材料制备过程中所设定的加工温度密切相关。由于从 X 射线衍射图谱中没有发现增强相与基体形成的化合物衍射峰，可以认为增强相与基体主要结合方式是机械结合。

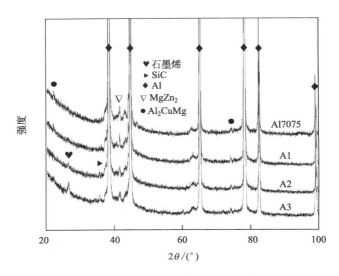

图 5-10 复合材料样品的 X 射线衍射图谱

图 5-11 所示为铝基体及所有复合材料样品的平均晶粒尺寸，平均晶粒尺寸数据通过 Williamson-Hall 方法计算得到[17,18]。从复合材料的平均晶粒尺寸可以看出，增强相的含量对铝基复合材料的晶粒尺寸有显著的影响。纳米 SiC 颗粒和石墨烯在基体中的均匀分散能够抑制基体合金在热压过程中的晶粒长大。随着增强相含量的增加，弥散强化效应增强，晶粒尺寸减小。同时增强相与铝基体界面的接触面积增加，位错趋向于塞积在增强相/基体界面上，阻碍了位错运动，提高了基体强度。除了弥散强化效应外，增强相的加入细化了晶粒尺寸，并在基体中引入了较高的位错密度，起到细晶强化的作用。值得注意的是，从铝基体 Al7075 到复合材料［增强相中石墨烯和纳米 SiC 颗粒含量（质量分数）为 0.5%（A2）］，随着增强相含量的增加，晶粒细化效果明显；随着石墨烯和纳米 SiC 颗粒含量的进一步增加，晶粒细化效果不明显。

5.4.2 力学性能

(1) 硬度

如图 5-12 所示为 A1、A2 和 A3 的维氏硬度测试结果。在以前的工作中，采用相同方法和工艺参数制备的 Al7075 合金的维氏硬度为 (92.0±4.6)HV[19]，也示于图 5-12 中。从图 5-12 中可以看出，三个复合材料样品的硬度明显高于 Al7075 合金，A1、A2 和 A3

的维氏硬度相对于 Al7075 合金分别提高了 37.7%、41.0% 和 41.7%。硬度的提高主要有以下原因：①纳米 SiC 颗粒和石墨烯的加入实际上就相当于在铝基体中加入了大量的第二相，它们发挥了弥散微粒或者弥散相一样的功能，有效阻碍了基体中的位错运动，很大程度上增强了材料抵抗发生塑性变形的能力。这就是复合材料的弥散强化机制，提高了复合材料的硬度。②由于在复合材料中纳米 SiC 颗粒和石墨烯的共存，纳米结构的石墨烯和纳米 SiC 颗粒可通过晶界钉扎作用抑制铝基体中的晶粒生长，从而产生铝的更细的晶粒结构，也就是细晶强化机制发挥作用。晶粒结构越细，硬度越高[20]。③基体和增强材料的热膨胀系数（CTE）的差异对复合材料硬度的影响。石墨烯、纳米 SiC 颗粒和 Al7075 之间的热膨胀系数不匹配可能造成石墨烯-Al 界面处的多方向热应力，并且提高了位错密度，这也就是位错强化机制。热膨胀系数的不同造成增强相与铝基体界面处存在较大的应力。这都将使复合材料的硬度增加[21]。④一般认为，纳米 SiC 颗粒比 Al7075 颗粒更坚硬，由于载荷传递机制，纳米 SiC 颗粒固有的硬度特性赋予了柔软的基体，这会使基体获得更高的硬度[22]。

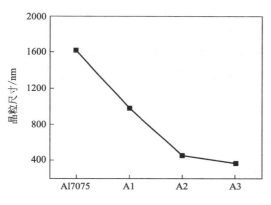

图 5-11　铝基体及复合材料的平均晶粒尺寸

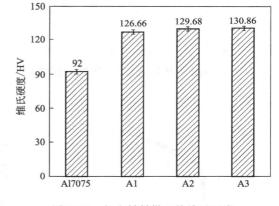

图 5-12　复合材料样品的维氏硬度

此外，可以发现随着复合材料中石墨烯和纳米 SiC 颗粒质量分数的增加，对应的复合材料样品的硬度也随之升高。相比于 A1 的维氏硬度，A2 和 A3 分别提高了 2.4% 和 2.9%。这是由于石墨烯和纳米 SiC 颗粒的增多，相当于在基体内部存在更多的第二相，弥散强化机制、细晶强化机制、位错强化机制和载荷传递机制发挥了更大的作用，使得复合材料的硬度随之提高。但是 A1、A2 和 A3 随着增强相颗粒质量分数的增加，硬度方面的强化效果并不如基体中加入增强颗粒后的强化效果显著，这可能是由于在本次实验中复合材料样品中加入的增强相颗粒均使基体硬度接近了该种强化方式强化的极限，增强相颗粒质量分数的再次增高，所带来的基体的硬度提升是非常有限的。

（2）拉伸性能

如图 5-13 所示为铝基体及复合材料样品的室温拉伸性能。图 5-13(a) 所显示的是铝基体及具有不同质量分数复合增强相的铝基复合材料的应力-应变曲线。该曲线有四个典型阶段：①弹性加载阶段，这一阶段持续到材料到达屈服点时；②实质性应变硬化；

③"稳定"状态，此时流动应力几乎保持不变，剩余变形接近峰值应力；④达到峰值应力后的继续伸长，直到最终断裂[10,22]。图 5-13（b）所显示的是不同复合增强相质量分数的铝基复合材料的极限拉伸强度（UTS）和断后伸长率（δ）的关系。从图中可以看出，相比于基体材料，复合材料的极限拉伸强度和断后伸长率均有所提高，当复合增强相中石墨烯与纳米 SiC 颗粒质量分数均为 0.25％时，复合材料的极限拉伸强度达到最大值。其极限拉伸强度为 373.52MPa，对比基体材料极限拉伸强度提高了 44.6％。复合材料的力学性能主要取决于复合增强相的形状、尺寸、分布、质量分数以及在金属基体中的弥散相和金属间化合物的分布[23]。在本研究中，这种强度的提升是由于复合增强相的加入可以通过对基体的弥散强化、细晶强化和位错强化效应，不断阻碍铝基复合材料在应力作用下的塑性变形，此外由于载荷传递作用，复合增强相提供了更高的抗裂纹扩展能力。当裂纹在拉伸试样表面或内部缺陷处萌生并开始在基体内部扩展，但遇到复合增强相时，其将被抑制进一步运动，直到载荷增加[24]。复合增强相也可以承载基体受到的一部分载荷，使得铝基复合材料对塑性变形的抵抗能力增强。由于石墨烯与纳米 SiC 颗粒具有高的抗拉强度和高的杨氏模量[25]，其可以有效地降低应力集中，防止裂纹的发展，从而提高复合材料强度。从图 5-13（b）可以发现：随着复合增强相质量分数的增加，极限拉伸强度和断后伸长率均表现出先增大后减小的趋势。这是因为复合增强相的加入使基体得到了强化，但同时也降低了材料的致密度[26]，引入了较多的孔隙。复合增强相质量分数的增加会造成基体当中的团聚和较大的孔隙率，这些因素使得极限拉伸强度和断后伸长率降低。

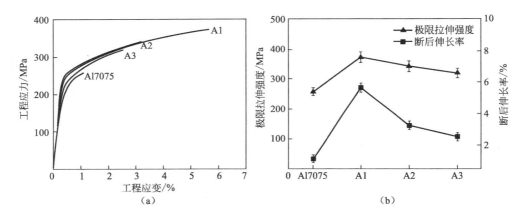

图 5-13 铝基体及复合材料的室温拉伸性能

（a）应力-应变曲线；（b）UTS 和 δ 的关系

如图 5-14 所示为复合材料样品的拉伸断口形貌。如图 5-14（a）所示，韧窝和细小的撕裂脊清晰可见，具有沿着拉应力方向加载的明显特征，可以判断复合材料样品 A1 的主要断裂机制为韧性断裂。对比图 5-14（b）和图 5-14（c）发现，随着复合增强相质量分数的增加，拉伸断口形貌中韧窝逐渐消失，撕裂脊也逐渐减少。表明复合材料断裂机制由韧性断裂向脆性断裂转变。同时可以十分清晰地在拉伸断口形貌图中观察到复合增强相的存在，这是由于大量复合增强相位于铝晶粒的边界，裂纹优先在复合增强相附近孔隙处形成并在拉伸过程中扩展到铝合金基体，降低了复合材料的拉伸性能。随着复合增强相质量分数的继续增加，复合材料的断后伸长率逐渐降低。

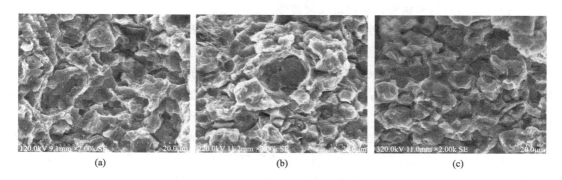

(a)   (b)   (c)

图 5-14 复合材料的拉伸断口形貌

(a) A1; (b) A2; (c) A3

5.4.3 磨损性能

(1) 磨损截面情况

如图 5-15 所示为复合材料样品磨损截面的情况，截面的具体截面积数值均在图中标出。可以发现，随着石墨烯-SiC 颗粒复合增强相质量分数的增加，磨损截面积变大。这表明复合增强相质量分数的增高，降低了复合材料的磨损性能。其根本原因是复合增强相的加入致使复合材料致密度下降，在受到摩擦磨损时，由于较多孔洞存在相当于材料中隐藏着较多的微裂纹，使得复合材料更容易被剥落。

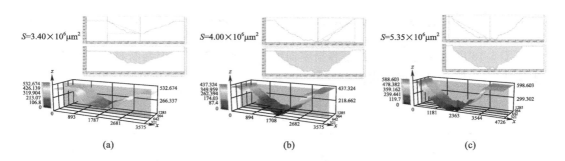

(a)   (b)   (c)

图 5-15 复合材料样品磨损截面情况

(a) A1; (b) A2; (c) A3

(2) 摩擦学特性

如图 5-16 所示为复合材料磨损截面的宽度、深度情况的曲线图。从图中可以更加直观地看到随着石墨烯-SiC 颗粒复合增强相质量分数的增加，磨损截面宽度方面先是不变然后快速增加，磨损截面深度方面则是持续增加。这表明当复合增强相中石墨烯和纳米SiC 颗粒质量分数均为 0.50% 时（A2），复合材料的耐磨性并未出现明显降低。当复合增强相中石墨烯和纳米 SiC 颗粒质量分数均为 1.00% 时（A3），复合材料耐磨性的降低十分明显。这种现象是因为当基体中的复合增强相质量分数升高时，复合增强相对基体带来的耐磨性增强和引入的孔隙所带来的损害相互抵消。随着复合增强相质量分数的进一步升高，增强效果达到饱和状态，从而造成耐磨性能的降低。

如图 5-17 为复合材料的平均摩擦系数曲线图，平均摩擦系数是材料滑动磨损进入稳态后的 400 个数据点摩擦系数的平均值，图中嵌入的是对应材料随滑动距离变化的摩擦系数曲线图。从图中可以发现随着复合增强相质量分数增加，摩擦系数先减小后增大。这是由于复合材料中石墨烯的润滑作用[27,28]，复合增强相质量分数的增加使得基体中石墨烯质量分数增加，而石墨烯会在磨损过程中于磨损表面形成致密的自润滑层[29,30]，从而降低复合材料的摩擦系数。但是石墨烯的加入，也会增加复合材料的孔隙率，造成复合材料内部存在孔洞缺陷。因此当复合增强相中石墨烯和纳米 SiC 颗粒质量分数均为 1.00％时（A3），摩擦系数呈现上升趋势，而且其摩擦系数随滑动距离变化波动较大。

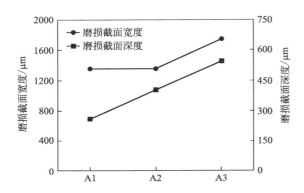

图 5-16 复合材料磨损截面的宽度、深度曲线　　　图 5-17 复合材料的平均摩擦系数曲线

如图 5-18 所示为复合材料的比磨损率曲线。比磨损率是目前判断材料耐磨性能的一个重要依据[31,32]，其计算公式为：

$$W = \frac{V}{F_N S} \tag{5-1}$$

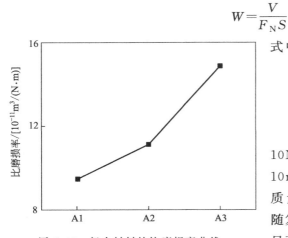

图 5-18 复合材料的比磨损率曲线

式中　V——磨损实验后的磨损体积损失，m^3；

F_N——法向载荷，N；

S——滑动距离，m。

本实验中，所有样品均保持载荷力为 10N，往复频率为 3Hz 以及磨损时间为 10min。在图 5-18 中可以发现复合增强相质量分数是影响比磨损率的主要因素。随复合增强相质量分数的增加，比磨损率显著增加，这说明复合材料的耐磨性随复合增强相质量分数的增加而降低。这是由于复合增强相质量分数的增加使得复合材料致密度降低，同时也会造成复合材料内复合增强相的团聚，从而造成摩擦学性能的下降。

（3）磨损表面形貌及磨屑分析

图 5-19 为复合材料磨损表面的 SEM 形貌。比较图 5-19(a)～图 5-19(c) 可以发现，复合材料样品的磨损表面局部区域均显示了沿滑动方向和剥落方向的材料流动，这表明分层磨损机制的存在[33]。随着复合材料中复合增强相质量分数的增加，材料流动痕迹减少，磨损坑数量增加。磨损坑是由于分层磨损过程中材料被剥落留下的。这表明分层磨损的加剧。此外，在图 5-19(a)～图 5-19(c) 中均能够观察到磨粒磨损留下的犁沟，相比之下复合材料样品 A1 磨损表面形貌图 [图 5-19(a)] 中犁沟较浅，样品 A2[图 5-19(b)] 和 A3[图 5-19(c)] 磨损表面形貌图中犁沟较深。由于在图中随着分层磨损的加剧，部分犁沟痕迹遭到破坏，无法从犁沟数量上比较磨损情况的变化。可以认为，铝基复合材料的主要磨损机制为分层磨损和磨粒磨损，随着铝基复合材料中复合增强相质量分数的增加，复合材料的分层磨损和磨粒磨损均呈现加剧趋势。

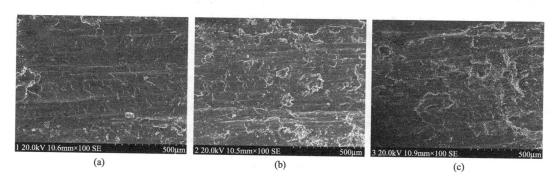

图 5-19　复合材料磨损表面的 SEM 形貌

(a) A1；(b) A2；(c) A3

研究磨屑的形状和大小可以为现有的磨损机制提供线索，并提供有关磨损状态的信息。图 5-20 显示了三个复合材料样品磨屑的 SEM 显微照片。根据磨屑的形态和大小，可分成三种类型：①片状磨屑。这种磨损碎片是最常见的形式，尺寸为 $100\sim300\mu m$。在图 5-20(b) 和图 5-20(c) 中可以观察到很多这种薄片，厚度为 $10\sim30\mu m$。这种碎片是由摩擦副在滑动方向上的黏附和分层引起的。②细小碎屑。与较大的片状磨屑相反，细小碎屑尺寸约为 $1\sim50\mu m$，普遍呈现颗粒状。细小磨屑的产生归因于磨料微切削效应。一般来说，磨屑尺寸越小，材料的耐磨性能越好。③瓦楞状碎屑。可以观察到，这种碎屑数量很少。碎片表面上有许多明显的层。这主要是由于在滑动方向上剪切力和恒定摩擦力的联合作用[34,35]。通过对比图 5-20(a)～图 5-20(c)，可以发现随着铝基复合材料中复合增强相质量分数的增加，细小磨屑数量变少，片状磨屑数量增加，表明耐磨性能降低。

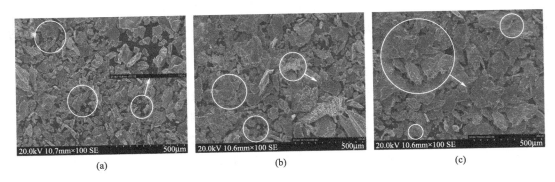

图 5-20 复合材料磨屑的 SEM 显微照片

(a) A1；(b) A2；(c) A3

为了验证磨损表面致密自润滑层的存在，本文通过拉曼光谱法对复合材料样品 A1 的未磨损表面和磨损表面进行拉曼光谱分析，如图 5-21 所示。结果表明，磨损表面的 $I_D/I_G=1.125$，高于未磨损表面（$I_D/I_G=1.053$）。较大的 I_D/I_G 代表石墨结构中较高的缺陷密度，因此更多的剥落和碎裂的石墨烯薄片有助于在接触界面上形成润滑摩擦层，从而提高耐磨性。对于含有石墨烯的铜基复合材料和陶瓷基复合材料的研究中，研究人员也观察到了类似的结果[7,36]。

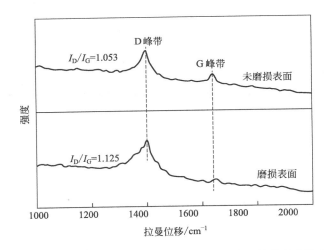

图 5-21 复合材料样品 A1 未磨损表面和磨损表面的拉曼光谱分析

5.5 不同增强相铝基复合材料组织与性能比较

在这一节中，对相同质量分数、不同增强相的几种铝基复合材料样品进行了比较。除复合粉末的制备以外，几种复合材料的高能球磨、真空热压烧结和热处理的工艺与参数均相同。如表 5-5 所示即为不同增强相铝基复合材料不同组分的质量分数情况。

表 5-5 不同增强相铝基复合材料不同组分的质量分数情况

样品	增强相	石墨烯质量分数/%	SiCp 质量分数/%
A1	石墨烯-SiCp 复合颗粒	0.25	0.25
B1	石墨烯、SiCp	0.25	0.25
C1	石墨烯	0.25	0
D1	SiCp	0	0.25

5.5.1 显微组织与结构

如图 5-22 所示为不同增强相铝基复合材料的光学显微组织。从图中可以看出，所有铝基复合材料样品的晶粒都较为均匀和细小，每个样品中都有少量的黑色斑点出现，但黑色斑点都十分细小，样品当中并未出现明显的增强相团聚现象。

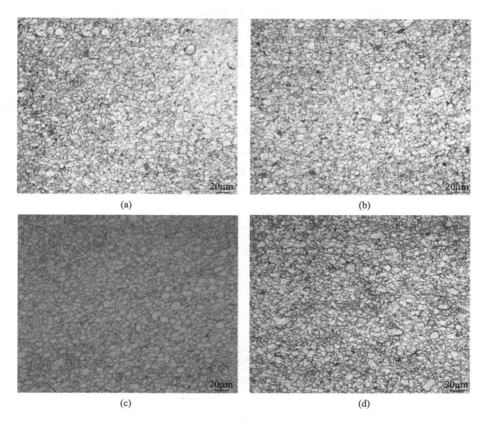

图 5-22 不同增强相铝基复合材料的光学显微组织
(a) A1；(b) B1；(c) C1；(d) D1

如图 5-23 所示为不同增强相铝基复合材料的 SEM 表面形貌。复合材料样品 A1 的表面形貌已在前文给出。图 5-23(a) 是复合材料样品 B1 的扫描电镜形貌，从图中能够清晰看到晶粒的边界，通过 EDS 扫描可以发现增强相分布于晶粒边界。图 5-23(b) 是复合材料样品 C1 的 SEM 表面形貌，图中的插图是对应区域 EDS 线扫描中 C 元素的含量结果，可以发现晶粒边界处的 C 元素含量远高于晶粒内，表明增强相存在于晶界处。图 5-23（c）是复合材料样品 D1 的 SEM 形貌，所得到的结果与 B1 和 C1 相同。这表明在粉末冶金的工艺情况下，不同增强相铝基复合材料的增强相主要分布于晶粒边界处。

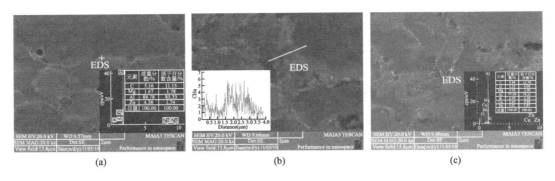

图 5-23 不同增强相铝基复合材料的 SEM 表面形貌

(a) B1；(b) C1；(c) D1

如图 5-24 所示为不同增强相铝基复合材料样品的 X 射线衍射图谱。衍射图谱中检测到了 Al、$MgZn_2$ 和 Al_2CuMg 的衍射峰。因为所有复合材料样品中石墨烯或纳米 SiC 颗粒质量分数均为 0.25%，这一质量分数低于 XRD 的检测下限，所以在所有样品的 X 射线衍射图谱中并没有发现石墨烯和纳米 SiC 颗粒的衍射峰。所有样品 Al 主峰均位于 38.46°、44.71°、65.08°、78.21°、82.42°和 99.06°处。$MgZn_2$ 的衍射峰位于 41.24°处，Al_2CuMg 的衍射峰位于 22.03°和 73.65°处。在所有样品中并未发现碳化铝（Al_4C_3）的衍射峰，说明在复合材料内增强相与基体处于紧密的机械结合状态。

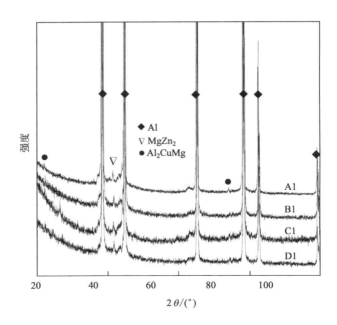

图 5-24 不同增强相铝基复合材料样品的 X 射线衍射图谱

5.5.2　力学性能

（1）硬度

如图 5-25 所示为 4 种复合材料样品的维氏硬度，相比于基体的维氏硬度值（92HV），4 种复合材料样品均有不同程度的提高。A1、B1、C1、D1 分别提高了 37.7％、39.7％、14.6％、60.1％。这说明增强相在基体内部发挥了强化作用。其中 D1 强化效果最好，其次是 B1、A1，硬度值最低的是 C1。

在已报道的研究中，石墨烯对金属基复合材料在硬度方面的影响仍然不清楚，Yue 等人[10]对铜/石墨烯复合材料进行了硬度测试，结果表明：当石墨烯质量分数为 0.5％时，其硬度相比于基体有明显提高；但当其为 1.0％和 2.0％时，复合材料

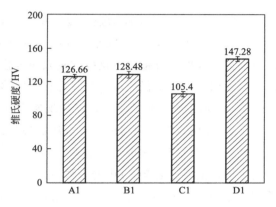

图 5-25　不同增强相复合材料样品的维氏硬度

的硬度值低于基体硬度值，并呈现逐渐下降趋势。Alam 等人[4]通过粉末冶金的方式制备了石墨烯增强 Al 复合材料，石墨烯质量分数为 0～5％。在硬度性能方面，复合材料的硬度先增加，在石墨烯质量分数为 1％时，达到最大值，随后随着质量分数的增加，复合材料的硬度逐渐下降。不过在纳米 SiCp 颗粒与石墨烯共同强化的金属基复合材料中，纳米 SiCp 颗粒的质量分数似乎成了影响复合材料硬度的主要因素。Prashantha Kumar 等人[37]制备了 Al6061/石墨烯/SiCp 复合材料，其中 SiCp 质量分数不变（8％），石墨烯质量分数为 0～1.2％，并对其硬度进行了测试。结果表明，随着石墨烯质量分数的增加，复合材料的硬度先增加，在石墨烯质量分数为 0.4％时达到最大值，随后降低。Zhang 等人[38]以 SiCp 和石墨烯作为增强相制备了复合材料，在 SiCp 质量分数不变的情况下，随着石墨烯质量分数的增加，硬度值明显降低。Kumar 等人[39]以石墨烯和 SiCp 作为增强相，其中石墨烯质量分数不变（0.5％），SiCp 质量分数为 0～12％，Al2024 作为复合材料基体，制备了复合材料样品并测定了硬度。结果表明：在实验设定的质量分数范围内，随着 SiCp 质量分数的增加，复合材料的硬度持续升高。

在本实验中，不难发现实验所显示的硬度趋势与基体中均匀分散纳米 SiCp 颗粒的数量相符。虽然 D1、B1 和 A1 中的纳米 SiCp 颗粒质量分数相同，但 B1 中加入了石墨烯，在球磨和烧结过程中，拥有较大比表面积的石墨烯会覆盖纳米 SiCp 颗粒，使得均匀分散纳米 SiCp 颗粒的数量减少；而 A1 在球磨前经过包覆处理，因此均匀分散纳米 SiCp 颗粒数量少于 B1，使得 A1 硬度更小。造成这一现象的主要原因是在基体当中 SiCp 以纳米颗粒状态存在，相对于石墨烯，纳米 SiCp 颗粒在基体中分散较为均匀，由于载荷传递机制，坚硬的纳米 SiCp 颗粒能够给基体带来硬度方面的提升。对于石墨烯而言，虽然石墨烯具备优异的机械性能和物理性能，但是由于石墨烯以多层状态存在，

尺寸较大。在 0.25% 的质量分数下，石墨烯很难在基体当中分散均匀，使得对基体的增强十分有限。在同样的质量分数下，增强效果不如纳米 SiCp 颗粒。此外，在已报道的研究中，石墨烯的加入会造成复合材料致密度的降低[26]。引入的空气和致密度降低造成的孔洞都会使复合材料的硬度降低。

（2）拉伸性能

如图 5-26 所示为不同增强相复合材料的拉伸性能。图 5-26（a）为不同增强相复合材料的应力-应变曲线，极限拉伸强度由高到低的排序为 D1、B1、A1、C1。其中 B1 和 A1 的极限拉伸强度十分接近。这样的极限拉伸强度关系与硬度情况十分相似。造成这种现象的主要原因是石墨烯仍然以多层状态存在，体积较大，因此难以在基体当中十分均匀地分散，而 A1 由于经包覆处理，这样的现象将更加严重。同时致密度随着石墨烯的加入而降低[26]，这些引入的孔隙将成为微裂纹扩展的源头。图 5-26（b）为不同增强相复合材料极限拉伸强度（UTS）和断后伸长率（δ）的关系。可以发现极限拉伸强度和断后伸长率显示出了同样的变化趋势。D1 的极限拉伸强度和断后伸长率最大，C1 的极限拉伸强度和断后伸长率最小。图 5-26（c）显示了铝基体中不同增强相含量下的强化增量。基体上的强化增量可以使用方程式进行计算[40]：

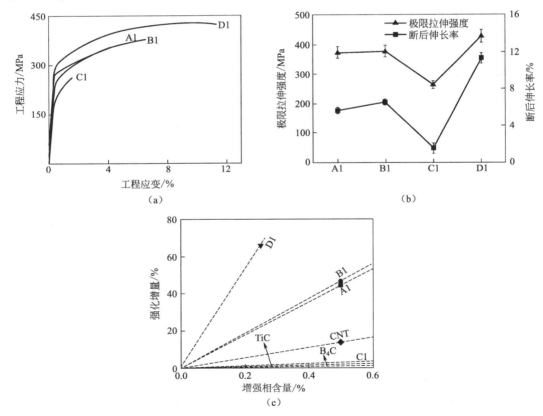

（a）   （b）

（c）

图 5-26 不同增强相复合材料的拉伸性能

（a）应力-应变曲线；（b）不同增强相复合材料 UTS 和 δ 的关系；

（c）铝基体中不同增强相含量下的强化增量

$$R = (\sigma_c - \sigma_m)/\sigma_m \tag{5-2}$$

其中 σ_c 和 σ_m 分别代表复合材料和基体材料的极限拉伸强度。Liao 等人[41]使用等离子烧结方法制备多壁碳纳米管增强铝基复合材料，当复合材料中多壁碳纳米管（CNT）质量分数为 0.5% 时，该种复合材料极限拉伸强度最大。Karnam 等人[42]通过搅拌铸造方法制备 B_4C 增强 Al7075 复合材料，当 B_4C 质量分数为 6% 时，该种复合材料极限拉伸强度最大。Lijay 等人[43]通过原位合成方法制备了 TiC 增强铝基复合材料，在 TiC 质量分数为 5% 时获得了最大极限拉伸强度。这些研究结果均列于图 5-26(c) 中。结果表明本研究中所采用的工艺方法以及所使用的复合增强相优于绝大部分方法和增强相，作为铝基复合材料的理想增强体具有巨大的潜在应用前景。

如图 5-27 所示为不同增强相复合材料的拉伸断口形貌。通过观察可以发现，在所有复合材料样品中均存在不同程度的撕裂脊和韧窝，这是明显的韧性断裂特征。其中复合材料样品 D1 韧性特征最明显，可以判定为韧性断裂；复合材料样品 C1 韧性特征最不明显，主要断裂机制为脆性断裂。这主要是石墨烯加入后由于团聚而造成了较大的孔隙率。在图 5-27 中可以发现所有复合材料样品断口处均存在孔洞，尤其复合材料 C1 孔洞较多，造成 C1 中增强相与基体结合强度较差，抗拉强度较低。

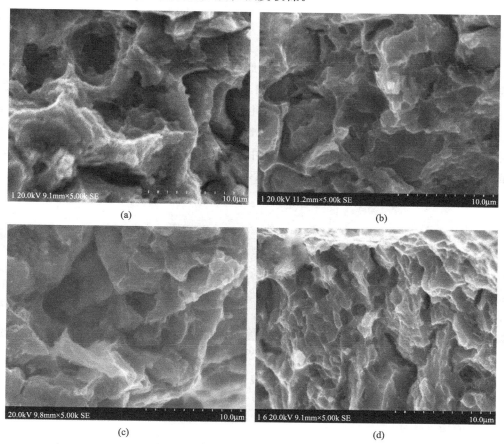

图 5-27 不同增强相复合材料的拉伸断口形貌

(a) A1；(b) B1；(c) C1；(d) D1

5.5.3 磨损性能

（1）磨损截面情况

如图 5-28 所示为不同增强相复合材料的磨损截面情况，复合材料样品 A1 的磨损截面情况已在前文中给出。样品的磨损截面积在图中已经被标出。可以发现四个不同增强相复合材料中磨损截面积最小的是 A1，随后是 B1 和 D1，面积最大的是 C1。

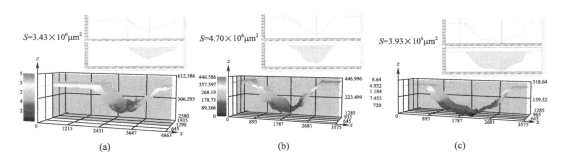

图 5-28 不同增强相复合材料的磨损截面情况

(a) B1；(b) C1；(c) D1

（2）磨损表面形貌

如图 5-29 所示为不同增强相复合材料的磨损表面形貌，复合材料样品 A1 的磨损表面形貌已在前文中给出。对比复合材料样品 A1、B1、C1 和 D1 的磨损表面形貌，可以发现 A1、B1、C1 的磨损机制主要为分层磨损，并且 C1 的分层磨损情况最严重，其次是 B1。A1、B1 和 C1 中存在的犁沟很少，而且较浅，这是磨粒磨损的特征。复合材料样品 D1 的主要磨损机制为磨粒磨损，磨损表面形貌图中能够发现许多细小的犁沟，局部存在比较深的犁沟。此外，能够观察到极少的分层磨损区域。

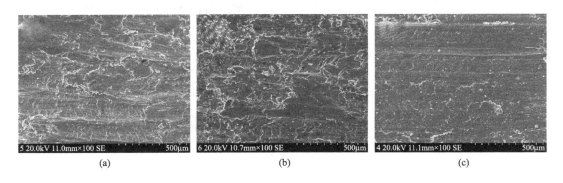

图 5-29 不同增强相复合材料的磨损表面形貌

(a) B1；(b) C1；(c) D1

（3）摩擦学特性

图 5-30 显示的是不同增强相复合材料的摩擦学特性。图 5-30(a) 是比磨损率，其中 A1 样品比磨损率最低，随后是 B1 和 D1，比磨损率最大的是 C1。这样的结果归因于石墨

烯和纳米 SiC 颗粒的共同作用，石墨烯的润滑性能有助于基体耐磨性的提升。由于其较大的比表面积在基体中十分容易团聚，纳米 SiC 颗粒的存在有助于石墨烯的分散，同时对基体起到强化作用。但是在磨损过程中纳米 SiC 颗粒容易被从基体内拔出，从而在与摩副与被磨损材料间形成三体磨损状态[32]，加重基体的磨损。本文所制备的石墨烯-SiC 颗粒复合增强相增强铝基复合材料（A1）减少了磨损过程中的三体磨损，因此样品 A1 的比磨损率与样品 B1 相近，但低于 B1。图 5-30（b）是不同增强相复合材料磨损痕迹的深度和宽度，与图 5-29 显示的规律相对应。表明石墨烯-SiC 纳米颗粒复合增强相增强铝基复合材料（A1）在几种不同增强相铝基复合材料中耐磨性能最好。图 5-30（c）是不同增强相复合材料的摩擦系数，表明石墨烯-SiC 颗粒复合增强相增强铝基复合材料（A1）在几种不同增强相铝基复合材料中摩擦系数最低。

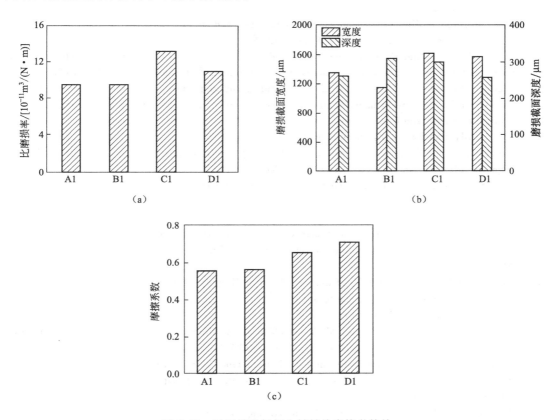

图 5-30　不同增强相复合材料的摩擦学特性
（a）比磨损率；（b）磨损痕迹宽度和深度；（c）摩擦系数

参考文献

［1］　郑凯峰. 纳米相混杂增强铝基复合材料的制备及性能研究［D］. 沈阳：沈阳理工大学，2020.
［2］　Du X M，Zheng K F，Zhao T，et al. Fabrication and characterization of Al7075 hybrid composite reinforced with graphene and SiC nanoparticles by powder metallurgy［J］. Digest Journal of Nanomaterials and Biostructures，2018，13：1133-1140.

［3］ Qi H T, Gao J B, Zheng K F, et al. Microstructure and tensile properties of aluminum matrix composites reinforced with SiC nanoparticles coated graphene [J]. Digest Journal of Nanomaterials and Biostructures, 2020, 15: 407-417.

［4］ Alam S N, Kumar L. Mechanical properties of aluminium based metal matrix composites reinforced with graphite nanoplatelets [J]. Materials Science and Engineering: A, 2016, 667: 16-32.

［5］ Rashad M, Pan F, Yu Z, et al. Investigation on microstructural, mechanical and electrochemical properties of aluminum composites reinforced with graphene nanoplatelets [J]. Progress in Natural Science: Materials International, 2015, 25 (5): 460-470.

［6］ Shin S E, Ko Y J, Bae D H. Mechanical and thermal properties of nanocarbon-reinforced aluminum matrix composites at elevated temperatures [J]. Composites Part B: Engineering, 2016, 106: 66-73.

［7］ Li J, Zhang L, Xiao J, et al. Sliding wear behavior of copper-based composites reinforced with graphene nano-sheets and graphite [J]. Transactions of Nonferrous Metals Society of China, 2015, 25 (10): 3354-3362.

［8］ Liao J, Tan M J. Mixing of carbon nanotubes (CNTs) and aluminum powder for powder metallurgy use [J]. Powder technology, 2011, 208 (1): 42-48.

［9］ Gao X, Yue H, Guo E, et al. Preparation and tensile properties of homogeneously dispersed graphene reinforced aluminum matrix composites [J]. Materials & Design, 2016, 94: 54-60.

［10］ Yue H, Yao L, Gao X, et al. Effect of ball-milling and graphene contents on the mechanical properties and fracture mechanisms of graphene nanosheets reinforced copper matrix composites [J]. Journal of Alloys and Compounds, 2017, 691: 755-762.

［11］ Rashad M, Pan F, Yu Z, et al. Investigation on microstructural, mechanical and electrochemical properties of aluminum composites reinforced with graphene nanoplatelets [J]. Progress in Natural Science: Materials International, 2015, 25 (5): 460-470.

［12］ Shin S E, Ko Y J, Bae D H. Mechanical and thermal properties of nanocarbon-reinforced aluminum matrix composites at elevated temperatures [J]. Composites Part B: Engineering, 2016, 106: 66-73.

［13］ Zhang H, Xu C, Xiao W, et al. Enhanced mechanical properties of Al5083 alloy with graphene nanoplates prepared by ball milling and hot extrusion [J]. Materials Science and Engineering: A, 2016, 658: 8-15.

［14］ Boostani A F, Mousavian R T, Tahamtan S, et al. Graphene sheets encapsulating SiC nanoparticles: a roadmap towards enhancing tensile ductility of metal matrix composites [J]. Materials Science and Engineering: A, 2015, 648: 92-103.

［15］ Bartolucci S F, Paras J, Rafiee M A, et al. Graphene-aluminum nanocomposites [J]. Materials Science and Engineering: A, 2011, 528 (27): 7933-7937.

［16］ Pérez-Bustamante R, Pérez-Bustamante F, Estrada-Guel I, et al. Effect of milling time and CNT concentration on hardness of CNT/Al2024 composites produced by mechanical alloying [J]. Materials Characterization, 2013, 75: 13-19.

［17］ Williamson G K, Hall W H. X-ray line broadening from filed aluminium and wolfram [J]. Acta Metallurgica, 1953, 1 (1): 22-31.

［18］ Ungár T. Strain broadening caused by dislocations [J]. Materials Science Forum, 1998, 278: 151-157.

［19］ Du X M, Fang G S, Gao J B, et al. Study on microstructure and wear properties of graphene and sicp hybrid reinforced aluminum matrix composites [J]. Digest Journal of Nanomaterials and Biostructures, 2020, 15 (2): 501-511.

［20］ Akbarpour M R, Salahi E, Hesari F A, et al. Fabrication, characterization and mechanical properties of hybrid composites of copper using the nanoparticulates of SiC and carbon nanotubes [J]. Materials Science & Engineering A, 2013, 572: 83-90.

［21］ Akbarpour M R, Alipour S, Safarzadeh A, et al. Wear and friction behavior of self-lubricating hybrid Cu-(SiC+xCNT) composites [J]. Composites Part B, 2019, 158: 92-101.

[22] Du X M, Zheng K F, Liu F G. Effect of clustering on the mechanical properties of SiCp reinforced aluminum metal matrix composites [J]. Digest Journal of Nanomaterials and Biostructures, 2018, 13 (1): 253-261.

[23] Haghparast A, Nourimotlagh M, Alipour M. Effect of the strain-induced melt activation (SIMA) process on the tensile properties of a new developed super high strength aluminum alloy modified by Al5Ti1B grain refiner [J]. Materials Characterization, 2012, 71: 6-18.

[24] Alipour M, Eslami-Farsani R. Synthesis and characterization of graphene nanoplatelets reinforced AA7068 matrix nanocomposites produced by liquid metallurgy route [J]. Materials Science and Engineering: A, 2017, 706: 71-82.

[25] Lee C, Wei X, Kysar J W, et al. Measurement of the elastic properties and intrinsic strength of monolayer graphene [J]. Science, 2008, 321 (5887): 385-388.

[26] 杨斌, 杜更新, 程福来, 等. 半固态烧结制备石墨烯/7075铝基复合材料与性能研究 [J]. 粉末冶金技术, 2018, 36 (4): 303-307.

[27] Berman D, Erdemir A, Sumant A V. Graphene: a new emerging lubricant [J]. Materials Today, 2014, 17 (1): 31-42.

[28] Shin Y J, Stromberg R, Nay R, et al. Frictional characteristics of exfoliated and epitaxial graphene [J]. Carbon, 2011, 49: 4059-4073.

[29] Zhai W, Shi X, Wang M, et al. Grain refinement: A mechanism for graphenenanoplatelets to reduce friction and wear of Ni_3Al matrix self-lubricating composites [J]. Wear, 2014, 310 (1-2): 33-40.

[30] Li J, Zhang L, Xiao J, et al. Sliding wear behavior of copper-based composites reinforced with graphenenanosheets and graphite [J]. Trans. Nonferrous Met. Soc. China, 2015, 25 (10): 3354-3362.

[31] Zhang J, Yang S, Chen Z, et al. Graphene encapsulated SiC nanoparticles as tribology-favoured-nanofillers in aluminium composite [J]. Composites Part B, 2019, 162: 445-453.

[32] Hekner B, Myalski J, Valle N, et al. Friction and wear behavior of Al-SiC (n) hybrid composites with carbon addition [J]. Composites: Part B, 2017, 108: 291-300.

[33] Akbarpour M R, Najafi M, Alipour S, et al. Hardness, wear and friction characteristics of nano-structured Cu-SiC nanocomposites fabricated by powder metallurgy route [J]. Materials Today Communications, 2019, 18: 25-31.

[34] Zhang J, Yang S, Chen Z, et al. Graphene encapsulated SiC nanoparticles as tribology-favoured nanofillers in aluminium composite [J]. Composites Part B: Engineering, 2019, 162: 445-453.

[35] Kumar S, Panwar R S, Pandey O P. Effect of dual reinforced ceramic particles on high temperature tribological properties of aluminum composites [J]. Ceramics International, 2013, 39 (6): 6333-6342.

[36] Porwal H, Tatarko P, Saggar R, et al. Tribological properties of silica-graphene nano-platelet composites [J]. Ceramics international, 2014, 40 (8): 12067-12074.

[37] Prashantha Kumar H G, Anthony Xavior M. Encapsulation and microwave hybrid processing of Al 6061-Graphene-SiC composites [J]. Materials and Manufacturing Processes, 2018, 33 (1): 19-25.

[38] Zhang J, Yang S, Chen Z, et al. Microstructure and tribological behaviour of alumina composites reinforced with SiC-graphene core-shell nanoparticles [J]. Tribology International, 2019, 131: 94-101.

[39] Kumar H G P, Xavior M A. Assessment of mechanical and tribological properties of Al 2024-SiC-graphene hybrid composites [J]. Procedia engineering, 2017, 174: 992-999.

[40] Gao X, Yue H, Guo E, et al. Preparation and tensile properties of homogeneously dispersed graphene reinforced aluminum matrix composites [J]. Materials & Design, 2016, 94: 54-60.

[41] Liao J, Tan M J, Sridhar I. Spark plasma sintered multi-wall carbon nanotube reinforced aluminum

matrix composites [J]. Materials & Design, 2010, 31: S96-S100.

[42] Karnam M, Shivaramakrishna A, Joshi R, et al. Study of mechanical properties and drilling behavior of Al7075 reinforced with B_4C [J]. Materials Today: Proceedings, 2018, 5 (11): 25102-25111.

[43] Lijay K J, Selvam J D R, Dinaharan I, et al. Microstructure and mechanical properties characterization of AA6061/TiC aluminum matrix composites synthesized by in situ reaction of silicon carbide and potassium fluotitanate [J]. Transactions of Nonferrous Metals Society of China, 2016, 26 (7): 1791-1800.

6

铝基复合材料在动/静载荷下的组织与性能研究

6.1 引言

铝基复合材料的变形涉及复合材料的制备、加工以及服役等多个环节，例如铝基复合材料制备和成型加工过程中的热挤压、热轧制，在服役过程中遭受到的热压缩、高应变冲击压缩或拉伸等。热变形一直是铝基复合材料研究关注的重点问题。除了避免开裂、孔洞等缺陷形成，通过塑性变形调控铝基复合材料中的增强相分布、晶粒形态等，是获得高性能铝基复合材料零件的基础。现有的研究揭示出增强相对铝基复合材料变形组织和缺陷形成的关键影响作用，也发现了变形工艺条件对增强相分布、取向以及晶粒尺寸等组织特征参量的影响。此外，应用于航空航天、高速铁路、城市轨道交通、武器装甲防护等领域的装备与结构在服役过程中常会面临着承受瞬态冲击载荷的复杂服役环境，而高应变率加载条件下材料的宏观力学性能和微观结构与准静态加载时相比会产生显著变化。目前针对石墨烯增强铝基复合材料在动载荷下的变形机理、损伤演化特征、抗冲击过程的表面驻留过程及影响机制等尚未开展深入研究，因此研究该类材料在高应变率条件下的力学性能和损伤演化过程具有重要的科学意义和工程价值。

本章研究石墨烯增强铝基复合材料的热轧制变形、热压缩变形以及高应变冲击压缩变形对复合材料组织和力学性能的影响规律，阐明石墨烯增强铝基复合材料在动/静态载荷下的变形行为和损伤机制，为制定合理的热加工工艺和服役条件提供理论支撑和技术指导。

6.2 实验方法

6.2.1 热轧制变形实验

实验中对不同石墨烯质量分数（0.25%、0.5%、0.75%和1.0%）的2024铝基复合材料进行热轧制变形，样品制备及加工过程详见4.2节所述。采用ϕ150mm×200mm双辊轧机，设备辊缝可调节范围为0～30mm，轧辊压力为10t。轧制前将样品在箱式电阻炉内加热到 470℃后保温 1h，轧制过程采用多道次小压下量方式，每道次之间保温 1min，总变形量分别为 0%、20%、40%、60%，轧制样品最后厚度为 2mm 左右。

6.2.2　动/静态压缩实验

（1）实验材料

实验所用的样品为真空热压烧结制备的石墨烯与纳米 SiC 颗粒增强的 7075 铝基复合材料以及微米级 SiC 颗粒增强的 7090 铝基复合材料，样品制备及加工过程详见 3.2.2 节和 5.2.2 节所述。样品成分如表 6-1 所示。

▫ **表 6-1　纳米相混杂增强铝基复合材料样品成分**

样品名称	石墨烯质量分数/%	SiC 质量分数/%
Gr-0.25% SiC/Al	1.0	0.25
Gr-1% SiC/Al	1.0	1.0
Gr-2% SiC/Al	1.0	2.0

利用电火花切割设备将复合材料样品切成尺寸为 $\phi 7mm \times 5mm$ 的圆柱，外圆打磨光滑，端面打磨平整，同时保证两端面与轴线垂直度。

（2）实验设备与方法

采用分离式霍普金森压杆（SHPB）系统。SHPB 系统由气压室、入射杆、透射杆、缓冲杆、超动态采集仪组成，如图 6-1 所示。

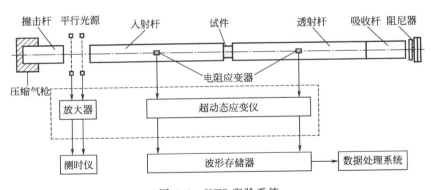

图 6-1　SHPB 实验系统

SHPB 实验需要满足两个基本假设[1,2]：

① 一维应力波假设。

② 试样中轴向应力均匀性假设。

一维应力波假设，即假设入射杆、透射杆和样品内部弹性波为一维线性。由于 Poisson（泊松）效应的存在，杆在受到撞击后除了产生轴向应变外，还会产生一定的径向应变，称为横向惯性效应。为了尽可能减小其横向惯性效应，需要设置杆的直径 D 远小于应力波的宽度 λ，通常取值满足式(6-1)。

$$\lambda \geqslant 5D \tag{6-1}$$

应力均匀则要求应力波在样品内传播时将之视为一维线性材料，忽略样品中的微元在轴向动载荷作用下的纵向惯性效应[2]。

在进行 SHPB 实验测试样品的动态力学性能时，制备样品时需要注意以下几种效应对实验准确性的影响。

① 惯性效应。样品在高应变率动态载荷下，除了应变能增加外，其在径向和轴向上动能也会增大，这就是惯性效应。因此在计算样品内部应力时，需要考虑这些附加应力。针对此，Davies[3] 提出了应力修正公式即式(6-2)，并在此基础上导出了无须考虑惯性效应的试样最合理的长径比，即式(6-3)，胡时胜对其进行了详细推导[2]。

$$\sigma = -\frac{1}{2}(P_1 + P_2) - \rho_s \left(\frac{1}{12}h^2 + \frac{1}{2}\upsilon_s a^2 \right) \ddot{\varepsilon} \tag{6-2}$$

式中　h——样品的长度，mm;

　　　a——样品的半径，mm;

P_1、P_2——实验时样品两端面的压力，样品两端受力平衡时 $P_1 = P_2$;

　　　ρ_s——样品的密度，g/cm³;

　　　υ_s——泊松比;

　　　$\ddot{\varepsilon}$——应变对时间求二阶导。

$$\frac{l}{d} = \frac{\sqrt{3}}{2} \tag{6-3}$$

式中　l——样品的长度，mm;

　　　d——样品的直径，mm。

考虑到加工需要，对理论长径比值在许可范围内进行微调，取长径比为 0.7。

② 界面摩擦效应。由于样品和入射杆、透射杆的端面不是完全光滑，存在摩擦，因此需要借助润滑剂。冲击实验过程中，如果样品与杆的端面润滑效果不好，会直接影响到样品内应力数据的准确性。关于界面摩擦效应对检测结果的具体影响，卢芳云等[4] 对此进行了推导，如式(6-4) 所示。

$$\sigma_0 = \bar{\sigma}_z \left\{ 1 - \frac{\mu \upsilon_s d_0}{3 l_0} [1 + (1 + \upsilon_s \varepsilon_z) + (1 + \upsilon_s \varepsilon_z)^2] \right\} \tag{6-4}$$

式中　σ_0——不存在端面摩擦力时样品内部一维轴向应力，MPa;

　　　$\bar{\sigma}_z$——实验测得的应力;

　　　μ——摩擦系数;

　　　υ_s——泊松比;

　　　l_0——样品的长度，mm;

　　　d_0——样品的直径，mm;

　　　ε_z——样品的轴向应变。

根据式(6-4) 可知，样品端面的摩擦系数、样品的长径比这些因素都会影响摩擦效应。因此需要选用合适的长径比，将样品端面打磨平整、光滑，采用适当的润滑剂来减小摩擦效应对实验结果的影响。

③ 二维效应。二维效应是指样品直径与霍普金森杆直径相差过大，引起面积失匹，导致测量的样品应力-应变数据不准确。相关研究表明[5]，二维效应主要是由于在冲击实验过程中，与样品端面接触的入射杆和透射杆端面凹陷引起的，当样品的弹性模量比杆的弹性模量小得多时，可以忽略二维效应对实验结果的影响。

在满足 SHPB 实验的假设前提下，通过测量入射杆、透射杆中的脉冲，根据一维应力波理论得到样品的应力-应变数据。

假设样品与入射杆接触面为端面 1，与透射杆接触面为端面 2，那么可以设在实验过程中端面 1 变形量为 L_1，端面 2 变形量为 L_2，如图 6-2 所示。而线弹性波可以叠加，可进行如下推导[6]。

$$L_1 = c_0 \int_0^t (\varepsilon_I - \varepsilon_R) d\tau \tag{6-5}$$

$$L_2 = c_0 \int_0^t \varepsilon_T d\tau \tag{6-6}$$

式中　c_0——弹性波在实验杆中传播速度，m/s；

ε_I、ε_R、ε_T——入射波、反射波、透射波在杆中传播时对应的杆的应变。

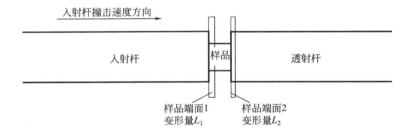

图 6-2　实验样品压缩示意图

原始样品的长度和横截面积为 l_0 和 A_0，将之代入计算公式可得样品中平均应变为

$$\varepsilon(t) = \frac{L_1 - L_2}{l_0} = \frac{c_0}{l_0} \int_0^t (\varepsilon_I - \varepsilon_R - \varepsilon_T) d\tau \tag{6-7}$$

将样品内平均应力对时间求导，可得平均应变率

$$\dot{\varepsilon} = \frac{c_0}{l_0} (\varepsilon_I - \varepsilon_R - \varepsilon_T) \tag{6-8}$$

假设样品两个端面受力分别是 F_1 和 F_2，那么 F_1 和 F_2 可以表示为

$$F_1 = AE(\varepsilon_I + \varepsilon_R) \tag{6-9}$$

$$F_2 = AE\varepsilon_T \tag{6-10}$$

式中　A——压缩杆的横截面积，mm²；

E——压缩杆的弹性模量，GPa。

根据式(6-9)、式(6-10) 可以推得样品中平均应力为

$$\sigma = \frac{1}{2A_0}(F_1 + F_2) = \frac{AE}{2A_0}(\varepsilon_I + \varepsilon_R + \varepsilon_T) \tag{6-11}$$

若样品两端受力平衡，即 $F_1 = F_2$，则由式(6-9)、式(6-10) 可得出：

$$\varepsilon_I + \varepsilon_R = \varepsilon_T \tag{6-12}$$

将式(6-12)代入式(6-11)、式(6-7)、式(6-8)中可得样品应力、内应变、应变率表达式：

$$\sigma = \frac{AE}{A_0} \varepsilon_T \tag{6-13}$$

$$\varepsilon = -\frac{2c_0}{l_0} \int_0^t \varepsilon_R \, d\tau \tag{6-14}$$

$$\dot{\varepsilon} = -\frac{2c_0}{l_0} \varepsilon_R \tag{6-15}$$

式(6-13)、式(6-14)即为材料在应变率为 $\dot{\varepsilon}$ 条件的动载荷下应力-应变关系。以上公式中材料的工程应力与真应力、工程应变与真应变的转化关系如下：

$$\sigma_t = (1-\varepsilon)\sigma \tag{6-16}$$

$$\varepsilon_t = -\ln(1-\varepsilon) \tag{6-17}$$

式中　σ_t——真应力，MPa；

ε_t——真应变。

测试过程中，通过应变片测量杆的应变情况，再根据推导公式解算出样品内应力-应变关系。

（3）波形整形与SHPB可靠性分析

SHPB实验技术是通过研究实验样品和实验杆中应力波来获得材料的应力-应变数据，为了验证设备的可靠性，使用Gr-2% SiC/Al样品在设备上进行实验，观察实验过程中原始波形并与相关文献进行对比分析。实验设备为LWY20-A型SHPB，子弹直径为20mm，长度为200mm，入射杆、透射杆长度均为2000mm，直径为20mm。吸收杆长度为1000mm，直径为20mm。图6-3为未进行波形整形的原始实验波形，可见入射波、透射波与反射波类型与文献相符[7,8]，设备可靠性良好。

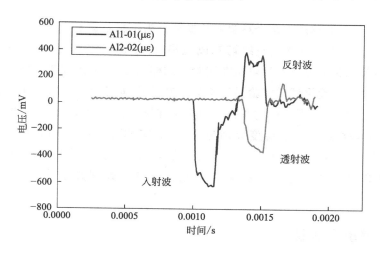

图6-3　SHPB实验原始波形

图 6-4 为原始实验波形经过 SHPB 分析处理软件处理得到应力-应变数据后，绘制的应力-应变曲线。根据应力-应变曲线，流动应力缓慢增大，并伴随有明显波动。

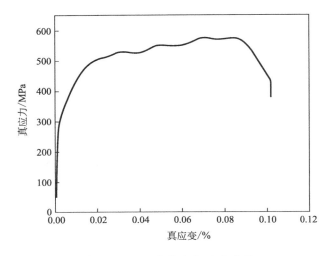

图 6-4 SHPB 实验应力-应变曲线

图 6-3 中 SHPB 原始波形为上升沿极快的梯形波，由于梯形波上升沿时间极短，不易记录数据，这会影响后期实验结果的分析处理，参考相关文献报道，波形整形片能够有效地过滤实验过程中的高频振荡波，同时使样品易于实现均匀加载[9,10]。针对本文实验样品尺寸和材质设计了波形整形片，材质为纯铜，尺寸为 $\phi7mm \times 2.4mm$，经过实验验证，滤波效果良好，原始波形由上升沿极快的梯形波经过整形变为上升沿缓慢的正弦波。

为了比较复合材料动态力学性能和准静态性能，实验还在 Instron 材料实验机上进行了准静态压缩实验。实验中通过测量压缩实验机横梁的速度来控制应变率为 $0.001s^{-1}$。

6.2.3 热压缩实验

为分析制备所得的热压态复合材料的热变形行为，将石墨烯含量为 0.5%（质量分数）的 Al7075 铝基复合材料用电火花线切割成规格为 $\phi8mm \times 12mm$ 的圆柱形试样，并在 MMS-100 热力模拟机上完成等温热压缩实验。试样以 10℃/s 的加热速度加热到预定变形温度，并保温 180s 以确保试样实验温度均匀。在热压缩实验开始前，在试样与压头之间填充石墨润滑剂，减小二者之间的摩擦。所有试样压缩到真应变为 0.7% 时立即水冷以保留热压缩后的微观组织，实验温度分别为 300℃、350℃、400℃、450℃，应变率分别为 $0.001s^{-1}$、$0.01s^{-1}$、$0.1s^{-1}$ 和 $1s^{-1}$，压缩量为 60%。计算机系统自动采集应力、应变、位移及温度等数据，最后将采集数据在 Origin 中进行处理并依此绘制真应力-真应变曲线。

6.2.4 微观组织表征

使用蔡司 200TAM 金相显微镜对金相试样进行金相组织观察，每个试样分别在不同倍数下进行拍摄，观察不同状态下合金的晶粒大小、形貌。使用捷克 TESCAN 公司生产的 MIMA3 型扫描电镜（scanning electron microscope，SEM）及其携带的牛津能谱分析仪（energy dispersive spectrometer，EDS）对试样进行微观组织观察。

对轧制不同变形量的试样沿着轧制方向取样，试样尺寸为 8mm×4mm×3mm，对观察面进行粗磨、细磨和机械抛光，然后进行离子抛光处理，采用 TESCAN 场发射电子扫描显微镜的电子背散射（electron backscattered diffraction，EBSD）功能对试样进行扫描观察。然后，使用 HKL Channel 5 软件进行分析，分析晶粒平均尺寸、大小角度晶界含量、晶粒取向、动态再结晶组织百分比以及不同轧制变形量合金组织的变化规律。为了确定取向图中大小角度晶界及再结晶组织含量，按照以下流程处理数据：

① 对图片进行降噪处理。当晶界角度≥15°时，定义为大角度晶界（黑线）；当晶界角度在 2°～15°之间时，定义为小角度晶界（白线）。

② 计算每个晶粒内部的平均取向，如果晶粒内部的平均取向超过 2°，这类晶粒则被定义为变形组织；如果晶粒由亚晶组成，且其内部取向小于 2°，但是相邻亚晶之间的取向大于 2°，该类晶粒则称为亚结构。

③ 统计轧制后复合材料的变形组织、亚结构和再结晶组织的百分数。

采用 TECNAI G220 型透射电子显微镜（transmission electron microscope，TEM）观察复合材料内部石墨烯相的大小、形貌、分布，确定石墨烯增强体在复合材料内的状态，探究界面是否因铜离子修饰而避免了脆性相的产生，以及石墨烯在变形过程中对位错运动的影响，位错密度是否变化。

6.3 铝基复合材料的热轧制变形

6.3.1 热轧制变形量对复合材料组织的影响

（1）20％热轧变形量对复合材料组织的影响

图 6-5 是未添加石墨烯 Al2024 合金热轧变形 20％后的 EBSD 组织，从图 6-5(a) 中可以发现，Al2024 合金在经过热轧制变形处理后，由于铝合金晶粒之间没有石墨烯增强相的限制和阻碍，Al2024 材料内晶粒回复再结晶受阻碍、限制较小，当复合材料内部变形足够大，第二相因受到挤压而变形破碎，复合材料内部积累大量变形产生残余应力，Al2024 组织中析出的第二相不能继续抑制晶粒长大。Al2024 合金内因变形产生的小角度晶界快速融合转变为大角度晶界，材料内部晶粒长大不受限制形成大量的等轴晶，晶粒尺寸比较粗大，最大尺寸为 8.8μm，平均晶粒度为 2.6μm，如图 6-5(b) 所示。

复合材料中增强相石墨烯的添加，阻碍了合金组织直接相互接触，在变形过程中发生不均匀变形，不同含量石墨烯的加入对复合材料轧制变形过程中动态再结晶起到限制和阻碍作用，图 6-6 为不同石墨烯含量的复合材料热轧制变形 20％后的 EBSD 微观组织。与图 6-5(a) 相比，添加不同含量石墨烯的复合材料组织均有明显的细化，可以看

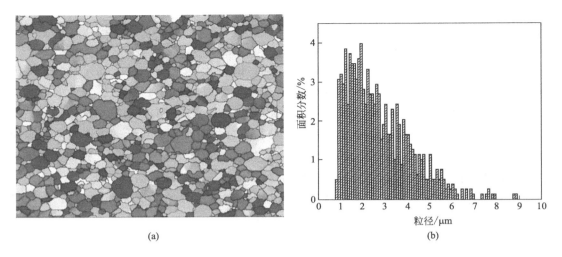

(a)　　　　　　　　　　　　　　　　　　(b)

图 6-5　Al2024 合金轧制变形 20% 后的组织

(a) EBSD 组织；(b) 晶粒尺寸分布

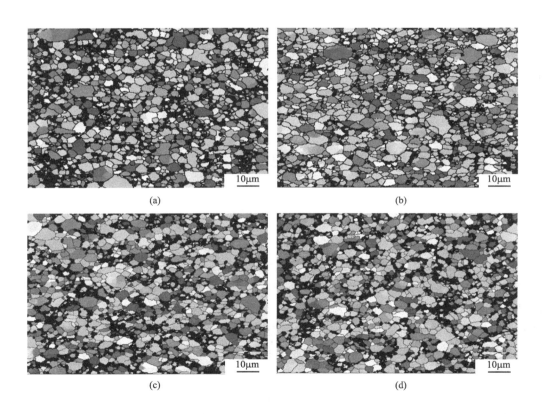

图 6-6　不同石墨烯含量复合材料热轧制变形 20% 后的 EBSD 组织

(a) 0.25%(质量分数)；(b) 0.5%(质量分数)；

(c) 0.75%(质量分数)；(d) 1.0%(质量分数)

出在热轧制变形量为 20％时，与未添加石墨烯的 Al2024 合金组织相比复合组织明显细化。从图 6-6 中可知，随石墨烯含量的增加，复合材料基体组织在经过变形后，组织显著细化。由图 6-6（a）、图 6-6（b）可知，石墨烯含量为 0.25％（质量分数）的复合材料组织等轴晶数量明显减少，仅有少量大尺寸等轴晶残留，当石墨烯含量为 0.5％（质量分数）时，铝基复合材料基体合金组织进一步得到细化，但仍有大尺寸晶粒存在，表明低质量分数的石墨烯在热轧变形过程中能够抑制基体合金晶粒长大，但石墨烯数量较少对界面处晶界钉扎作用有限[11]。当复合材料石墨烯含量提高到 0.75％、1.0％（质量分数）时，复合材料组织进一步细化，材料内部大晶粒已经消失，如图 6-6（c）和图 6-6（d）所示。

不同成分复合材料晶粒尺寸分布情况如图 6-7 所示，由图可见，在 20％变形条件下，复合材料基体组织平均晶粒尺寸分别为 1.0340μm、1.1296μm、1.0657μm、1.0702μm，表明在 20％变形时石墨烯能够抑制大尺寸晶粒的长大，而对其他尺寸较小晶粒的长大限制作用与石墨烯含量的增加无明显关联。主要原因是粉末冶金制备的复合材料基体合金的

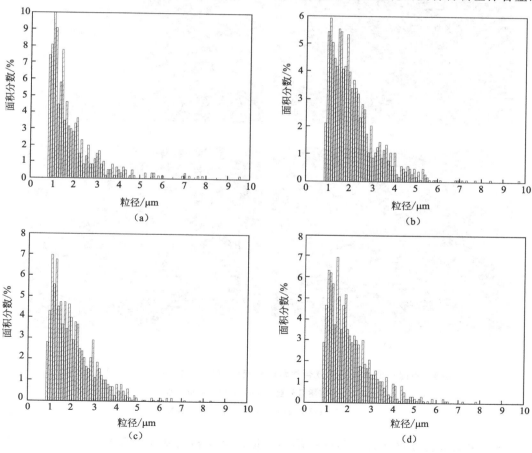

图 6-7　不同石墨烯含量复合材料轧制变形 20% 后晶粒尺寸分布

（a）0.25％（质量分数）；（b）0.5％（质量分数）；

（c）0.75％（质量分数）；（d）1.0％（质量分数）

颗粒形态被石墨烯分割成独立的变形区域，20％变形量轧制时，基体合金变形与晶粒破碎细化没有破坏大部分石墨烯与基体合金的界面，石墨烯对独立区域内基体合金发生的动态再结晶行为没有阻碍和限制作用[12]。

　　复合材料在变形过程中基体合金中产生大量小角度晶界，且铝合金颗粒内部的这部分小角度晶界不受石墨烯的钉扎、限制，小角度晶界融合转变为大角度晶界，诱发动态再结晶[13]。观察图 6-8 所示的不同石墨烯含量复合材料再结晶情况可以发现，石墨烯含量为 0.25％、0.5％、0.75％、1.0％（质量分数）的复合材料都发生了明显的动态再结晶，动态再结晶率分别为 84.34％、79.83％、83.16％和 85.00％。可见 20％变形量时复合材料中石墨烯含量对基体合金动态再结晶影响不大。

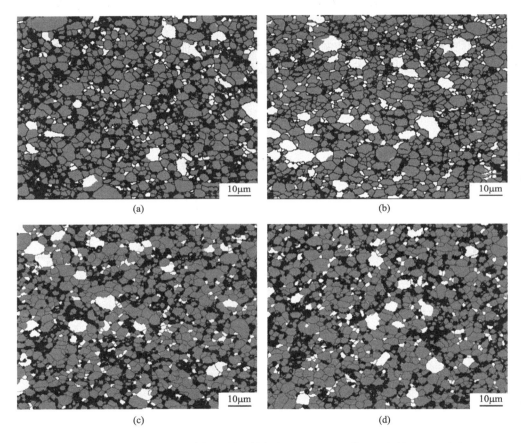

图 6-8　不同石墨烯含量的复合材料轧制变形 20% 后再结晶组织的 EBSD 形貌

(a) 0.25％（质量分数）；(b) 0.5％（质量分数）；

(c) 0.75％（质量分数）；(d) 1.0％（质量分数）

　　热轧制变形量为 20％时，不同石墨烯含量复合材料的基体合金会形成小角度晶界，但比较图 6-9(a)～图 6-9(d) 发现，复合材料基体合金内部小角度晶界百分数比较低，而且与石墨烯含量并无明显关联，表明粉末冶金制备复合材料坯料热轧制过程中，动态再结晶将铝合金基体变形产生的大部分小角度晶界消耗殆尽，在 20％变形量时石墨烯对基体合金的晶界钉扎作用并不明显[14]。

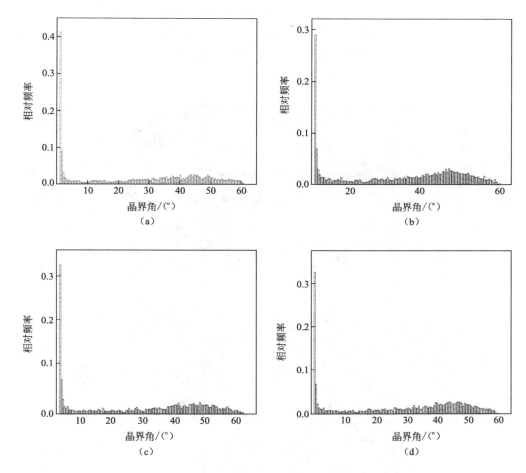

图 6-9　不同石墨烯含量的复合材料热轧变形 20% 后晶粒取向差分布

（a）0.25%（质量分数）；（b）0.5%（质量分数）；

（c）0.75%（质量分数）；（d）1.0%（质量分数）

20%热轧变形量下不同石墨烯含量的复合材料变形后的 EBSD 微观组织统计数据如表 6-2所示。由表 6-2 可知，石墨烯含量对 20%热轧变形后的复合材料微观组织的影响并不明显。

▫ **表 6-2　不同石墨烯含量的复合材料热轧变形 20%后的 EBSD 统计结果**

石墨烯质量分数 /%	平均晶粒取向差 /(°)	小角度晶界百分数 /%	再结晶百分数 /%	平均晶粒尺寸 /μm
0.25	21.43	33.40	84.34	1.0340
0.5	18.10	28.40	79.83	1.1296
0.75	17.53	31.49	83.16	1.0657
1.0	16.18	28.46	85.00	1.0702

（2）40％热轧变形量对复合材料组织的影响

复合材料经过变形量为 20％热轧后，发现石墨烯对复合材料基体合金组织细化作用并不明显，为此增加复合材料轧制变形量到 40％。图 6-10 为经热轧变形 40％后不同含量石墨烯铝基复合材料的显微组织，从图中可以发现，经 40％热轧变形后复合材料的基体组织形态随石墨烯含量的变化表现出明显的差异。

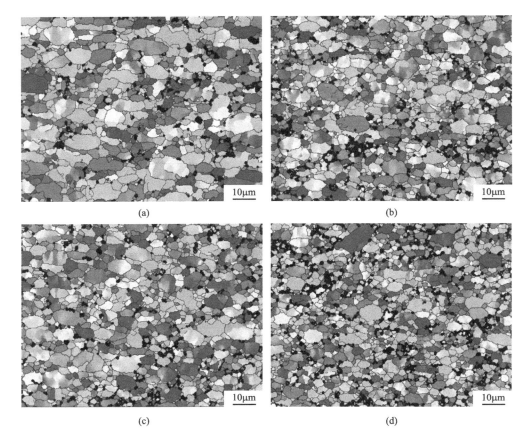

图 6-10　不同石墨烯含量的复合材料 40％变形合金组织的 EBSD 形貌

（a）0.25％（质量分数）；（b）0.5％（质量分数）；

（c）0.75％（质量分数）；（d）1.0％（质量分数）

从图 6-10(a) 和图 6-10(b) 可以发现，经过轧制变形 40％后的复合材料随着石墨烯含量的增加，晶粒尺寸具有明显的不同。由此可知随着石墨烯含量的增加，石墨烯对复合材料变形过程中动态再结晶的抑制作用明显增加。石墨烯含量为 0.25％（质量分数）的复合材料组织内基体合金晶粒已经因变形发生了明显的转向，由于石墨烯在 Al2024 基体晶界处承受并传递载荷，促使复合材料基体合金晶粒一同转向，因此复合材料晶体取向行为明显[15]。随着石墨烯含量进一步增加，基体合金晶粒在变形过程中晶粒转向一致性趋势增强，表明石墨烯二维结构使其与基体合金接触面积随含量的增加而增加，进一步协同不同取向晶粒发生同步转向。

　　但 40％变形后的复合材料的晶粒尺寸相比于 20％较小变形量的晶粒尺寸有一定的增加，主要原因是动态再结晶发生不仅与材料变形量有关，同时也与复合材料内石墨烯含量和状态有关。40％变形量对基体合金的挤压剪切作用使材料内部存在大量的残余变形应力，产生大量小角度晶界，增加了复合材料发生再结晶的驱动力。同时石墨烯层片也因复合材料变形过程中的金属流动发生了展开、分层、剥离、破碎等行为，石墨烯与基体铝合金的结合界面增多，对晶界钉扎作用增强。但此时石墨烯展开数量不足以抵消再结晶的驱动力，因此会在局部区域发生动态再结晶，造成晶粒尺寸增加。但复合材料内石墨烯含量的增加可以减缓或抑制这一趋势。由图 6-10（c）和图 6-10（d）可见，当石墨烯含量为 0.75％和 1.0％（质量分数）时，复合材料中石墨烯对基体合金组织细化作用明显增强。图 6-11 是石墨烯含量为 0.75％（质量分数）的复合材料的 SEM 形貌，图中可以观察到石墨烯在复合材料热轧制变形时在界面的展开情况，这表明 40％的变形量已经促使增强相石墨烯发生滑移、展开运动[16,17]。

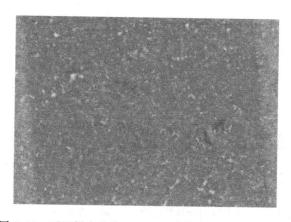

图 6-11　石墨烯含量为 0.75％（质量分数）的复合材料
经过 40％变形后的 SEM 形貌

　　图 6-12 对比了不同石墨烯含量的复合材料 40％变形后晶粒尺寸分布情况，由图可知，在热轧量为 40％变形条件下，复合材料基体组织晶粒尺寸随石墨烯含量的增加而减小，平均晶粒尺寸分别为 1.6392μm、1.4190μm、1.3879μm、1.2330μm，表明在 40％变形时，增加石墨烯能够抑制大尺寸晶粒的长大，同时也对其他较小尺寸晶粒的长大限制作用逐渐变强，这与 20％变形的结果相比，增加变形量会发挥石墨烯对基体合金组织细化的优势。

　　图 6-13 为不同石墨烯含量复合材料轧制变形 40％后的再结晶组织 EBSD 形貌，由图可知，基体合金中存在大量小角度晶界，并且由于这部分小角度晶界受石墨烯钉扎、限制，无法融合转变为大角度晶界，诱发动态再结晶，石墨烯含量为 0.25％、0.5％、0.75％、1.0％（质量分数）的复合材料的动态再结晶率分别为 39.1％、38.6％、33.7％、31.6％，由此可见，40％变形量时，增强相石墨烯对复合材料基体合金动态再结晶影响非常显著。从图 6-13 也可以发现四种石墨烯含量的复合材料内随石墨烯含量增加亚结构的数量也在增加。因此增大变形量在复合材料内部产生了大量亚结构。

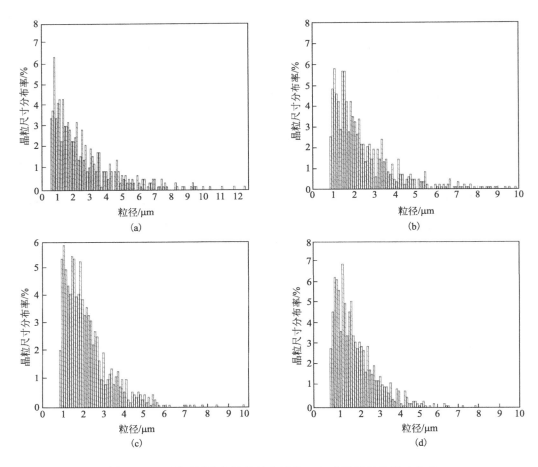

图 6-12 不同石墨烯含量的复合材料 40% 变形后晶粒尺寸分布

(a) 0.25%(质量分数); (b) 0.5%(质量分数);

(c) 0.75%(质量分数); (d) 1.0%(质量分数)

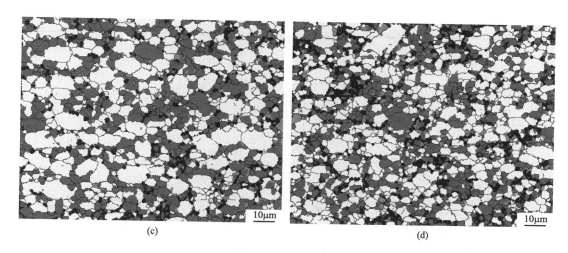

图 6-13　不同石墨烯含量复合材料轧制变形 40% 后的再结晶组织 EBSD 形貌

（a）0.25%（质量分数）；（b）0.5%（质量分数）；

（c）0.75%（质量分数）；（d）1.0%（质量分数）

比较图 6-14（a）～图 6-14（d）发现，该过程复合材料基体合金内部小角度晶界百分数比较低，而且随石墨烯含量的增加小角度晶界百分数降低趋势明显，说明粉末冶金制备复合材料坯料热轧制过程中，动态再结晶只将铝合金基体变形产生的小角度晶界消耗了一小部分，复合材料内基体合金组织内仍存在大量的小角度晶界。

40% 热轧变形量下不同石墨烯含量的复合材料变形后的 EBSD 微观组织统计数据如表 6-3 所示。由表 6-3 可知，石墨烯含量对变形后的复合材料微观组织具有明显的影响，这是由于变形量的提高导致石墨烯在界面处对位错、晶界等缺陷和结构产生重要影响。

▫ **表 6-3**　40% 热轧变形量下不同石墨烯含量的复合材料变形后的 EBSD 微观组织统计结果

石墨烯质量分数 /%	平均晶粒取向差 /(°)	小角度晶界百分数 /%	再结晶百分数 /%	平均晶粒尺寸 /μm
0.25	15.34	62.6	39.1	1.6392
0.5	14.21	61.4	38.6	1.4190
0.75	13.95	57.8	33.7	1.3879
1.0	13.16	51.6	31.6	1.2330

（3）60% 热轧变形量对复合材料组织的影响

采用热轧变形处理的复合组织随着复合材料变形量的累积，Al2024 在变形过程中产生强化相，而且轧制过的基体 Al2024 在轧制方向基体合金晶粒不断挤压拉长，复合材料内部累积的变形残余应力不断增加，也促进了再结晶发生。但石墨烯也同时随变形量的增加发生位置与形态的改变，由于变形量增大，复合材料增强相与基体合金的界面不断地被破坏、形成，石墨烯与基体合金相互结合紧密。当复合材料变形量增加到 60% 时，复合材料组织形貌如图 6-15 所示，经过大变形轧制，复合材料组织得到了明显细化，晶粒尺寸明显变小，同时复合材料基体组织晶体取向性更加明显，复合材料内部出现织构。

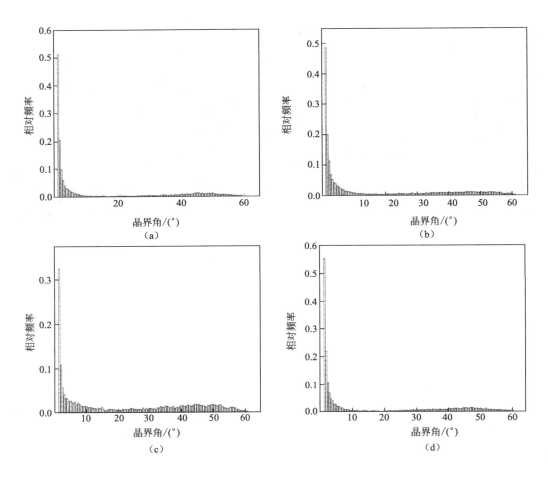

图 6-14 不同石墨烯含量的复合材料经 40% 变形后晶粒取向差分布

（a）0.25%（质量分数）；（b）0.5%（质量分数）；

（c）0.75%（质量分数）；（d）1.0%（质量分数）

图 6-15（a）反映了 0.25%（质量分数）石墨烯含量的复合材料内部大变形后组织细化效果，同时晶粒取向沿<111>方向增加。当石墨烯含量增加到 0.5%（质量分数）时［图 6-15（b）］，复合材料织构开始增加。当石墨烯含量提高到 0.75%、1.0%（质量分数）时［图 6-15（c）、图 6-15（d）］，复合材料内晶体出现强烈的取向，产生大量织构。此时的石墨烯对复合材料变形过程中晶粒运动一致性的协调作用非常明显，石墨烯片层结构通过表面纳米铜颗粒与基体合金形成的金属间化合物与基体合金结合紧密，当复合材料因热轧变形产生金属流动时，界面处石墨烯可以通过界面的紧密结合，协同邻近基体合金晶粒同时、同向发生转动。因此复合材料在高质量分数石墨烯作用下，经过大变形轧制产生大量织构，如图 6-15（c）、图 6-15（d）所示。60% 轧制变形时石墨烯铝基复合材料变形过程中基体合金晶粒不断地被压缩、拉长，复合材料基体合金在这一过程中积累了大量的变形应力，石墨烯片层沿变形方向展开，限制界面处基体合金在<101>、<001>方向晶界融

合。因此复合材料组织晶粒细化效果随石墨烯含量增加也逐渐增强。图 6-16 是不同含量石墨烯增强铝基复合材料轧制变形 60% 后的再结晶组织 EBSD 形貌，其 EBSD 统计结果列于表 6-4 中。由表 6-4 可知，其平均晶粒尺寸为 $1.5890\mu m$、$1.0144\mu m$、$0.8900\mu m$、$0.9300\mu m$，复合材料基体晶粒细化作用随石墨烯含量增加而变强。

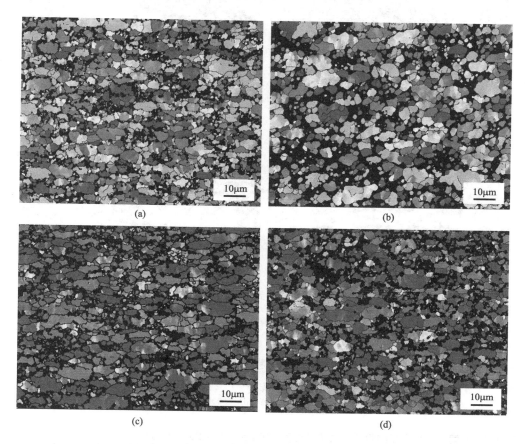

图 6-15　不同石墨烯含量的复合材料 60% 变形后的组织 EBSD 形貌

(a) 0.25%（质量分数）；(b) 0.5%（质量分数）；

(c) 0.75%（质量分数）；(d) 1.0%（质量分数）

经过 60% 热轧变形的复合材料内部产生大量的小角度晶界，同时由于变形严重，材料内部保留了大量的应力，复合材料基体合金的再结晶趋势明显，从图 6-16 发现复合材料内并未出现较多的动态再结晶组织，但从图中可以观察到大量的亚结构和变形，并且亚结构和变形随石墨烯含量的增加而增多。

图 6-16(a)、图 6-16(b) 给出了石墨烯含量为 0.25%、0.5%（质量分数）的复合材料在 60% 变形后的再结晶情况，基体存在再结晶组织、亚结构和变形，并且随石墨烯含量的增加，再结晶组织明显减少，亚结构增多。石墨烯含量进一步增加到 0.75%、1.0%（质量分数）时，复合材料内再结晶组织继续减少，亚结构和变形组织含量增加，但增加幅度并不大，如图 6-16(c)、图 6-16(d) 所示。表明此时复合材料中的石墨烯对基体合金再结

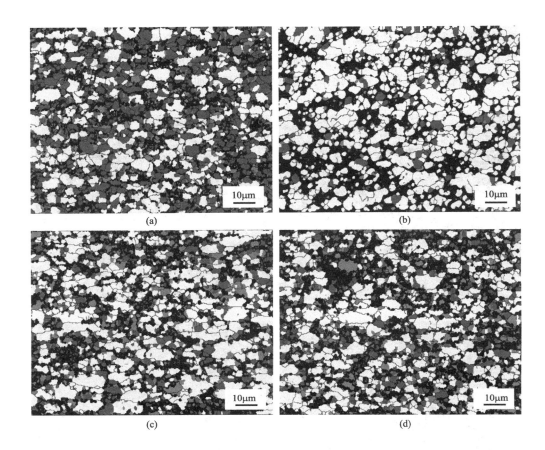

图 6-16　不同含量石墨烯增强铝基复合材料轧制变形 60% 后的再结晶组织 EBSD 形貌

(a) 0.25%（质量分数）；(b) 0.5%（质量分数）；

(c) 0.75%（质量分数）；(d) 1.0%（质量分数）

表 6-4　不同石墨烯含量的复合材料热轧变形 60% 后的 EBSD 统计结果

石墨烯质量分数 /%	平均晶粒取向差 /(°)	小角度晶界百分数 /%	再结晶百分数 /%	平均晶粒尺寸 /μm
0.25	14.73	62.7	25.70	1.5890
0.5	12.10	80.2	23.52	1.0144
0.75	10.52	82.5	19.70	0.8900
1.0	9.81	80.1	20.87	0.9300

晶抑制作用得到了加强，通过对变形区域组织观察发现，60% 的大变形已经使复合材料中石墨烯完全展开，如图 6-17 所示。随石墨烯含量增加，复合材料轧制变形后的石墨烯与基体合金接触界面增大，石墨烯对界面处晶界钉扎作用更强，抑制复合材料组织发生再结晶能力得到强化。

热轧制变形量为 60% 时，不同石墨烯含量的复合材料内部基体组织会形成小角度晶界，比较图 6-18(a)～图 6-18(d) 发现，随着石墨烯含量的增加，复合材料基体合金内部小角度晶界百分数增加趋势明显，说明热轧制过程中由于石墨烯对晶界的钉

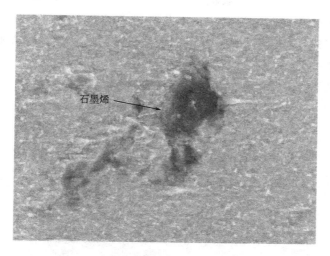

图 6-17 0.75%（质量分数）的石墨烯增强铝基复合材料在 60% 变形时的石墨烯状态

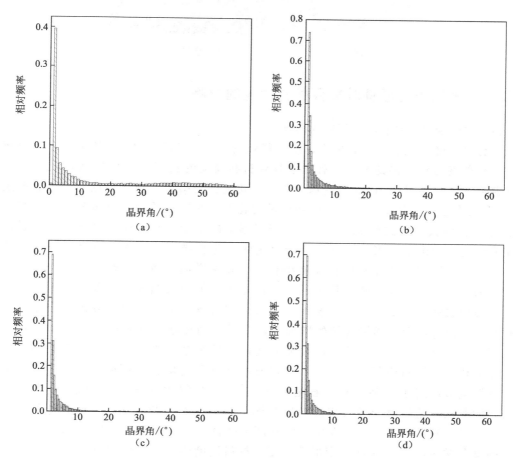

图 6-18 不同石墨烯含量的复合材料 60% 变形后晶粒取向差分布

（a）0.25%（质量分数）；（b）0.5%（质量分数）；

（c）0.75%（质量分数）；（d）1.0%（质量分数）

扎限制作用，再结晶被抑制，提高变形量会导致复合材料内部产生大量小角度晶界。图 6-19 为 60％变形后石墨烯含量为 1.0％(质量分数) 的复合材料基体合金组织内部的晶粒与晶界。由图可见，大变形对晶粒细化作用显著，这是由于大变形作用下导致晶粒破碎，石墨烯又能够抑制晶界的迁移和破碎晶粒的再结晶过程。

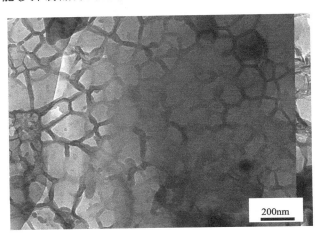

图 6-19　复合材料大变形后晶粒与晶界

6.3.2　热轧制变形量对复合材料性能的影响

（1）热轧变形对复合材料硬度的影响

复合材料经过轧制变形处理后，组织得到细化，石墨烯在复合材料基体中的分布也会因材料的变形流动得到改善，有利于复合材料硬度的提高。图 6-20 为经过不同变形量轧制后的石墨烯增强 Al2024 铝基复合材料硬度检测结果。由图可见，未添加石墨烯的 2024 铝合金硬度最低，通过不同变形量的轧制，2024 铝合金的硬度先升高，当变形量达到 40％时其硬度达到 96.4HV，随着变形量的增加，硬度反而降低了，主要是合金在变形过程中由于变形量的增加，合金组织发生再结晶导致硬度下降。添加石墨烯后，由于未变形的复合坯料中存在微小孔洞，硬度增加不明显。热轧制后，四种石墨烯含量的复合材料硬度都随变形量的增加而增大。但增大幅度与石墨烯含量和变形量具有密切相关性，当变形量为 20％时，四种石墨烯含量的复合材料硬度较未变形复合材料有大幅提升，而石墨烯含量的增加对硬度增加的贡献并不明显。这是由于 20％变形大幅减少了复合材料中的孔洞，改善了复合材料的力学性能。然而由于 20％变形中石墨烯对动态再结晶抑制作用有限，所以石墨烯含量的增加对硬度增加的贡献并不明显。变形量增加到 40％后，对于石墨烯含量为 0.25％(质量分数) 的复合材料，硬度反而有所降低，这是由于增大变形量后基体合金的动态再结晶加剧，而较低的石墨烯含量不足以抑制动态再结晶的发生，因此硬度降低。对于石墨烯含量为 0.5％(质量分数) 的复合材料，硬度与 20％变形后的复合材料硬度相当。这表明添加 0.5％(质量分数) 的石墨烯对基体合金动态再结晶的抑制作用可抵消动态再结晶引起的软化作用。当进一步增加石墨烯含量，变形产生的加工硬化和石墨烯细化基体组织作用协同提高复合材料的硬度。

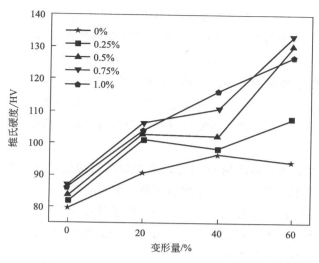

图 6-20 复合材料不同变形量下的硬度变化

图 6-21 是不同石墨烯含量复合材料 40％变形时，材料内部应力分布情况，复合材料因轧制变形，内部产生大量的残余应力，促进基体合金再结晶趋势增强。石墨烯在变形过

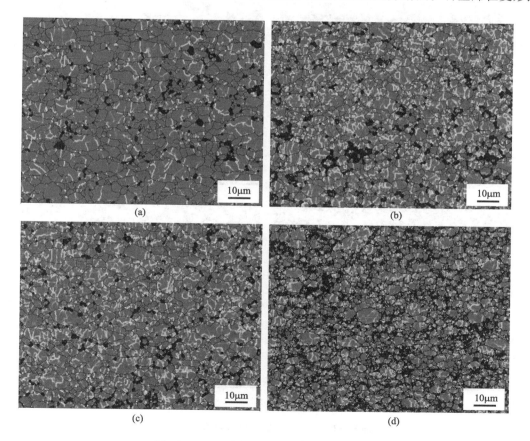

图 6-21 40％ 变形复合材料内部应力分布

（a）0.25％（质量分数）；（b）0.5％（质量分数）；（c）0.75％（质量分数）；（d）1.0％（质量分数）

程同时会对再结晶进行抑制，在界面处阻碍小角度晶界向大角度晶界融合，起到了细晶强化的作用。但在 40% 变形过程中，因石墨烯未能因变形展开而增加界面结合面积，所以再结晶驱动力大于再结晶阻力，复合材料轧制变形晶粒细化作用不明显，材料硬度提升趋缓。对于低质量分数添加量的石墨烯铝基复合材料硬度还有略微降低。高石墨烯含量的复合材料增强相与基体合金的界面多、界面结合区面积大，轧制变形过程中可以有效地抑制小角度晶界的迁移与融合，有效限制复合材料的动态再结晶，从而通过细化复合材料组织实现硬度的提高。

继续提高复合材料的变形量到 60% 时，未添加石墨烯的铝合金因大变形量发生再结晶，材料晶粒细化作用减弱，材料硬度略有下降。复合材料因轧制变形材料内部产生小角度晶界，晶粒尺寸得到进一步细化。同时，石墨烯层片在大变形作用下多层结构开始出现滑移、展开，与基体合金形成新的界面，阻碍基体合金晶粒在界面处迁移、融合，对复合材料基体合金起到了细晶强化作用。

图 6-22 是 60% 变形量时，复合材料轧制后材料内部应力分布情况，可见在大变形轧制作用后，石墨烯增强铝基复合材料因石墨烯对基体组织晶界的钉扎作用阻碍再结晶发

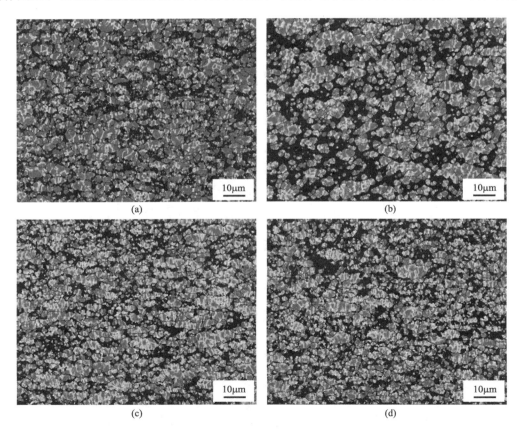

图 6-22　60% 变形复合材料内部应力分布

（a）0.25%（质量分数）；（b）0.5%（质量分数）；

（c）0.75%（质量分数）；（d）1.0%（质量分数）

生，并在复合材料内部残留大量的变形应力，石墨烯含量越高，残余应力越高，因此，细晶强化作用增加，复合材料硬度增大，如图 6-20 所示。当石墨烯含量为 0.75%（质量分数）时，维氏硬度达到最大值 133.4HV，当石墨烯含量继续增加，复合材料硬度增大趋势略微减缓。出现这种现象可能是由于石墨烯含量高时，石墨烯容易在基体合金粉末颗粒界面处聚集，轧制过程中受挤压剪切作用时聚集的石墨烯沿轧制方向滑移、展开效果不如低质量分数石墨烯含量的复合材料，需要更大的变形才可以实现聚集石墨烯的滑移、分散和展开，因此大变形条件下石墨烯与基体合金之间产生的新界面不与增强体含量成比例增加，石墨烯对晶界钉扎作用没有大幅度提高。

（2）热轧变形对复合材料冲击力学性能的影响

复合材料经过轧制变形后，材料内部因粉末冶金烧结工艺产生的微小孔隙、裂纹等缺陷通过轧制挤压而被大幅减少或消除，材料组织更加致密化。通过热轧制变形，复合材料组织实现晶粒细化，提高了复合材料的力学性能。

实验采用分离式霍普金森冲击压缩（SHPB）实验系统，在 0.3MPa 气压下对复合材料试样进行冲击压缩实验，得到不同变形量轧制后的复合材料冲击压缩力学性能。图 6-23（a）为 20%变形量时不同石墨烯含量的复合材料压缩屈服强度，由图可知当石墨烯含量为 0.25%（质量分数）时，复合材料动态压缩屈服强度为 419MPa，随着石墨烯含量的提高，复合材料抗动态冲击力学性能逐步提高，当石墨烯含量为 1.0%（质量分数）时，复合材料压缩屈服强度达到 471MPa。复合材料经过热轧制变形后材料内部缺陷消除，随着石墨烯含量的增加，复合材料压缩屈服强度呈上升趋势。由于 20%轧制变形复合材料组织发生了动态再结晶，复合材料晶粒尺寸细化效果不明显，细晶强化对复合材料抗冲击性能提高作用不大。复合材料力学性能的提高主要是由于增强体石墨烯在复合材料组织内的均匀分散，形成了弥散强化、热错配强化和载荷传递强化。此外，20%变形的石墨烯增强铝基复合材料，石墨烯通过对位错运动的钉扎作用，提高复合材料的位错密度，从而提高复合的抗动态冲击性能，但由于 20%的变形量比较小，因此复合材料内部位错密度不高，如图 6-23（b）所示，复合材料整体上抗动态冲击力学性能不高。

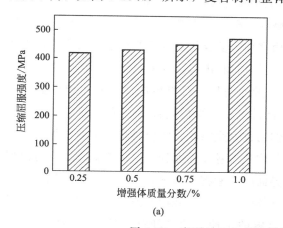

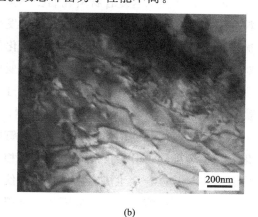

(a)　　　　　　　　　　　　　　　　(b)

图 6-23 变形量 20%复合材料压缩屈服强度与位错组织

（a）压缩屈服强度；（b）位错组织

图 6-24（a）是复合材料热轧制变形量为 40％时，不同石墨烯含量复合材料的冲击压缩屈服强度。由图可知，变形量增加到 40％时，石墨烯含量为 0.25％（质量分数）复合材料冲击压缩屈服强度为 419MPa。石墨烯增强铝基复合材料经过大变形后，材料内一部分组织发生动态再结晶，但石墨烯增强体对界面处小角晶界的钉扎产生抑制作用，并阻碍再结晶进一步发展，复合材料基体合金晶粒得到细化，力学性能得到了强化。同时，大变形量轧制造成复合材料基体合金内存在变形和大量亚结构组织，复合材料内部形成大量的位错，由于石墨烯的存在对位错起到钉扎作用，造成位错塞积、增殖，因此位错强化也是复合材料力学性能提高的重要原因，如图 6-24（b）所示。由图可见，石墨烯含量为 1.0％（质量分数）的复合材料在经过 40％变形量的轧制后，复合材料内部位错密度增加，同时石墨烯在变形作用下的展开对位错钉扎作用得到加强，此时位错强化作用增大，当石墨烯含量为 1.0％（质量分数）时，达到冲击压缩屈服强度 470MPa。

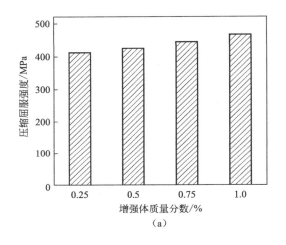
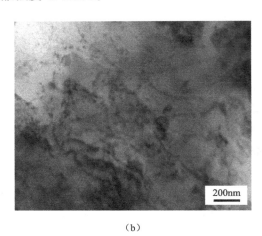

（a）　　　　　　　　　　　　　　（b）

图 6-24　复合材料 40% 变形后压缩屈服强度与位错组织

（a）压缩屈服强度；（b）位错组织

石墨烯增强铝基复合材料轧制变形量增加到 60％时，石墨烯的多层片结构因复合材料变形而受到挤压、剪切作用，石墨烯发生破碎、分层、剥离、展开，在复合材料内部增加了大量新生强化相，复合材料弥散强化作用增加，复合材料内部组织也因石墨烯增强体对再结晶的抑制产生大量亚结构组织和变形，复合材料内部因变形量增加，位错密度进一步提高，如图 6-25（b）所示。此时，由于变形量的增加，石墨烯通过对基体组织晶界的钉扎，使得复合材料的再结晶受到限制，复合材料在变形后内部存在大量的亚结构、变形。复合材料内部的位错由于石墨烯的钉扎作用也发生塞积，复合材料的力学性能得到强化。石墨烯破碎、分层、展开增加增强相与基体的接触界面面积，纳米表面修饰层可以促使石墨烯与基体合金生成金属化合物，使得界面结合紧密。当复合材料承受冲击压缩载荷时，石墨烯可以将载荷通过界面传递到邻近基体合金，并将载荷快速传递，增加复合材料抗冲击压缩性能。如图 6-25（a）所示，复合材料的抗冲击性能随石墨烯含量的增加而增加，当石墨烯含量为 0.75％和 1.0％（质量分数）时，抗冲击压缩屈服强度分别为

505MPa、500MPa。

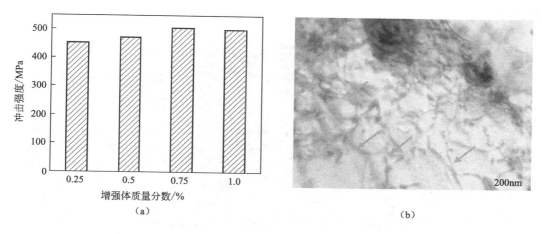

（a）
（b）

图 6-25 60%变形量复合材料抗冲击压缩屈服强度与位错组织

（a）压缩屈服强度；（b）位错组织

（3）热轧变形对复合材料拉伸力学性能的影响

实验采用万能拉伸实验机测试不同石墨烯含量的铝基复合材料在不同变形量时的室温拉伸力学性能，得到不同变形量轧制后复合材料拉伸力学性能。

图 6-26 为 20％变形量时不同石墨烯含量复合材料拉伸力学性能测试结果，由图可知，复合材料的抗拉强度在石墨烯含量为 0.25％、0.5％、0.75％、1.0％（质量分数）时，分别为 339MPa、353MPa、348MPa、340MPa，拉伸力学性能与 2024 铝合金粉末冶金制得的坯料经过 20％变形后的试样抗拉强度（327MPa）相比也有一定的提高，但复合材料的韧性下降明显。从图 6-27 可以观察到石墨烯增强铝基复合材料断口中韧窝浅、数量少，撕裂棱的数量减少，复合材料的伸长率出现下降。这主要是因为复合材料中石墨烯主要分布在铝粉颗粒边界处，当复合材料承受外力载荷时，裂纹会在石墨烯与基体结合界面产

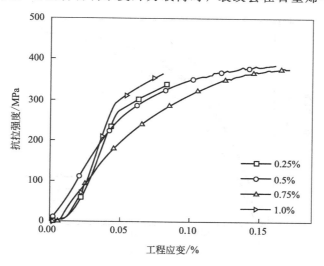

图 6-26 20%变形后复合材料抗拉强度与工程应变的关系

生，由于纳米铜与基体合金的反应生成大量 Al_2Cu 硬质强化相，材料强度虽然提高，但塑性下降。

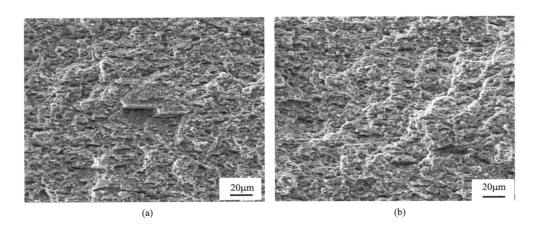

(a)   (b)

图 6-27　不同石墨烯含量的复合材料 20% 变形后拉伸断口形貌

(a) 0.5%（质量分数）；(b) 0.75%（质量分数）

当变形量增加到 40% 时，随着变形量的增加石墨烯增强铝基复合材料力学性能继续提高，在石墨烯含量为 0.25%、0.5%、0.75%、1.0%（质量分数）时，抗拉强度分别为 346MPa、383MPa、375MPa、364MPa，如图 6-28 所示。主要原因是石墨烯在变形过程中对基体合金小角度晶界起到钉扎作用，阻碍回复再结晶进行，使得石墨烯增强铝基复合材料的组织得到进一步的细化，材料的抗拉强度得到提升。通过对拉伸试样断口形貌的观察，可以发现在经过 40% 变形后，复合材料的断裂虽然为脆性断裂，韧窝数量增加也不明显，但石墨烯在轧制过程中展开，增加了与基体合金结合面积，提高了复合材料的拉伸性能。

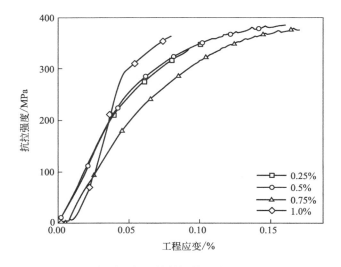

图 6-28　40% 变形后复合材料抗拉强度与工程应变的关系

　　从图 6-29 中可以观察到石墨烯在断口处存在，在图 6-29（a）中可以看到断口处大片层状石墨烯在拉伸断口深处，表明 40％的大变形已经将部分石墨烯展开，因此复合材料的力学性能明显得到提高。同时，在图 6-29（b）中在断口处可以观察到小片层结构的石墨烯，表明轧制变形也使得部分石墨烯层片滑动、伸展、展开、剥离，增加了复合材料的界面面积，提高了复合材料的力学性能。

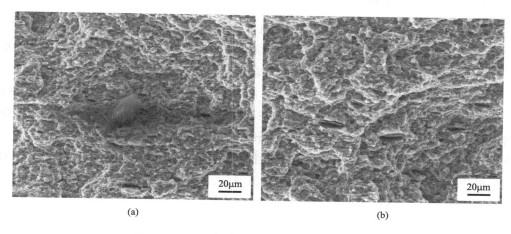

图 6-29　40% 变形后复合材料拉伸断口处形貌
（a）断裂处的大片石墨烯；（b）断裂处的薄片石墨烯

　　图 6-30 为 60％变形量时，不同石墨烯含量复合材料拉伸力学性能测试结果，由图 6-30 可知，石墨烯含量为 0.25％、0.5％、0.75％、1.0％（质量分数）时，复合材料的抗拉强度分别为 362MPa、487MPa、455MPa、394MPa。拉伸力学性能与 40％变形量相的力学性能相比有显著的提高，其中石墨烯含量 0.5％（质量分数）的复合材料力学性能提高明显。这是由于大变形过程中石墨烯对复合材料基合金在轧制过程中再结晶的抑制的同时，由于复合材料内部存在大量的亚结构和变形，使得位错密度增加，复合材料强度进一步提高。

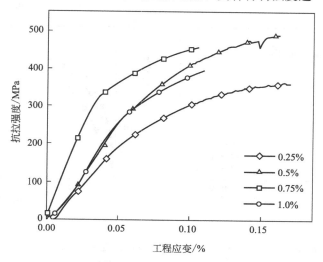

图 6-30　60% 变形后复合材料抗拉强度与工程应变的关系

6.4 铝基复合材料在动态压缩下的力学响应与组织演变

6.4.1 应力-应变曲线

图 6-31(a)～图 6-31(d) 分别为 Al7075 基体、Gr-0.25% SiC/Al、Gr-1% SiC/Al 和 Gr-2% SiC/Al 复合材料在应变率范围为 1500～4000s⁻¹ 内的动态压缩应力-应变曲线。从图 6-31(a) 中可以看出，应变率对 Al7075 基体的影响很小，在各个不同的应变率下，曲线几乎重合。而对石墨烯和 SiC 颗粒增强的铝基复合材料，应变率对复合材料的流动应力和应变硬化则表示出明显的影响。如图 6-31(b) 所示，在不同应变率下，Gr-0.25% SiC/Al 复合材料的压缩屈服强度也有明显的不同。准静态压缩条件下，该复合材料屈服强度为 342.12MPa。应变率为 1500s⁻¹、3000s⁻¹ 和 4000s⁻¹ 下，复合材料的屈服强度分别为 449.7MPa、474.5MPa 和 490.6MPa，与准静态压缩相比分别提高了 31.4%、38.7% 和 43.4%。

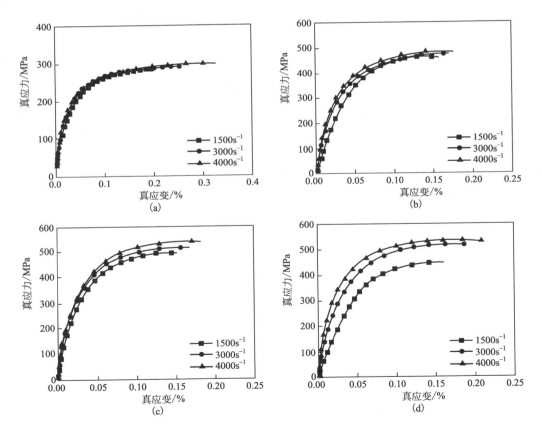

图 6-31 Al7075 基体和复合材料在不同应变率下的应力-应变曲线

(a) Al7075；(b) Gr-0.25% SiC/Al7075；(c) Gr-1% SiC/Al7075；(d) Gr-2% SiC/Al7075

由图 6-31（b）也可知，Gr-0.25% SiC/Al 在各个应变率下应力-应变曲线随着应变率的增大而呈不断上升的趋势，复合材料在动态加载时存在一定的应变硬化，但是随着应变率的增大应变硬化的作用越来越小。Gr-0.25% SiC/Al 复合材料的伸长率随着应变率的增大而增大，在应变率为 $1500s^{-1}$、$3000s^{-1}$ 和 $4000s^{-1}$ 时，对应的塑性应变分别为 0.153%、0.165% 和 0.175%。这可能是由于高应变率绝热压缩过程中产生的热对基体产生了软化效应，使得复合材料应变硬化效应减小而其伸长率增大。

Gr-1% SiC/Al 在各个应变率下应力-应变曲线随着应变率的增大而呈上升趋势，复合材料在动态加载时存在一定的应变硬化，但是随着应变率的增大应变硬化的作用越来越小 [图 6-31（c）]。由图 6-31（c）可知，Gr-1% SiC/Al 无明显的屈服点，取塑性应变 0.2% 对应的流动应力为材料的屈服强度。准静态下复合材料的屈服强度为 354.7MPa。应变率为 $1500s^{-1}$、$3000s^{-1}$ 和 $4000s^{-1}$ 下，复合材料的屈服强度分别为 489.8MPa、512.6MPa 和 533.4MPa，与准静态压缩相比分别提高了 38.1%、44.5% 和 50.4%。Gr-1% SiC/Al 复合材料在应变率为 $3000s^{-1}$ 和 $4000s^{-1}$ 时，当应变达到 1.5% 时其流动应力-应变曲线趋势几乎为平台。其伸长率随着应变率的增大而增大，在应变率为 $1500s^{-1}$、$3000s^{-1}$ 和 $4000s^{-1}$ 时，对应的塑性应变分别为 0.157%、0.168% 和 0.189%。这可能是由于高应变率绝热压缩过程中产生的热对基体产生了软化效应，使得复合材料应变硬化效应减小而其伸长率增大。

由图 6-31（d）可知，Gr-2% SiC/Al 在各个应变率下应力-应变曲线随着应变率的增大而增加，且在动态加载时也存在一定的应变硬化，但是随着应变率的增大应变硬化的作用越来越小。Gr-2% SiC/Al 复合材料的伸长率随着应变率的增大而增大，在应变率为 $1500s^{-1}$、$3000s^{-1}$ 和 $4000s^{-1}$ 时，对应的塑性应变分别为 0.147%、0.186% 和 0.206%。这可能是由于高应变率绝热压缩过程中产生的热对基体产生了软化效应，使得复合材料应变硬化效应减小而其伸长率增大。Gr-2% SiC/Al 无明显的屈服点，取塑性应变 0.2% 对应的流动应力为材料的屈服强度。准静态下复合材料的屈服强度为 376.8MPa。应变率为 $1500s^{-1}$、$3000s^{-1}$ 和 $4000s^{-1}$ 下，复合材料的屈服强度分别为 450.1MPa、514.9MPa 和 535.2MPa，与准静态压缩相比分别提高了 19.4%、36.7% 和 42.0%。

复合材料随着纳米 SiC 颗粒含量的增大，Gr-0.25% SiC/Al 在各个应变率的应力-应变曲线的趋势与 Gr-1% SiC/Al 和 Gr-2% SiC/Al 有着明显的不同。图 6-32 给出了三种复合材料在相同应变率下的动态压缩应力-应变曲线比较。

由图 6-32（a）可见，在应变率为 $1500s^{-1}$ 的动态压缩实验中，复合材料的流动应力随纳米 SiC 颗粒含量的增加先增加后降低，在纳米 SiC 颗粒与石墨烯比例为 1:1 时流动应力最高，表明纳米 SiC 颗粒在一定范围内增加会使材料的抵抗动态压缩能力增强。当纳米 SiC 颗粒含量高于复合材料中石墨烯的含量时，复合材料的动态力学性能开始下降。

由图 6-32（b）可见，在应变率为 $3000s^{-1}$ 的动态压缩实验中，在弹性变形阶段，三种复合材料没有明显的差异；而在塑性变形阶段 Gr-1% SiC/Al 复合材料的流动应力高于 Gr-0.25% SiC/Al，且 Gr-2% SiC/Al 和 Gr-1% SiC/Al 复合材料的应力-应变曲线基本重合。这表明在动态载荷下，Gr-2% SiC/Al 和 Gr-1% SiC/Al 复合材料具有更好的抵抗塑性变形能力。这源于较高含量的纳米 SiC 颗粒与石墨烯对铝合金基体的协同强化作用。在应变率为 $4000s^{-1}$ 的条件下 [图 6-32(c)]，三种复合材料的应力-应变曲线变化趋势与应变率为 $3000s^{-1}$ 的应力-应变曲线变化趋势相似。

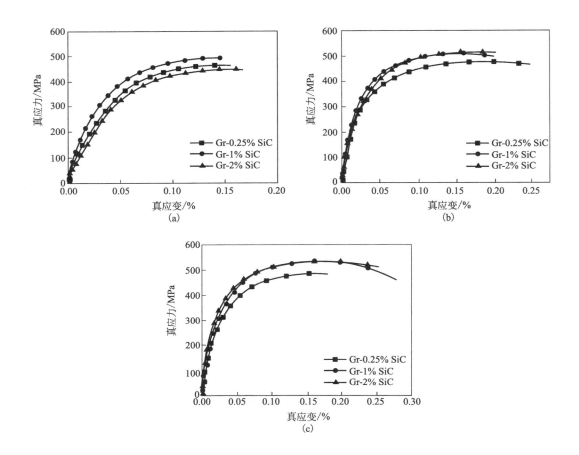

图 6-32 不同应变率下复合材料的应力-应变曲线比较

(a) $1500s^{-1}$; (b) $3000s^{-1}$; (c) $4000s^{-1}$

综上所述，保持复合材料中石墨烯含量不变，提高复合材料中的纳米 SiC 颗粒的含量，复合材料的动态力学性能随着 SiCp 含量的增大而变得更加优异，当 SiCp 含量增大超过复合材料中的石墨烯含量时，SiCp 含量再增大不会对复合材料的动态力学性能产生明显的影响。也就是说当混杂复合材料中增强相石墨烯含量固定为 1% 的情况下，当 SiCp 含量与石墨烯含量的比值为 1:1 时，混杂增强相对复合材料动态力学性能的提升效果最好。这一特点在应变率为 $1500s^{-1}$ 实验中尤其明显。

6.4.2 宏观变形

针对每个样品设置了三种不同应变率的动态压缩实验和一组准静态压缩对比实验。在实验中，样品出现不同程度的变形并有部分样品被破坏，如图 6-33～图 6-35 所示。

由图 6-33 可见，在动态压缩实验中，Gr-0.25％ SiC/Al 复合材料的变形量在 10％～40％之间，在高应变率动态载荷下产生明显的破坏情况。准静态压缩实验，样品开始破坏时停止压缩，压缩量为 1.2mm，变形量为 0.24mm。在应变率为 1500s⁻¹ 和 3000s⁻¹ 动态载荷下，样品仅发生变形而未被破坏，这说明 Gr-0.25％ SiC/Al 复合材料具有良好的塑性变形能力，在该实验条件下其变形方式以塑性变形为主。在应变率为 4000s⁻¹ 的实验条件下，样品边缘产生劈裂，出现明显的宏观破坏，断裂方向与受力方向呈 45°夹角，断口呈金属光泽。样品变形过程为墩粗、变形（应变率 1500s⁻¹）—进一步压缩变形（应变率 3000s⁻¹）—劈裂（应变率 4000s⁻¹）。

图 6-33　Gr-0.25% SiC/Al 复合材料在不同应变率冲击压缩实验中的变形情况

（a）准静态；（b）1500s⁻¹；（c）3000s⁻¹；（d）4000s⁻¹

由图 6-34 可见，Gr-1％ SiC/Al 复合材料在高应变率动态载荷下，样品开始变形，当应变率达到 3000s⁻¹ 时样品出现明显的宏观破坏。与 Gr-0.25％ SiC/Al 复合材料相比，Gr-1％ SiC/Al 复合材料更易在较低的应变率下发生宏观破坏，这是由于 Gr-1％ SiC/Al 复合材料的 SiC 颗粒含量更高，导致复合材料的脆性增加，更易于在高应变率下产生应变硬化，在这两种因素的共同作用下，Gr-1％ SiC/Al 复合材料在动态载荷下的宏观变形及破坏形式从低应变率的塑性变形转变为高应变率下的脆性断裂。

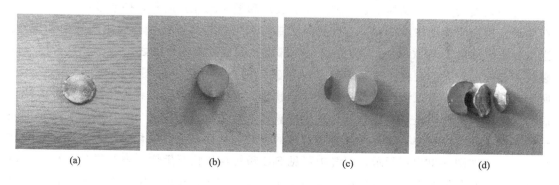

图 6-34　Gr-1% SiC/Al 复合材料在不同应变率冲击压缩实验中的宏观变形

（a）准静态；（b）1500s⁻¹；（c）3000s⁻¹；（d）4000s⁻¹

由图 6-35 可见，对于 Gr-2% SiC/Al 复合材料，当应变率达到 $3000s^{-1}$ 时样品出现明显的宏观破坏。与 Gr-1% SiC/Al 复合材料基本相同，但当应变率达到 $4000s^{-1}$ 时 Gr-2% SiC/Al 复合材料发生粉碎性破坏，表明提高 SiC 颗粒含量后的复合材料在高应变率下变得更脆。在动态载荷下的宏观变形及破坏形式与 Gr-1% SiC/Al 复合材料的基本相同。

图 6-35　Gr-2% SiC/Al 复合材料在不同应变率冲击压缩实验中的宏观变形

(a) 准静态；(b) $1500s^{-1}$；(c) $3000s^{-1}$；(d) $4000s^{-1}$

6.4.3　微观组织演变

动态压缩实验后，利用扫描电镜（SEM）对实验中发生变形及损伤破坏试件的微观组织和断口进行了扫描分析。结合前文的宏观变形和应力-应变曲线的变化趋势，分析复合材料微观变形和宏观变形之间的联系，进一步解释石墨烯和纳米 SiC 颗粒增强的铝基复合材料的变形及损伤机理。

图 6-36 为 Gr-0.25% SiC/Al 复合材料动态压缩前及动态压缩后的微观组织。由图 6-36（a）可见，未压缩变形的复合材料组织致密，晶粒呈现等轴晶。经动态压缩后，复合材料组织内部开始出现分布不均匀的微小孔洞，并且一些孔洞已经连接起来在颗粒之间形成了形似裂纹的孔洞带。晶粒出现了沿垂直于压缩应力方向的拉长形态，如图 6-36（b）所示。随着应变率增大至 $3000s^{-1}$，复合材料内部微小孔洞数量增加，部分微孔连接形成微裂纹，这些裂纹大多位于晶界位置，如图 6-36（c）和图 6-36（d）所示，微裂纹中可见片状的石墨烯，这表明在动态载荷下，复合材料从基体和增强相界面位置开始出现损伤和破坏。当应变率继续增大至 $4000s^{-1}$，复合材料内部微孔和裂纹密度也随之增大，并且有部分微裂纹连接形成较大的裂缝，这些裂缝是材料破坏的直接原因。如图 6-36（e）～图 6-36（g）所示，从晶粒边界可以清晰地看到铝基的热软化与熔化，同时在边界处还存在大量的微孔洞与微裂纹。这说明是从边界处开始发生的破坏，然后滑移产生整个破坏断面。同时也进一步验证了在高应变率下试件内部存在严重的温升，从而导致热软化效应并表现为应变软化。此外，如图 6-36（f）所示，裂缝中可见 SiC 颗粒与片状石墨烯，表明复合材料破坏最先在增强体与基体结合界面处发生。在应变率为 $4000s^{-1}$ 下材料发生了宏观破坏，在材料的边缘处产生了近似 45° 破坏断面，同时在断面边缘处产生了几条通体裂纹和一些小裂纹。从微观断口形貌（图 6-37）可以发现断面上产生了许多微裂纹，结合图 6-36（e）、

图 6-36(f) 中观察到的孔洞和孔洞群可以判断，随着应变率和应变的增加，损伤进一步演化，孔洞和孔洞群之间通过联结与发展而形成微裂纹，进一步形成宏观裂纹。因此 Gr-0.25% SiC/Al 复合材料的变形过程为墩粗、变形（应变率 1500s^{-1}）—进一步压缩变形（应变率 3000s^{-1}）—劈裂（应变率 4000s^{-1}）。

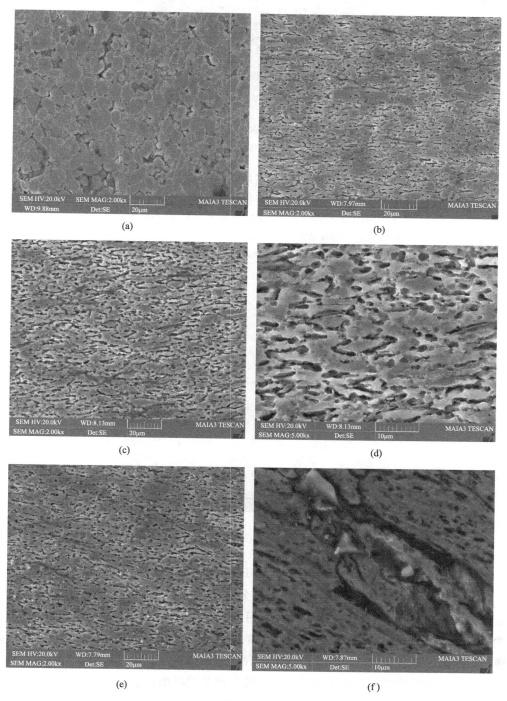

图 6-36

(g)

图 6-36　Gr-0.25% SiC/Al 复合材料动态压缩前和不同应变率动态压缩后组织 SEM 图

(a) 动态压缩前组织 SEM 图；(b) 1500s^{-1}应变率动态压缩后组织 SEM 图；

(c) 3000s^{-1}应变率动态压缩后组织 SEM 图；(d) 图 (c) 的放大；

(e) 4000s^{-1}应变率动态压缩后组织 SEM 图；(f) 图 (e) 的放大；

(g) 4000s^{-1}应变率动态压缩后的金相组织

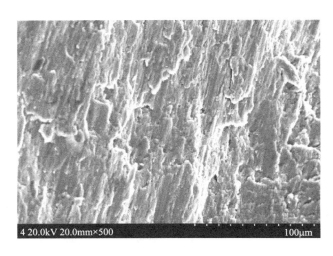

图 6-37　Gr-0.25% SiC/Al 复合材料断口形貌

　　图 6-38 为 Gr-1% SiC/Al 复合材料动态压缩前及动态压缩后的微观组织。由图 6-38 (a) 可见，样品在经过动态压缩之前，晶粒分布较为紧密，大小均匀，呈等轴状，中间夹杂少量孔隙。由图 6-38(b)、图 6-38(d) 可见，经过动态压缩之后，晶粒大小各异，且发生了明显的变形，晶粒沿冲击压缩载荷力轴向方向尺寸减小，在 SEM 图上表现为晶粒呈现拉长状态。随应变率的增加，晶粒变形程度越发严重。一方面是由于高应变率动态载荷下，样品在高速变形时产生了加工硬化，随着载荷的增加，晶粒发生变形，组织内位错密度增大，复合材料的强度和硬度增加。另一方面是由于复合材料在高速变形过程中，

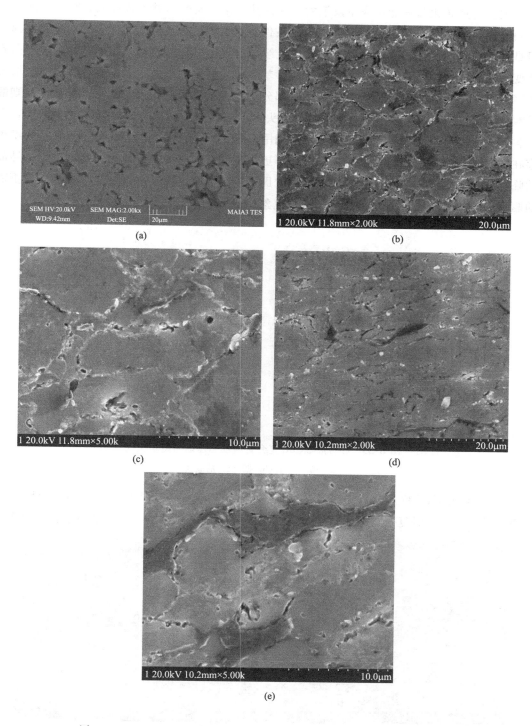

图 6-38　Gr-1% SiC/Al 复合材料动态压缩前及动态压缩后组织 SEM 图

（a）压缩前；（b）1500s⁻¹动态压缩；（c）图（b）的放大；

（d）3000s⁻¹动态压缩；（e）图（d）的放大

内部大量能量转化为热能，来不及散发出来的热聚集在材料内并形成高温，材料快速变形的同时伴随着高温，满足了动态再结晶的条件。相关研究认为，铝合金虽然层错能较高，但是在较高温度条件下变形时，也会发生连续动态再结晶现象。动态压缩过程中，样品高速变形时形成的类似绝热压缩的条件，使得基体中大量位错增殖，亚晶界吸收位错而增大角度，由亚晶向真正的晶体转变。因此有部分动态再结晶形成的比较细密、形状不规则的晶粒，如图 6-39 所示。在图 6-39 中白色箭头标示处，样品内部分区域存在较为细小、形状各异的晶粒，且大多分布在缺陷和裂纹周围，这是因为在承受动态载荷过程中，组织内存在微孔和裂纹的地方存在应力集中且变形更快、储存能更高，因此首先达到动态再结晶的临界变形量，此外，这些区域位错密度比周围组织更高，为动态再结晶形核提供了更高的驱动力。故这些区域内存在动态再结晶现象。

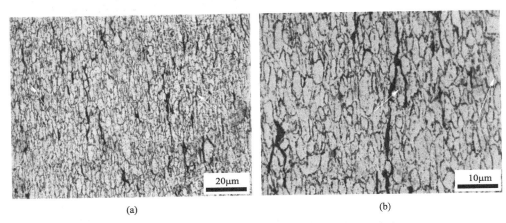

图 6-39　Gr-1% SiC/Al 复合材料动态压缩后组织金相

(a) $3000s^{-1}$；(b) 图 (a) 的放大

图 6-40 为 Gr-1% SiC/Al 复合材料在应变率为 $3000s^{-1}$ 和 $4000s^{-1}$ 下的断口 SEM 图。应变率为 $3000s^{-1}$ 时复合材料的边缘位置出现劈裂破坏 [图 6-34(c)]，断口表面各个断裂

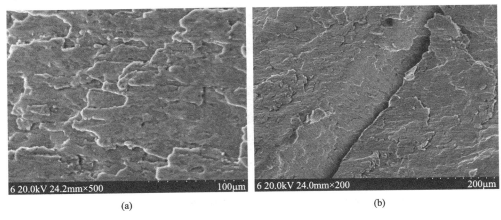

图 6-40　Gr-1% SiC/Al 复合材料断口 SEM 图

(a) $3000s^{-1}$；(b) $4000s^{-1}$

面平坦，局部存在微裂纹，表现出脆性断裂的特征。这是高应变率的动态载荷下样品高温软化留下的痕迹。在应变率为 $4000s^{-1}$ 时，材料从中心位置劈裂，破碎成三块［图 6-34 (d)］，其断裂方向与受力轴线方向呈 $45°$，表现出脆性断裂特征。断口处存在裂缝，如图 6-40(b) 所示。在动态压缩实验中，应力在基体、界面、增强相之间传递，由于增强相石墨烯和 SiC 颗粒的强度和硬度要远远超过铝合金基体，因此基体发生的形变量要大于增强相。随着应变率的提高，样品承受的动载荷增大，基体会首先达到应力极限，裂纹萌生并长大，导致样品断裂。

图 6-41 为 Gr-2％ SiC/Al 复合材料动态压缩前及动态压缩后的微观组织形貌。由图 6-41(a)、图 6-41(b) 可知，动态压缩前，晶粒呈现等轴态，增强相与铝合金基体紧密结合（白色圆圈）。经过动态压缩后，材料内部缺陷明显增多，晶粒之间出现孔隙，如图 6-41(c)、图 6-41(d) 所示。孔隙在铝合金基体晶粒与增强相的结合界面处萌发。

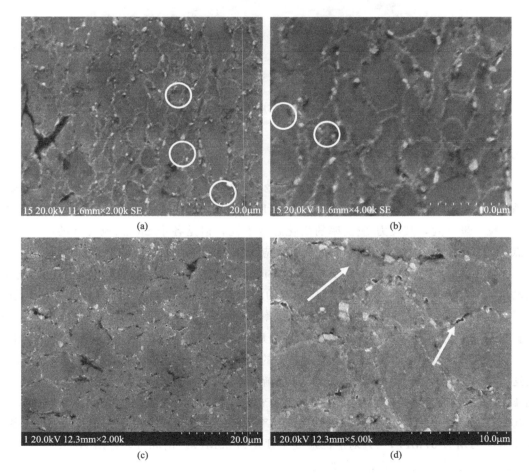

图 6-41　Gr-2% SiC/Al 复合材料动态压缩前后组织 SEM 图
（a）动态压缩前；（b）图（a）的放大；（c）$1500s^{-1}$；（d）图（c）的放大

图 6-42 为 Gr-2％ SiC/Al 复合材料在应变率为 $3000s^{-1}$ 下的不同位置的断口 SEM 图。当动态载荷的应变率增大到 $3000s^{-1}$ 时，样品发生劈裂，断口表面较为平整，无典型韧性

断裂常见的撕裂棱和韧窝。表面存在片状凸起，且有台阶状凸起，如图 6-42(a) 所示，为样品产生解理破坏的特征。此外也发现了样品在高应变率压缩中发生高温软化甚至熔化的现象。在样品中心位置断口处可见明显的裂纹，如图 6-42(b) 中箭头所示。较大的裂纹周围密布着细小的裂纹，类似于河流状分布，主裂纹和分支裂纹主要发源于基体与增强相界面处，表明复合材料在高应变率下压缩损伤破坏为基体/增强相界面失效机制。

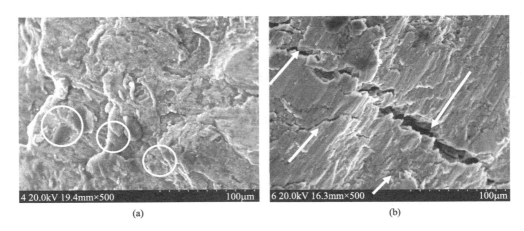

(a)   (b)

图 6-42 Gr-2% SiC/Al 复合材料在应变率为 3000s^{-1} 下的断口 **SEM** 图

6.4.4 应变硬化和应变率敏感性

图 6-43 为在一定的塑性应变时，Gr-0.25% SiC/Al、Gr-1% SiC/Al 和 Gr-2% SiC/Al 复合材料流动应力随着应变率变化的点线图。从图 6-43(a)～图 6-43(c) 中可以看出，SiC 颗粒含量不同，其应力-应变率的变化趋势不同，但是各个 SiC 颗粒含量的应力-应变率点线图的趋势基本一致，不同的应变下，应力随应变率的变化曲线几乎平行。

从图 6-43(a) 中可以看出，Gr-0.25% SiC/Al 复合材料对于每一个给定的塑性应变，流动应力从 1500s^{-1} 到 4000s^{-1} 随着应变率的增大而增大。这表明此时基体强度低，颗粒在里面起到了增强的效果，使得其具有应变率效应。塑性应变一定时，在高应变率下，复合材料流动应力随着应变率的增大而增大，几乎呈线性关系，有着明显的应变率硬化效应。而对于每一个固定的应变率，复合材料的流动应力是随着塑性应变的增大而增大，只是这种增大的幅度在塑性应变达到 4% 时逐渐减小。对于 Gr-0.25% SiC/Al，应变从 2% 到 4%，在 1500s^{-1} 时流动应力增大 121MPa，在 3000s^{-1} 时流动应力增大 92MPa，在 4000s^{-1} 时流动应力增大为 124MPa。而应变率为 1500～4000s^{-1} 时，2% 对应的应变率硬化使得应力增大 97MPa，4% 对应的应变率硬化为 55MPa。由此可以看出 Gr-0.25% SiC/Al 复合材料主要还是以应变硬化为主。

从图 6-43(b) 中可以看出，对于 Gr-1% SiC/Al 复合材料，应力-应变率曲线随着应变率增大开始下降。由于基体相同，在相同的塑性应变下，材料的应变硬化相同，而这一变化趋势，说明高应变率的热软化效应更加明显，使得材料发生软化。而对于每一个应变率，复合材料的流动应力是随着塑性应变的增大而增大，只是这种增大的幅度随着应变率

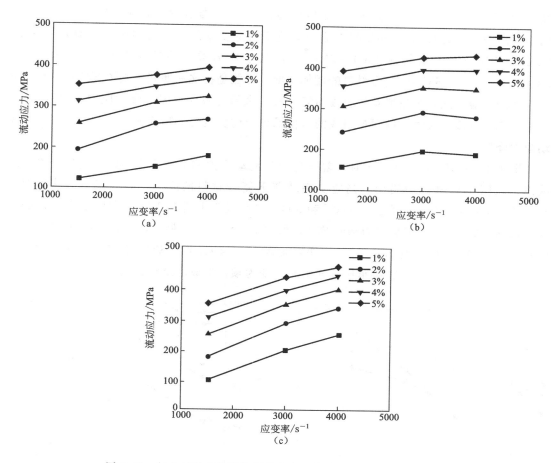

图 6-43 复合材料在给定的塑性应变下流动应力随应变率变化图

(a) Gr-0.25% SiC/Al；(b) Gr-1% SiC/Al；(c) Gr-2% SiC/Al

的增大而减小，如塑性应变为 2%～3% 和 3%～4% 时，在 $1500s^{-1}$ 下所对应的流动应力增加幅度为 65MPa 和 46MPa；在 $3000s^{-1}$ 下对应的流动应力增加幅度为 60MPa 和 41MPa；而在 $4000s^{-1}$ 下对应的流动应力增加的幅度为 70MPa 和 47MPa。

　　从图 6-43(c) 中可以看出，Gr-2% SiC/Al 复合材料与 Gr-0.25% SiC/Al 复合材料有着类似的变化趋势。对于每一个给定的塑性应变，流动应力从 $1500s^{-1}$ 到 $4000s^{-1}$ 随着应变率的增大而增大。这表明此时基体强度低，颗粒在里面起到了增强的效果。使得其具有应变率效应。塑性应变一定时，在高应变率下，复合材料流动应力随着应变率的增大而增大，几乎呈线性关系，有着明显的应变率硬化效应。而对于每一个固定的应变率，复合材料的流动应力是随着塑性应变的增大而增大，只是这种增大的幅度在塑性应变达到 4% 时逐渐减小。

　　对于 Gr-0.25% SiC/Al 复合材料与 Gr-2% SiC/Al 复合材料的流动应力在整个应变率范围内都随着应变率增大而增大，表现出显著的应变率敏感性特性。

　　图 6-44 为在塑性应变为 3% 时，流动应力在一定应变率下与 SiC 颗粒含量的关系。由

图 6-44 可见，对于 Gr-0.25％ SiC/Al 和 Gr-2％ SiC/Al 复合材料，流动应力随着应变率的增大而增大，而 Gr-1％ SiC/Al 复合材料则随着应变率的增大流动应力先增大后减小。Gr-2％ SiC/Al 复合材料在 $1500\sim3000s^{-1}$ 时流动应力增加的幅度要远大于 Gr-0.25％ SiC/Al 和 Gr-1％ SiC/Al 复合材料的增加幅度，可能是在这一期间发生了 SiC 颗粒与石墨烯之间的接触，此时为包覆颗粒组成的复合材料来承受载荷。因此流动应力大幅度增大。当应变率进一步增大时，由颗粒组成的包覆承载结构发生类似陶瓷材料的脆性破坏，故流动应力降低。

图 6-45 为塑性应变为 3％时，复合材料的流动应力和应变率与 SiC 质量分数关系点线图。从图 6-45 中可以看出，高应变率载荷下复合材料的应力-SiC 质量分数曲线随着 SiC 颗粒含量的增大而上升。$1500s^{-1}$ 和 $3000s^{-1}$ 则是先上升后下降。在应变率一定的时候，$1500\sim3000s^{-1}$，流动应力随着 SiC 含量的增大幅度几乎相等，而在 $4000s^{-1}$ 时，Gr-0.25％ SiC/Al 与 Gr-1％ SiC/Al 的差距明显减小，与 Gr-2％ SiC/Al 差距明显加大。此时可能就是 Gr-2％ SiC/Al 的承载方式由基体变为颗粒形成的承载结构。

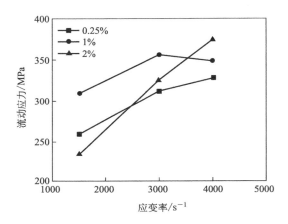

图 6-44 塑性应变为 3% 时流动应力在一定的
应变率下与 SiC 颗粒含量关系

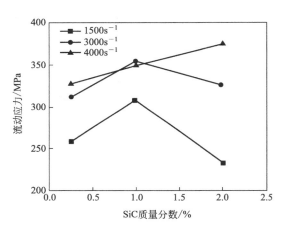

图 6-45 塑性应变 3% 时流动应力和应变率
与 SiC 质量分数关系

6.5 铝基复合材料热压缩变形行为

材料热变形时的流变应力既能体现材料的塑性变形能力，又对材料热加工工艺设计起到重要的参考和指导意义，因此需要研究材料热变形时的流变应力行为。流变应力与应变、应变率和变形温度等热加工参数密切相关，建立它们之间的定量关系，即材料的本构方程，可以用来描述材料热变形时的流变行为。本节对真空热压法制备的石墨烯增强 7075 铝基复合材料进行高温热压缩实验，真应变均固定在 0.7。分析铝基复合材料的流变应力特征，建立本构方程并进行验证，并研究铝基复合材料热压缩变形时的微观组织演变规律。

6.5.1 热压缩流变应力行为

（1）复合材料热压缩变形的流变应力

图 6-46(a)～图 6-46(d) 分别是温度为 300℃、350℃、400℃、450℃时不同应变率下的真应力-真应变曲线。由图可见，流变应力主要与变形温度、应变率及应变有关。在热压缩变形初期，以复合材料的加工硬化为主，应力先随应变的增加迅速增加，接下来随应变量的增加，应力-应变曲线斜率逐渐减小。在较高变形温度（350℃以上）和低应变率（小于 $0.1s^{-1}$）时，出现峰值应力，应力随应变增加而下降，复合材料发生了动态再结晶；在应变率较高（$\dot{\varepsilon}=1s^{-1}$）时，应力随应变增大到某一值后，相当长的应变范围内应力值不发生明显变化，出现稳态流变特征，复合材料发生了动态回复。

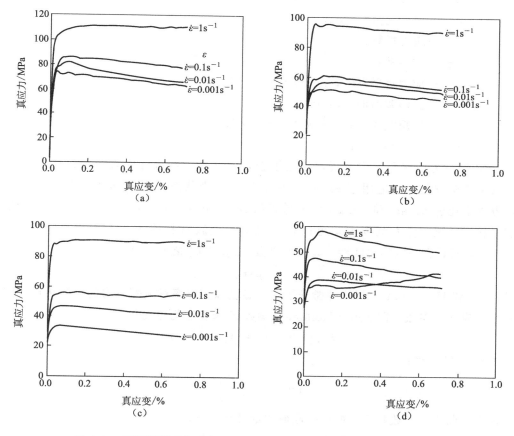

图 6-46 石墨烯增强铝基复合材料在不同变形条件下的应力-应变曲线

(a) 300℃；(b) 350℃；(c) 400℃；(d) 450℃

（2）复合材料的热压缩本构方程

从前述热压缩流变应力分析中可知，变形温度和应变率对流变应力具有显著的影响，为了阐明石墨烯增强铝基复合材料在热压缩下三者之间的关系，有必要构建流变应力 σ 与热变形参数（$\dot{\varepsilon}$ 和 T）之间的本构关系，即本构方程。

　　研究表明，流变应力 σ、应变率 $\dot{\varepsilon}$ 和变形温度 T 在不同的应力水平下分别满足不同的表达关系式，较为广泛使用的是 Arrhenius 型本构方程，其包括三种形式，分别为幂函数型、指数型以及双曲正弦型的本构方程[18,19]。

　　低应力（$\alpha\sigma < 0.8$）时：

$$\dot{\varepsilon} = A_1 \sigma^{n_1} \exp(-Q/RT) \tag{6-18}$$

　　高应力（$\alpha\sigma > 1.2$）时：

$$\dot{\varepsilon} = A_2 \exp(\beta\sigma)\exp(-Q/RT) \tag{6-19}$$

　　所有应力：

$$\dot{\varepsilon} = A\,[\sinh(\alpha\sigma)]^n \exp(-Q/RT) \tag{6-20}$$

式中　　　$\dot{\varepsilon}$——应变率，s^{-1}；

　A_1、A_2、A——结构因子；

　　　　　σ——流变应力，MPa；

　　n、n_1——应力指数；

　　　　　β——材料常数；

　　　　　α——应力水平参数，mm^2/N；

　　　　　Q——变形激活能，kJ/mol；

　　　　　R——理想气体常数，8.314J/(mol·K)；

　　　　　T——变形温度，K。

　　式（6-18）为指数型本构方程，其适用于 $\alpha\sigma < 0.8$ 的低流变应力状态；式（6-19）为幂函数型本构方程，其适用于 $\alpha\sigma > 1.2$ 的高流变应力状态；而式（6-20）的双曲正弦型本构方程是经过 Sellars 和 Tegart[18,19] 修正的 Arrhenius 型方程，其适用于所有流变应力状态，在整个流变应力范围内均可以较好地描述金属材料的热加工变形。式（6-18）～式（6-20）之间具有一定的关联性，其材料参数 α、β 与 n_1 之间需满足如下关系。

$$\alpha = \beta/n_1 \tag{6-21}$$

　　Zener 和 Hollomon[20] 提出并验证了变形温度和变形率对流变应力的影响可以通过温度补偿的应变率参数，即 Zener-Hollomon 参数 Z 来表达此种关系：

$$Z = \dot{\varepsilon}\exp(Q/RT) = A[\sinh(\alpha\sigma)]^n \tag{6-22}$$

　　由式（6-22）得：

$$\sinh(\alpha\sigma) = \left(\frac{Z}{A}\right)^{1/n} \tag{6-23}$$

　　根据双曲正弦函数和反双曲正弦函数的定义与关系，可以得到：

$$\sinh^{-1}(\alpha\sigma) = \ln[\alpha\sigma + (\alpha^2\sigma^2 + 1)^{1/2}] \tag{6-24}$$

　　因此 Arrhenius 型和用 Zener-Hollomon 参数 Z 来描述的双曲正弦型的流变应力方程分别如式（6-25）和式（6-26）所示。

$$\sigma = \frac{1}{\alpha}\ln\left\{\left[\frac{\dot{\varepsilon}\exp(Q/RT)}{A}\right]^{1/n} + \left[\left(\frac{\dot{\varepsilon}\exp(Q/RT)}{A}\right)^{2/n} + 1\right]^{1/2}\right\} \tag{6-25}$$

$$\sigma = \frac{1}{\alpha}\left\{\left(\frac{Z}{A}\right)^{1/n} + \left[\left(\frac{Z}{A}\right)^{2/n} + 1\right]^{1/2}\right\} \tag{6-26}$$

因此只要根据石墨烯增强铝基复合材料的热加工变形条件求出 A、n、Q 和 α 等材料参数值，并将其值分别代入式（6-25）和式（6-26），即可得到所研究的石墨烯增强铝基复合材料的变形温度、应变率等热变形参数与流变应力之间关系的本构方程。

在一定温度下且假设激活能 Q 与温度无关，对式（6-18）和式（6-19）两边取自然对数，得

$$\ln \dot{\varepsilon} = B_1 + n_1 \ln\sigma \qquad (6-27)$$

$$\ln \dot{\varepsilon} = B_2 + \beta\sigma \qquad (6-28)$$

其中，$B_1 = \ln A_1 - \dfrac{Q}{RT}$，$B_2 = \ln A_2 - \dfrac{Q}{RT}$。

本构方程中的流变应力经常取其真应力-真应变曲线中的峰值应力或稳态应力，本文取石墨烯增强铝基复合材料真应力-真应变中的峰值应力，其具体数值见表 6-5 所示。将表 6-5 中石墨烯增强铝基复合材料真应力-真应变中的峰值应力以及与其相对应的变形温度、应变率值代入式（6-27）和式（6-28）中，分别以 $\ln\sigma$-$\ln \dot{\varepsilon}$ 和 σ-$\ln \dot{\varepsilon}$ 坐标系作图，并根据最小二乘法进行线性回归，如图 6-47 所示。由式（6-27）和式（6-28）可知，图 6-47（a）和图 6-47（b）中直线 $\ln\sigma$-$\ln \dot{\varepsilon}$ 和 σ-$\ln \dot{\varepsilon}$ 的斜率分别为 n_1 和 β。分别取图 6-47（a）和图 6-47（b）中直线中四条直线斜率的平均值，n_1 和 β 的值分别为 15.21 和 0.274。由式（6-21）计算得出 $\alpha_1 = \beta/n_1 = 0.018$。

□ 表 6-5 石墨烯增强铝基复合材料真应力-真应变中的峰值应力

应变率/s^{-1}	峰值应力/MPa			
	300℃	350℃	400℃	450℃
0.001	74.01	51.56	30.53	26.34
0.01	81.96	56.20	37.45	30.74
0.1	95.98	60.82	46.66	37.51
1	111.34	70.88	61.23	48.22

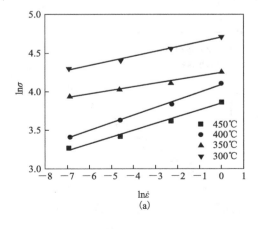
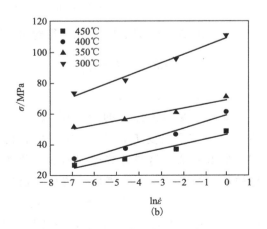

图 6-47 铝基复合材料的应变率和真应力之间的关系

（a）$\ln\sigma$-$\ln \dot{\varepsilon}$；（b）σ-$\ln \dot{\varepsilon}$

表观变形激活能 Q 可通过在一定变形温度和应变率条件下对式(6-20) 取偏微分获得[21]

$$Q=R\left\{\frac{\partial\ln\dot{\varepsilon}}{\partial\ln[\sinh(\alpha\sigma)]}\right\}_T\left\{\frac{\partial\ln[\sinh(\alpha\sigma)]}{\partial(1000/T)}\right\}_{\dot{\varepsilon}}=Rnk \qquad (6-29)$$

其中

$$n=\left\{\frac{\partial\ln\dot{\varepsilon}}{\partial\ln[\sinh(\alpha\sigma)]}\right\}_T \qquad (6-30)$$

$$k=\left\{\frac{\partial\ln[\sinh(\alpha\sigma)]}{\partial(1000/T)}\right\}_{\dot{\varepsilon}} \qquad (6-31)$$

利用石墨烯增强铝基复合材料真应力-真应变中的峰值应力以及与其相对应的变形温度、应变率值以 $\ln\dot{\varepsilon}$-$\ln[\sinh(\alpha\sigma)]$ 和 $1000/T$-$\ln[\sinh(\alpha\sigma)]$ 坐标系分别作图并进行各自的线性回归，如图 6-48(a) 和图 6-48(b) 所示。结合式(6-30) 和式(6-31) 可知图 6-48(a) 和图 6-48(b) 中线性拟合直线的斜率分别为 n 和 k 值。分别取图 6-48(a) 和图 6-48(b) 中四条直线的斜率的平均值，计算得到的 n 和 k 值分别为 10.993 和 3.6005。将求得的 n 和 k 值代入式(6-29) 中可求得变形激活能 $Q=329.07$kJ/mol。

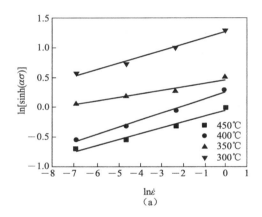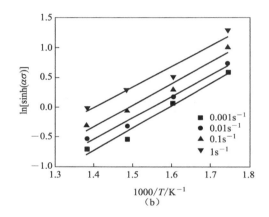

图 6-48 铝基复合材料的应变率、变形温度和真应力之间的关系

(a) $\ln\dot{\varepsilon}$-$\ln[\sinh(\alpha\sigma)]$；(b) $1000/T$-$\ln[\sinh(\alpha\sigma)]$

对式(6-22) 两边取自然对数，得到如下公式：

$$\ln Z=\ln\dot{\varepsilon}+\frac{Q}{RT} \qquad (6-32)$$

$$\ln Z=\ln A+n\ln[\sinh(\alpha\sigma)] \qquad (6-33)$$

取一定变形条件下的应变率 $\dot{\varepsilon}$、变形激活能 Q 和变形温度 T 值代入式(6-32)，得到相应的 $\ln Z$ 值。将与计算得到的 $\ln Z$ 值相对应热加工变形条件下的真应力峰值 σ 值代入式(6-33)中 $\ln[\sinh(\alpha\sigma)]$ 项。作 $\ln[\sinh(\alpha\sigma)]$-$\ln Z$ 坐标图，利用最小二乘法进行线性回归，其结果如图 6-49 所示。应力指数 n 为图中直线的斜率，求得 $n=10.538$。图中截距 $\ln A=$

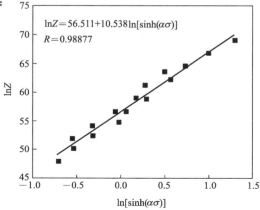

图 6-49 峰值应力时石墨烯增强铝基复合材料中 $\ln Z$ 随 $\ln[\sinh(\alpha\sigma)]$ 的变化

56.511，可求得 $A=3.4867\times10^{24}$。从图 6-49 中可以看出，$\ln[\sinh(\alpha\sigma)]$ 与 $\ln Z$ 较好地满足线性关系，即石墨烯增强铝基复合材料高温变形时的流变应力方程较好地遵从 Zener-Hollomon 参数的双曲正弦函数形式。将上述得到的所有相关参数代入式（6-25）和式（6-26），即可得峰值应力时石墨烯增强铝基复合材料的 Arrhenius 型和 Zener-Hollomon 型的双曲正弦函数形式的流变应力方程，如式（6-34）和式（6-35）所示。

$$\sigma=\frac{1}{0.018}\ln\left\{\left[\frac{\dot{\varepsilon}\exp(329070/8.314T)}{3.4867\times10^{24}}\right]^{1/10.993}+\right.$$
$$\left.\left[\left(\frac{\dot{\varepsilon}\exp(39070/8.314T)}{3.4867\times10^{24}}\right)^{2/10.993}+1\right]^{1/2}\right\} \tag{6-34}$$

$$\sigma=\frac{1}{0.018}\left\{\left(\frac{Z}{3.4867\times10^{24}}\right)^{1/10.993}+\left[\left(\frac{Z}{3.4867\times10^{24}}\right)^{2/10.993}+1\right]^{1/2}\right\} \tag{6-35}$$

6.5.2　热压缩变形微观组织演变规律

材料热变形中，除了形状和尺寸发生变化外，其内部微观组织也在不断地发生改变。这些变化受加工方法、热加工参数（应变、应变率和变形温度）以及材料本身的性质所影响，给微观组织的控制带来极大困难。因此，有必要研究材料在不同加工方法和变形条件下的组织演变规律，从而得到优化的热加工参数并制定合理的热加工工艺。本章主要通过热压缩变形实验并借用金相显微镜、XRD 和 SEM 等表征手段研究石墨烯增强铝基复合材料热压缩变形时的微观组织演变规律。

（1）热压态石墨烯增强铝基复合材料的原始组织

图 6-50 为热压态石墨烯增强铝基复合材料的原始微观组织相关图。由图 6-50(a) 可见，在铝晶粒的边界处可观察到均匀分布的石墨烯片，且与铝基体紧密连接。表明石墨烯主要分布在铝合金基体的晶界处，且与铝合金基体形成了良好的界面复合。通过 SEM 的进一步观察发现 [图 6-50(b)]，复合材料表面存在一定数量孔洞，分析原因认为可能是

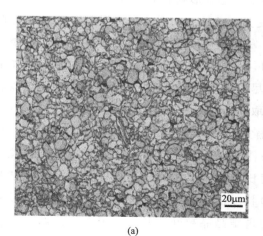

(a)

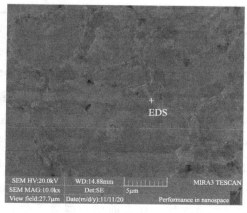

(b)

图 6-50

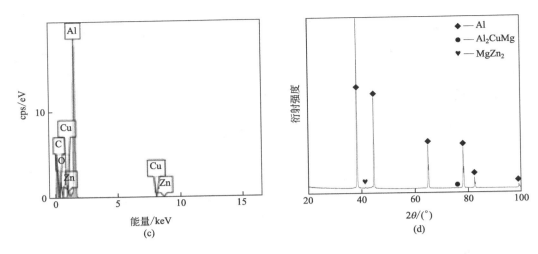

图 6-50 热压态石墨烯增强铝基复合材料的原始微观组织相关图
(a) 金相显微组织形貌；(b) SEM 形貌；(c) EDS 图；(d) XRD 图

由于局部区域处石墨烯与 7075 铝合金基体的界面结合强度较差以及粉末混合时带入的空气不能及时排除等原因导致的。同时，界面之间明显出现了一层不同于基体的物质，但石墨烯在晶界中的分布从图中很难分辨，这是因为含量不多的石墨烯呈片状并且表面褶皱，很容易嵌入金属基体中。图 6-50(c) 为图 6-50(b) 所示位置的 EDS 图，通过结果可以发现，该点位置具有很高的 C 元素含量，达到了 52.76%（质量分数），说明此处石墨烯的存在。图 6-50(d) 为复合材料的 XRD 图谱，由图可见，该复合材料的衍射峰除了主要的 α-Al 峰外，还包括了基体中金属化合物 $MgZn_2$ 和 Al_2CuMg 的衍射峰，未发现石墨烯衍射峰的存在，可能是在增强相含量较低的情况下，纳米级的增强相被铝基体所掩盖导致特征峰并不明显。

（2）变形条件对石墨烯增强铝基复合材料热压缩变形微观组织的影响

如图 6-51 所示为应变率为 $1s^{-1}$，真应变为 0.7% 时，不同变形温度下的金相显微组织，由图可见，与变形前组织进行对比可发现，变形后的试样无明显裂纹，石墨烯片在压缩过程中未见破坏，且分布较为均匀，无明显团聚现象，变形后的晶粒明显沿着垂直于压缩方向被拉长。在图 6-51(a) 中尽管真应变为 0.7%，但是在图中还可以看见几乎未发生变形的晶粒，且变形后的晶粒取向并未呈一致的方向性，结合图 6-46(a) 的应力-应变曲线可知，在此温度下的热压缩为动态回复。当变形温度为 350℃ 时，从图 6-51(b) 中可以看出，在相同应变率的条件下，随着变形温度的升高，所有晶粒均发生了明显的变形，且所有晶粒的变形程度比较均匀，在部分晶界处开始形成再结晶粒。变形温度增加到 400℃ 时 [图 6-51(c)]，晶粒变形后方向逐渐统一，但再结晶晶粒数量明显增加，在之前两个温度下形成的再结晶晶粒开始长大，组织中开始出现明显的动态再结晶；当变形温度继续上升至 450℃ 时，从图 6-51(d) 中可以明显看出，再结晶晶粒明显增多，尺寸变小，变形晶粒显著减少。这表明石墨烯增强铝基复合材料在热压缩过程中，随着热压缩温度的升高，复合材料的微观组织由动态回复转变为动态再结晶。此外，与变形前的复合材料微观组织相比，基体的晶粒尺寸也明显减小，达到了晶粒细化的效果，因此变形温度会对复合材料起到调整晶粒尺寸大小和使石墨烯均匀分布的作用。

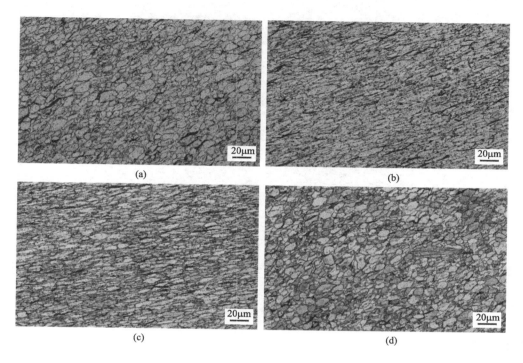

图 6-51　应变率为 $1s^{-1}$，真应变为 0.7% 时，变形
温度对石墨烯增强铝基复合材料微观组织的影响
(a) 300℃；(b) 350℃；(c) 400℃；(d) 450℃

图 6-52 为复合材料在变形温度为 400℃，真应变为 0.7% 时，不同应变率下的微观组织形貌。从图 6-52(a)、图 6-52(b) 中可以看出，当应变率为 $0.001s^{-1}$ 和 $0.01s^{-1}$ 时，发现了明显的动态再结晶晶粒，这是由于在低应变率时，由于材料内部的变形激活能可以充分地为再结晶晶粒的长大提供能量；对于石墨烯而言，在低应变率的条件下，随着变形量的增加，多层石墨烯片随着基体的流动会逐渐转变为少层石墨烯，且分散更加均匀。在高应变率条件下的微观组织如图 6-52(c)、图 6-52(d) 所示，当应变率为 $0.1s^{-1}$ 和 $1s^{-1}$ 时发现了细小的动态再结晶晶粒，颗粒尺寸大小不均匀，这是由于当应变率增大时，材料内部获得了大量的变形激活能，而达到应变 0.7% 所需要的变形时间大大减少，从而造成材料内部晶界迁移不充分。此外随着应变率的增大，缩短变形时间的同时，提高了位错在石墨烯处的塞积和增殖程度，导致晶界两侧的畸变能差和再结晶驱动力增大。因此，应变率对复合材料再结晶的生长速度有较大影响。

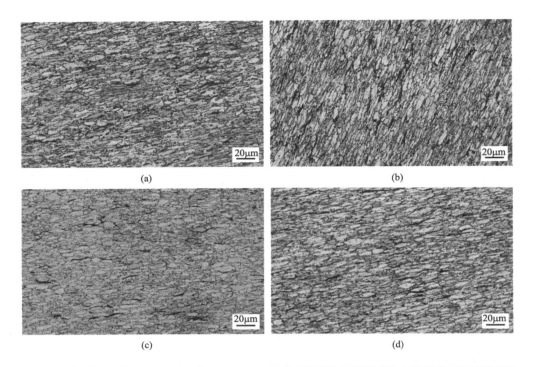

图 6-52 变形温度为 400℃真应变为 0.7% 时应变率对石墨烯增强铝基复合材料微观组织的影响

(a) 0.001s⁻¹；(b) 0.01s⁻¹；(c) 0.1s⁻¹；(d) 1s⁻¹

参考文献

[1] 胡时胜. 霍普金森压杆技术 [J]. 兵器材料科学与工程，1991，11：40-47.

[2] 胡时胜. 一种用于材料高应变率试验的装置 [J]. 振动与冲击，1986，1：40-47.

[3] Davies R M. A critical study of the Hopkinson pressure bar [J]. Philosophical Transaction of the Royal Society of London. Series A. Mathematical and Physical Sciences，1948：375-457.

[4] 卢芳云，陈荣，林玉亮，等. 霍普金森杆实验技术 [M]. 北京：科学出版社，2013.

[5] 肖大武，胡时胜. SHPB实验试样横截面积不匹配效应的研究 [J]. 爆炸与冲击，2007，27（1）：87-90.

[6] Zhou G X，Lang Y J，Du X Z，et al. Dynamic mechanical response and weldability of high strength 7A62 aluminum alloy [J]. Journal of Physics Conference Series，2020，1507：028-032.

[7] Lifshitz J M，Leber H. Data processing in the split Hopkinson pressure bar tests [J]. International Journal of Impact Engineering，1994，15（6）：723-733.

[8] 周朝羡，陈巍，陈东等. 原位自生颗粒增强铝基复合材料的微观组织与动态压缩行为研究 [J]. 铸造技术，2018，39（08）：1648-1655.

[9] 果春焕，周培俊，陆子川，等. 波形整形技术在 Hopkinson 杆实验中的应用 [J]. 爆炸与冲击，2015，35（6）：881-887.

[10] 陈庚. 霍普金森杆波形整形技术研究 [D]. 哈尔滨：哈尔滨工程大学，2015.

[11] Gao X，Yue H，Guo E，et al. Preparation and tensile properties of homogeneously dispersed graphene reinforced aluminum matrix composites [J]. Materials & Design，2016，94：54-60.

[12] Liao J，Tan M J. Mixing of carbon nanotubes（CNTs）and aluminum powder for powder metallurgy use [J]. Powder technology，2011，208（1）：42-48.

[13] 赵志凯. 碳纳米管增强铝基复合材料的制备与性能研究 [D]. 郑州：郑州大学，2019.

［14］ 杨旭东. 均匀分散的碳纳米管增强铝基复合材料的制备与性能 ［D］. 天津：天津大学，2012.

［15］ 代汉达，刘耀辉，高印寒，等. Al_2O_3 和 C 短纤维混杂增强铝基复合材料钻削加工性的研究［C］. 第十二届全国复合材料学术会议，2002.

［16］ 刘耀辉，杜军，代汉达，等. Al_2O_3 和 C 短纤维混杂增强铝基复合材料高温耐磨性能的研究 ［J］. 机械工程学报，2003（11）：95-99.

［17］ 朱秀荣，徐光宪，李振中. 晶须和短纤维混杂增强铝基复合材料研究 ［J］. 宇航材料工艺，1997，01：34-37.

［18］ Sellars C M，Mc Tegart W J. On the mechanism of hot deformation ［J］. Acta Materialia，1966，14：1136-1138.

［19］ Sellars C M，Mc Tegart W J. Hot workability ［J］. International Materials Reviews，1972，17：1-24.

［20］ Zener C，Hollomon J H. Effect of strain rate upon plastic flow of steel ［J］. Journal of Applied Physics，1944，15：22-32.

［21］ Hao S，Xie J，Wang A. Hot deformation behavior and processing map of SiCp/Al2024 composite ［J］. Rare Metal Materials and Engineering，2014，43：2912-2916.

7

铝基复合材料的数值模拟研究

7.1 引言

    复合材料的强化效果和破坏形式都与材料的微观结构密切相关，如基体与增强相之间的材料属性差异，增强相含量、大小、分布、形貌及界面性能等。针对微观结构对复合材料宏观力学行为影响的分析和评估主要有基于 Eshelby 夹杂理论[1] 的细观力学分析模型[2] 和有限元数值分析模型等[3,4]。由于实验以及分析方法很难定量研究细观结构对复合材料整体性能的影响，有限元数值模拟成为研究这一问题的重要工具。有限元数值分析模型大多采用包含微观构型的代表单元（RVE）研究复合材料的性能，可比较分析不同的微观结构特性如颗粒大小、形貌、体积分数以及界面性能等对复合材料整体性能的影响。数值分析模型还可以考察复合材料中颗粒、基体及界面的局部应力应变场分布，追踪复合材料损伤的起始及发展过程。

    Bao 等[5] 采用单胞模型计算了在不同材料模型下金属基复合材料的动态应力应变曲线，并且成功地应用 Ramberg-Osgood 模型描述了颗粒增强复合材料的本构方程。Pandorf 等[6] 采用有限元方法建立周期性排列的单胞模型，研究了颗粒增强金属基复合材料的蠕变性能和基体的损伤，讨论了增强颗粒对复合材料性能的影响。Leggoe 等[7] 针对复合材料宏观模型，建立颗粒随机分布（3D）基体中的二维和三维有限元模型，计算了在准静态载荷下的响应。Yan 等[8] 建立了 2D 多颗粒有限元模型，利用基于泰勒模型的非局部塑性理论研究了颗粒大小对复合材料变形行为的影响。其计算结果表明体积分数相同时，增强颗粒越小，复合材料的屈服强度和塑性加工硬化率越高，与实验结果一致。Su 等[9] 建立了 3D 复杂形貌多颗粒有限元模型，研究了不同体积分数下，不同界面行为对复合材料宏观性能的影响。Williams 等[10] 和 Segurado 等[11] 建立了一系列 3D 复合材料有限元模型，研究颗粒形貌和界面性能对复合材料力学行为的影响。结果表明复杂颗粒形貌能更有效地传递载荷，同时对界面损伤更敏感。在复杂颗粒模型中，由于界面损伤造成的强度损失更大。

    目前金属基复合材料的动态损伤及破坏研究主要集中在颗粒增强的复合材料中，而随着石墨烯增强金属基复合材料制备工艺的日臻成熟，且在航空航天和军工等领域中的潜在应用巨大，研究石墨烯增强金属基复合材料的动态力学性能显得十分必要。通过了解微观结构上的应力分布、机制以及其影响因素，不仅能够丰富相关领域的理论研究成果，而且对金属基复合材料的设计、制备和加工方面也有指导意义。

本章采用 Abaqus 数值模拟软件，针对铝基复合材料的动态力学性能和导热性能展开研究，以 SiC 颗粒和石墨烯为增强相，建立石墨烯/碳化硅增强铝基复合材料的微观几何模型和霍普金森压杆（SHPB）实验的有限元模型，研究增强相含量、形态、取向、应变率和界面等因素对铝基复合材料动态力学性能的影响规律，预测高应变率下材料的动态力学响应，揭示复合材料在动态载荷下的变形行为及损伤机制。同时对不同影响因素下铝基复合材料的导热性能进行研究，揭示复合材料的导热机制。

7.2 SHPB 实验的有限元模拟

7.2.1 SiCp/Al7075 复合材料

7.2.1.1 模拟模型

（1）微观几何模型

基于 SiCp/Al7075 复合材料的扫描电镜（SEM）扫描结果构建复合材料微观结构模型。图 7-1 为体积分数为 5％和 15％的 SiCp/Al7075 复合材料 SEM 形貌。观察基体与增强相的结构特征及分布关系，确定微观模型的尺寸特征、形状特点及分布情况。

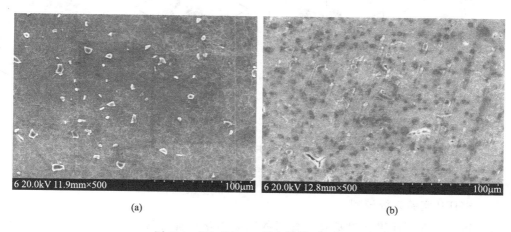

(a)　　　　　　　　　　　　　　(b)

图 7-1　SiCp/Al7075 复合材料 SEM 形貌

(a) 5％；(b) 15％

由图 7-1 可见，SiC 粒子为不规则颗粒形态，在铝基体中随机均匀分布，基于对模型规模及计算量的考虑，将 SiC 粒子设置为球形颗粒，基体与增强相之间为机械接触，无摩擦，无新物质生成，且按照各向同性材料处理。由于二维轴对称模型建模简单，计算量相对较小，大多数研究者采用二维模型。但实际上三维模型能更好地反映材料微观组织的真实状态，能更准确地反映材料的真实变形情况及力学性能变化，能够多方位捕捉到内部结构中的应力集中及破坏机制，虽然模型相对复杂且计算量巨大，但针对三维模型的构建和研究更具有实际意义及工程应用价值，所以本节的模拟工作全部采用三维模型进行相关研究。

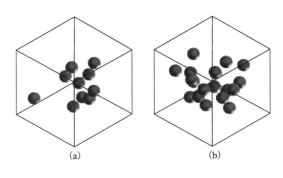

图 7-2 不同 SiCp 颗粒含量、相同颗粒尺寸且随机
分布的 SiCp/Al 复合材料微观几何模型

(a) 2%；(b) 4%

微观模型的构建采用 DIGIMAT 中的 FE 模块，即可生成特定含量、颗粒形态且随机分布的 SiCp 增强铝基复合材料微观结构模型。图 7-2 为不同 SiCp 颗粒含量、相同颗粒尺寸且随机分布的铝基复合材料模型，其中图 7-2(a) 的体积分数为 2%，图 7-2(b) 的体积分数为 4%。

为研究复合材料的尺寸效应，建立了不同颗粒尺寸的 SiCp/Al7075 复合材料微观结构模型。图 7-3 为颗粒含量为 8% 的不同颗粒尺寸的铝基复合材料模

型，其中图 7-3(a) 的颗粒尺寸为 $120\mu m$，图 7-3(b) 的颗粒尺寸为 $100\mu m$，图 7-3(c) 的颗粒尺寸为 $80\mu m$，图 7-3(d) 的颗粒尺寸为 $60\mu m$。

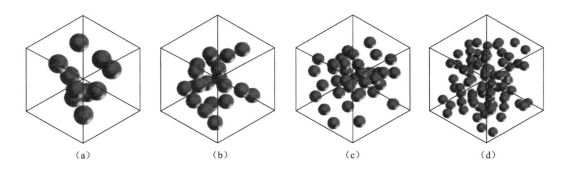

图 7-3 颗粒含量为 8% 的不同颗粒尺寸的 SiCp/Al 复合材料微观结构模型

(a) $120\mu m$；(b) $100\mu m$；(c) $80\mu m$；(d) $60\mu m$

（2）SHPB 实验系统模型

基于霍普金森压杆建立铝基复合材料的动态力学性能计算模型。SHPB 装置结构复杂，涉及多个元件，在模拟过程中全部进行还原会导致模型过于复杂，计算量过大。为方便建模及降低计算量，在保证模拟结果不失真的前提下，对 SHPB 装置进行简化。由子弹提供应力脉冲，保留入射杆与反射杆，省略了缓冲装置，通过子弹向入射杆的撞击来实现均布应力脉冲的施加，用施加边界条件的方式实现装置的固定，同时考虑计算规模问题，对实验系统尺寸进行简化。图 7-4 为简化后的 SHPB 实验系统模型，表 7-1 为 SHPB 实验系统模型及试件尺寸。

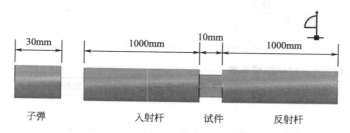

图 7-4 简化后的 SHPB 实验系统模型

⊡ **表 7-1 SHPB 实验系统模型及试件尺寸**

项目	数值	项目	数值
子弹杆长度/mm	300	杆件直径/mm	14
入射杆长度/mm	1000	试件尺寸/mm×mm×mm	10×10×10
反射杆长度/mm	1000		

（3）材料的本构模型

用材料的本构方程来描述材料的流变应力与材料发生变形时的应变率和温度等参数之间的关系。近年来，数值模拟技术的快速发展对材料的本构方程提出了更高的要求，其准确性直接影响模拟结果的准确性，因此，选取正确的本构方程至关重要。

本节中增强相材料为 SiCp，由于 SiCp 的强度远大于铝合金基体强度，在实验中几乎不发生塑性变形，所以在模拟中考虑将其假设为完全弹性材料。

对于铝合金基体，主要发生塑性变形，故而选择 Johnson-Cook（J-C）本构方程定义材料属性，J-C 本构方程具有形式简洁、参数物理意义明确、适合数值模拟等特征，应用也最为广泛，其表达式为[12]

$$\sigma = (A + B\varepsilon^n)(1 + C\ln \dot{\varepsilon}^*)(1 - T^{*m}) \tag{7-1}$$

式中　A——参考应变率下的初始屈服应力，MPa；

　　　B——参考应变率下的材料应变硬化模量，MPa；

　　　n——硬化指数；

　　　C——材料应变率强化参数；

　　　m——材料热软化参数；

　　　σ——流变应力，MPa；

　　　$\dot{\varepsilon}^*$——无量纲化变量（$\dot{\varepsilon}^* = \dot{\varepsilon}/\dot{\varepsilon}_0$，$\dot{\varepsilon}$ 为等效塑性应变率，$\dot{\varepsilon}_0$ 为参考应变率）；

　　　ε——等效塑性应变；

　　　T^*——无量纲的温度项 [$T^* = (T - T_r)/(T_m - T_r)$，$T_r$ 为参考温度（K），T_m 为材料的熔点温度（K），T 为试验温度（K）]。

式（7-1）耦合了应变硬化、应变率硬化及温度软化三种效应，其中参数 A、B、C、n、m 是从实验中获得的。铝合金基体为 7075 铝合金，材料的 J-C 本构参数选自文献[13]中的参数，实验在室温下进行，故不考虑温度软化效应 m，7075 铝合金的 J-C 本构方程参数如表 7-2 所示。基体材料与颗粒材料的物理参数见表 7-3。

☐ 表 7-2　Al7075 的 J-C 本构方程参数

基体材料	A/MPa	B/MPa	C	n
Al7075	473	210	0.033	0.3813

☐ 表 7-3　Al7075 和 SiCp 材料物理参数

材料	密度/(g/cm³)	弹性模量/GPa	泊松比	屈服强度/MPa
Al7075	2.7	71	0.3	473
SiCp	3.22	420	0.17	1500

7.2.1.2　网格划分及尺寸选择

在有限元计算中，尤其是动力学计算，模型网格尺寸对计算量有重要的影响。由于本研究中复合材料模型比较特殊，是三维颗粒随机分布模型，其中铝基体与 SiCp 需要分别划分网格，导致铝基体中的颗粒空位是随机分布的球体，因此，若网格划分得过大，会出现畸形网格导致计算无法正常进行，而网格划分得越精细，计算可以正常进行且结果会越精确，但同时模型计算的时间会成倍增加。所以，在网格的选择上，需要在保证计算的顺利进行且具有一定精度的同时尽量缩短计算时间。在网格类型上，所有模型均采用动态力学中的 3D 应力问题网格，网格类型为 C3D10M。

综合以上因素考虑，对于铝基体模型，其外部棱边布种 20 个，其内部球体凹陷部位以最大半周长为基准，布种 8 个来划分网格。图 7-5(a) 和图 7-5(b) 为铝基体模型的布种方式及网格划分结果。对于 SiC 颗粒，以其最大半周长为基准，布种 8 个来划分网格，如

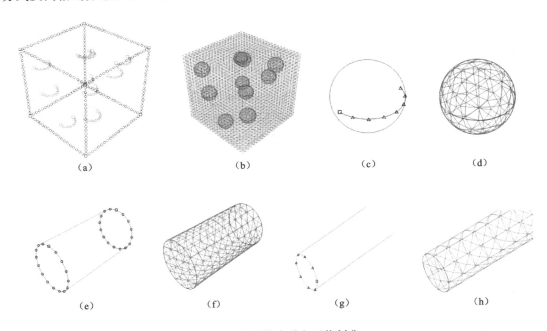

图 7-5　模型的布种与网格划分

(a) 基体模型的布种方式；(b) 基体模型的网格划分；(c) SiC 颗粒模型的布种方式；
(d) SiC 颗粒模型的网格划分；(e) 子弹模型的布种方式；(f) 子弹模型的网格划分；
(g) 杆件模型的布种方式；(h) 杆件模型的网格划分

图 7-5（c）和图 7-5（d）为 SiC 颗粒模型的布种方式及网格划分结果。

对于子弹以及入射杆、反射杆模型的网格划分，由于这些零件在模型中的作用是载荷的施加与传递，且三个零件均是规则的圆柱结构，考虑到模型尺寸问题，对于子弹模型，以圆柱端面为准，布种 16 个来划分网格，如图 7-5（e）和图 7-5（f）为子弹模型的布种方式及网格划分结果。而入射杆与反射杆尺寸过长且相同，划分太细会使计算时间过长，且杆件作为刚体不会对计算结果产生较大影响，因此对于杆件模型，以圆柱端面为准，布种 8 个来划分网格，如图 7-5（g）和图 7-5（h）为杆件模型的布种方式及网格划分结果，由于杆件过长，为清楚展示细节，此处展示模型局部放大图。

7.2.1.3 边界条件及载荷

为满足 SHPB 实验的要求，在三维模型中均施加了必要的边界条件。在对称面上施加了对称性边界条件，同时保证压杆和试件沿轴线方向自由无约束地运动。压杆和试件之间的接触为硬接触，光滑无摩擦。

如图 7-6 为 SHPB 实验系统模型的边界条件设置及载荷施加方式简图。在该模型中，将子弹、入射杆及反射杆定义为刚体，子弹与入射杆、入射杆与试件、试件与反射杆之间设置为无摩擦的面-面接触形式。加载方式为向子弹模型施加一定的冲击速度，由于在冲击过程中应变率是变量，为得到较为准确的应变率，如加载应变率为 $1000s^{-1}$ 的动态载荷，则加载时间设置为 $40\mu s$，冲击速度为 $10m/s$，此时试件产生 4% 的位移，不同冲击速度可计算转换成不同的应变率。

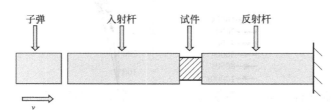

图 7-6 SHPB 实验系统模型的边界条件设置及载荷施加方式简图

7.2.1.4 模拟结果

（1）7075 铝合金的动态力学性能

为了与添加增强相后的复合材料的动态力学性能进行对比说明，首先，模拟基体材料 7075 铝合金的动态力学性能。

图 7-7 为 7075 铝合金在不同应变率下的动态应力-应变曲线。从图中可以看出，在应变率为 $1000s^{-1}$ 和 $2000s^{-1}$ 时，应力-应变曲线几乎重合，屈服强度分别为 509MPa 和 512MPa，表明材料在这个应变率区间性能无明显变化。当应变率提高到 $4000s^{-1}$、$5000s^{-1}$ 以及 $8000s^{-1}$

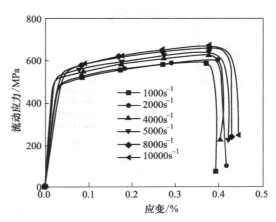

图 7-7 7075 铝合金在不同应变率下的动态冲击压缩应力-应变曲线

时，材料的屈服强度明显提高，分别为 537MPa、555MPa 和 568MPa，呈现出递增的变化趋势。但当应变率提高到 10000s^{-1} 时，材料的屈服强度不再出现明显变化。综合以上数据的分析，对于 7075 铝合金来说，材料的屈服强度随着应变率的提高而增大，但并非线性变化，当应变率达到一定值时，材料屈服强度趋于稳定，不再出现明显变化。

（2）应变率的影响

关于对复合材料在不同应变率下的动态力学性能的研究，曹东风[14]研究了 SiCp/Al 复合材料的应变率效应，研究表明 SiCp/Al 复合材料在不同冲击载荷下的动态力学性能存在明显的差异，但研究过程中采用二维微观模型，且应变率最高只达到 5020s^{-1}。本节将针对 SiCp/Al7075 复合材料，采用三维模型，研究其在 1000～10000s^{-1} 应变率下复合材料力学性能的变化规律。

图 7-8 分别给出了 SiCp 体积分数为 2％、8％、15％以及 30％的 SiCp/Al7075 复合材料模型在应变率为 1000s^{-1}、2000s^{-1}、4000s^{-1}、5000s^{-1}、8000s^{-1} 和 10000s^{-1} 时的应力-应变曲线。由图可见，随着应变率的增大，复合材料的动态应力-应变曲线出现显著变

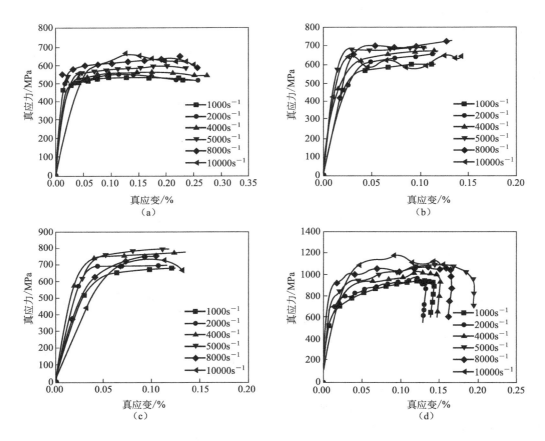

图 7-8 不同应变率下复合材料的动态应力-应变曲线

（a）2％；（b）8％；（c）15％；（d）30％

化，其屈服强度总体上随着应变率的增大而增大。当 SiCp 体积分数为 2％时，复合材料的动态应力-应变曲线与 Al7075 铝合金的变化趋势相似，但屈服强度略有增加。在应变率为 1000s^{-1}时屈服强度增加到 519MPa，且随着应变率的增加，屈服强度不断提高。当 SiCp 体积分数为 8％和 15％时，复合材料的动态应力-应变曲线呈现上升趋势，但当应变率提高到 10000s^{-1}时，复合材料的屈服强度最终下降且出现明显波动，可能是由于随着 SiCp 体积分数的增加，复合材料向脆性转变。当 SiCp 体积分数提高到 30％时，复合材料屈服强度总体上随应变率增加而增加，且呈现非线性变化规律，但复合材料的动态应力-应变曲线与其它含量的应力-应变曲线相比出现明显差别，当应变率在 1000s^{-1}、2000s^{-1}和 4000s^{-1}时，复合材料出现明显的应变硬化效应，随着应变率的进一步提高，应变硬化现象逐渐变缓。

（3）SiCp 体积分数的影响

SiCp 作为一种增强相材料，其综合力学性能高于合金基体材料，其添加量势必会对复合材料造成不同程度的影响。图 7-9 给出了 SiCp 体积分数为 2％、4％、8％、10％、15％、20％以及 30％的 SiCp/Al7075 复合材料在 1000s^{-1}应变率下的动态应力-应变曲线。

从图 7-9 中可以看出，随着 SiCp 体积分数的增加，复合材料的屈服强度明显提高。在 1000s^{-1}的应变率下，SiCp 体积分数为 2％和 4％的复合材料的屈服强度分别为 519MPa、540MPa，与 7075 铝合金相比只增加了 2％和 6.1％。而 SiCp 体积分数提高至 8％、10％和 15％时，屈服强度分别达到 582MPa、644MPa 和 650MPa，分别提高了 14.3％、26.5％和 27.7％。随着 SiCp 体积分数进一步提高至 20％和 30％时，屈服强度进一步增加 38.1％及 65.8％。此外，通过对比不同 SiCp 体积分数的应力-应变曲线也可以发现，随着 SiCp

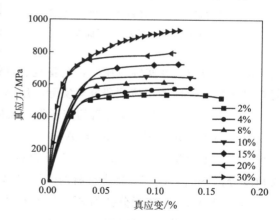

图 7-9 不同 SiCp 体积分数的 SiCp/Al7075 复合材料在 1000s^{-1}应变率下的应力-应变曲线

体积分数的增大，复合材料的弹性模量也随之增大。体积分数越高，SiCp 体积分数对于屈服强度的增强效果就越明显，整体表现出较好的一致性。同时，随着含量提高至 30％，出现明显的应变硬化效应。

综上所述，在动态载荷下 SiCp 体积分数对复合材料的动态力学性能具有显著影响，随着 SiCp 体积分数的增加，复合材料的抵抗屈服变形能力增强，弹性模量增大，当 SiCp 体积分数达到 30％，复合材料表现出明显的应变硬化效应。

（4）颗粒尺寸的影响

在对复合材料的性能研究中，增强体颗粒尺寸效应也是不容忽视的重要问题，增强体颗粒的大小及分布情况使得复合材料对载荷的承受效果不同。邵乐天[15]对镁基复合材料中 TiC 颗粒尺寸对材料力学性能的影响进行了模拟研究，结果表明，复合材料的屈服强度会随着 TiC 颗粒尺寸的增大而减小。本节将探究不同尺寸的 SiCp 对铝基复合材料的力学性能影响规律。

图 7-10 是体积分数为 8％的不同颗粒尺寸的 SiCp/Al7075 复合材料在应变率为 1000s⁻¹ 下的动态应力-应变曲线。从图中可以看出，在相同 SiCp 体积分数和应变率下，SiCp 尺寸越小，复合材料的屈服强度越大。当 SiCp 尺寸为 120μm 和 100μm 时，两者差别不明显，屈服强度分别为 528MPa 及 531MPa，与 7075 铝合金相比只增加了 3.7％和 4.3％。而当 SiCp 尺寸为 80μm 时，复合材料的屈服强度为 547MPa，较基体增加 7.4％。当 SiCp 尺寸为 60μm 时，复合材料的屈服强度达到 582MPa，较基体材料增加 14.3％。由此可以看出，该复合材料的 SiCp 尺寸越小，屈服强度越大，且随着尺寸的减小，屈服强度呈非线性增长。表明该复合材料具有

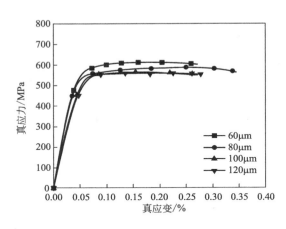

图 7-10 体积分数为 8% 不同颗粒尺寸的 SiCp/Al7075 复合材料在 1000s⁻¹ 应变率下的动态应力-应变曲线

显著的尺寸效应。在实际应用中，制备复合材料时选择较小尺寸的增强相颗粒有利于提高复合材料的力学性能，该项研究对实际应用具有一定的指导意义。

（5）SiCp/Al7075 复合材料的变形行为及损伤机制

通过前述研究，阐明了 SiCp/Al7075 复合材料在不同影响因素下的动态力学性能的变化规律。本节将探究 SiCp/Al7075 复合材料的变形行为及损伤机制，分别从宏观和微观角度分析 SiCp/Al7075 复合材料的变形规律及损伤机制。

图 7-11 为 SiCp 体积分数为 8％及 30％的 SiCp/Al7075 复合材料在应变率为 1000s⁻¹ 及 10000s⁻¹ 时的宏观变形过程，图 7-11（a）～图 7-11（c）是 SiCp 体积分数为 8％的复合材料模型在应变率为 1000s⁻¹ 时从初始状态到结束状态的宏观变形剖面图；图 7-11（d）～图 7-11（f）为 SiCp 体积分数为 8％的复合材料模型在应变率为 10000s⁻¹ 时从初始状态到结束状态的宏观变形剖面图，图 7-11（g）～图 7-11（i）是 SiCp 体积分数为 30％的复合材料模型在应变率为 1000s⁻¹ 时从初始状态到结束状态的宏观变形剖面图，图 7-11（j）～图 7-11（l）是 SiCp 体积分数为 30％的复合材料模型在应变率为 10000s⁻¹ 时从初始状态到结束状态的宏观变形剖面图。从图 7-11 中可以看出，复合材料的变形规律与 SiCp 体积分数、应变率并无直接关联。均是在与冲击速度平行方向发生压缩变形，在与冲击速度垂直方向发生损伤破坏，且观察剖面图可知，在材料内部，损伤破坏是沿着内部 SiCp 分布进行的，同时也发现，较高应力出现在 SiCp 周围。

由于不同 SiCp 体积分数及应变率下的复合材料的变形规律趋于一致，针对其中一个模型进行损伤破坏机制的分析。由上述规律可知，复合材料是沿着 SiCp 的分布轨迹开始破坏，且较高应力出现在 SiCp 周围，故而对 SiCp 的变化规律进行研究。图 7-12 为 SiCp

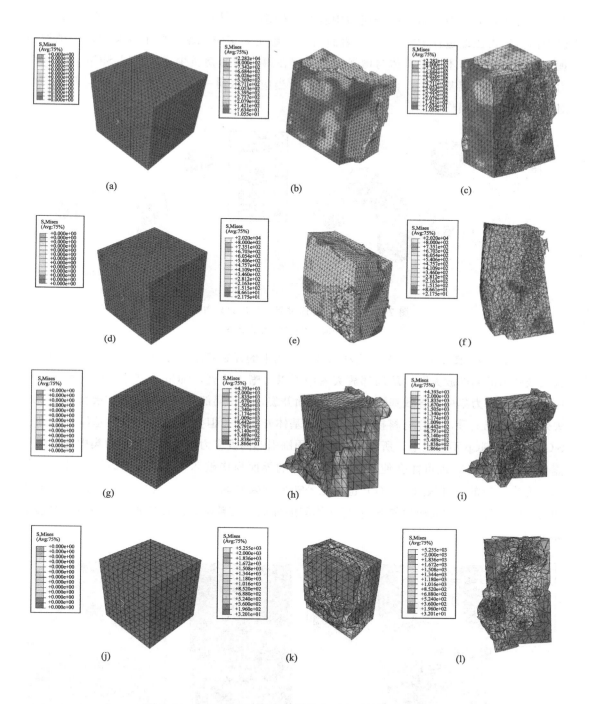

图 7-11　SiCp/Al7075 复合材料的宏观变形的初始状态、
结束状态及剖面图

(a)~(c) 8%/1000s⁻¹；(d)~(f) 8%/10000s⁻¹；

(g)~(i) 30%/1000s⁻¹；(j)~(l) 30%/10000s⁻¹

在变形过程中的应力分布，由于模型中颗粒数较多，此处显示部分颗粒。从图 7-12 中可以看出，冲击压缩过程中，在 SiCp 表面出现大量应力集中现象，由于本文中的模型均是理想界面结合，即不考虑基体与增强相之间存在第三相的物质生成，所以 SiCp 表面的应力将直接作用在铝基体上，而基体材料较软，当应力达到一定程度，SiCp 如同刀具切削对基体材料造成损伤破坏。

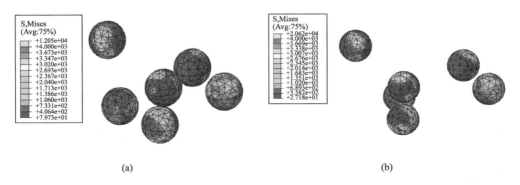

(a)　　　　　　　　　　　　　　　　　　　　(b)

图 7-12　SiCp 在变形过程中的应力分布情况

（a）中间状态；（b）结束状态

图 7-13(a)、图 7-13(b) 分别为动态载荷作用下的开始变形状态和失效状态，图 7-13(c)为失效状态的局部放大图。从局部放大图中可以清晰地看到，SiCp 与基体界面处产生高度应力集中，应力集中会导致基体与增强相界面开裂，出现局部网格失效进而扩展为整个模型失效。从宏观上看，复合材料损伤破坏是从基体开始的，但实际上载荷通过基体传递到了 SiCp 上，而 SiCp 不可变形，所以会在 SiCp 周围引起高度应力集中，这种应力集中的结果可能会使 SiCp 破坏，也可能会使 SiCp 与基体间的界面损伤破坏。由于损伤破坏是沿着内部 SiCp 分布进行的，且从图 7-13(c) 也可见，SiCp 并未破坏，因此，被基体传递到 SiCp 上的冲击压缩载荷产生的高应力使 SiCp 与基体间的界面损伤破坏。该种失效机制为界面损伤破坏机制。

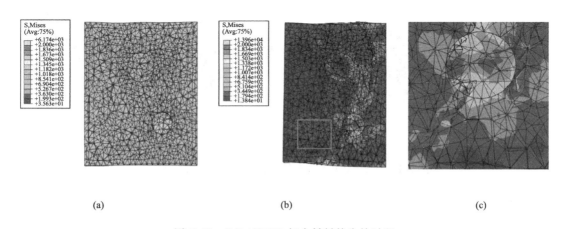

(a)　　　　　　　　　　　　(b)　　　　　　　　　　　　(c)

图 7-13　SiCp/Al7075 复合材料的失效过程

（a）开始变形状态；（b）失效状态；（c）失效状态的局部放大图

7.2.2 石墨烯增强铝基复合材料

7.2.2.1 模拟模型

本节中所采用的模拟模型与 7.2.1 节中的模型相同，均为 SHPB 实验系统模型，其中基体材料、边界条件及载荷施加方式相同，网格类型相同，网格划分方式相似。因此，在本节只针对不同的微观几何模型以及石墨烯材料参数做简单介绍。

（1）微观几何模型

石墨烯为不规则的片状各向异性材料，但在实验过程中常常很难保证石墨烯片的独立性，在制备石墨烯/铝复合材料时，通常会出现片层堆叠的堆积情况。所以，在模拟过程中，建立四种形态下的复合材料微观几何模型，分别是圆片状（ellipsoid）形态来模拟石墨烯分布均匀的薄片状态，以及圆饼状（platelet）、薄圆柱状（cylinder）及薄三棱柱状（prism）来模拟石墨烯片存在不同程度的堆叠情况下的形态。其中在 DIGIMAT 软件中，圆片状是由横纵比为 0.1 的椭球状表达。

图 7-14 给出了石墨烯体积分数为 2% 的不同石墨烯形态的石墨烯/铝复合材料模型。此外，石墨烯作为各向异性材料，研究其取向性对材料性能的影响也很重要。在本章建模过程中，以石墨烯片与 X 轴的夹角定义其取向角度，建立取向分别为 0°、45°、90° 及 3D 随机取向四种情况的分布模型。

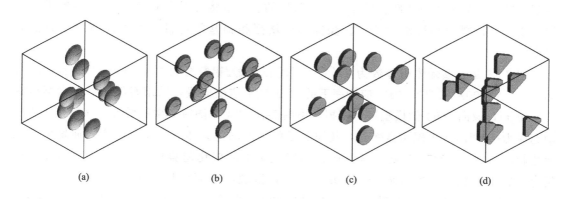

（a）　　　　　　（b）　　　　　　（c）　　　　　　（d）

图 7-14 不同石墨烯形态的石墨烯/铝复合材料模型

（a）圆片状；（b）圆饼状；（c）薄圆柱状；（d）薄三棱柱状

图 7-15 为石墨烯体积分数为 2% 的不同石墨烯取向的石墨烯/铝复合材料模型。

（2）石墨烯材料参数

本节中基体材料采用 Al7075 铝合金，所需要的材料性能参数已在 7.2.1 节给出，这里不再赘述。对于增强相材料石墨烯的材料参数定义与 SiCp 相似，石墨烯的强度远高于基体材料，在实验过程中几乎不发生塑性变形，所以在数值模拟过程中也将其假设为完全弹性材料。其材料性能参数见表 7-4。

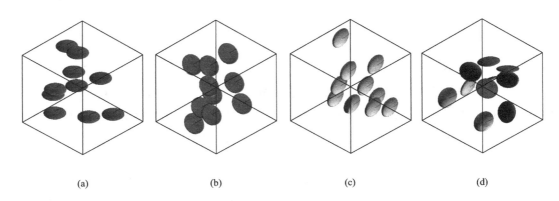

图 7-15 不同石墨烯取向的石墨烯/铝复合材料模型

(a) 0°；(b) 45°；(c) 90°；(d) 3D

▱ **表 7-4** 石墨烯材料性能参数

材料	密度/(g/cm³)	弹性模量/GPa	泊松比	屈服强度/GPa
石墨烯	2.26	1100	0.17	125

7.2.2.2 模拟结果

（1）应变率的影响

由前文中对 SiCp/Al7075 复合材料在不同应变率下的动态力学性能可知，复合材料在不同冲击载荷下的力学性能是存在明显差异的。本节将针对石墨烯/铝复合材料进行不同应变率下材料力学性能的研究。探究不同增强相铝基复合材料力学性能的差异及共同点。

图 7-16 是石墨烯体积分数为 2% 和 4% 的石墨烯/铝复合材料在 $1000s^{-1}$、$2000s^{-1}$、$5000s^{-1}$、$8000s^{-1}$、$10000s^{-1}$ 应变率下的动态应力-应变曲线，采用石墨烯形态为圆饼状（platelet），取向为 90°的模型进行模拟。由图 7-16 可见，随应变率的增大，该复合材料的动态应力-应变曲线出现明显变化，其屈服强度和流动应力随着应变率的增大而增大。该变化趋势与 SiCp/Al7075 复合材料在相同应变率下的变化趋势相似。但与 SiCp/Al7075 复合材料不同的是，在 $1000 \sim 5000s^{-1}$ 之间，呈现出屈服强度的上升。当应变率达到 $8000s^{-1}$ 和 $10000s^{-1}$ 时，石墨烯/铝复合材料的动态力学性能出现明显的增强。总的来看，石墨烯/铝复合材料的流动应力随应变率的增加而增大，屈服强度随应变率的变化呈非线性变化，在较高应变率区域，应变率效应要比 SiCp/Al7075 复合材料更显著。

（2）含量的影响

图 7-17 为在 $1000s^{-1}$ 和 $10000s^{-1}$ 应变率下，石墨烯形态为圆饼状（platelet），取向为 90°时，不同体积分数的石墨烯/铝复合材料模型的动态应力-应变曲线。由图可见，在两种应变率下，复合材料的动态力学性能变化趋势相似，随着体积分数的增加，复合材料的弹性模量增大，复合材料的屈服强度上升。同时，应力-应变曲线表现出明显的软化效应，且随着石墨烯含量的增加，软化效应更加明显，表明铝基复合材料在动态载荷下的软化效应是不可忽视的重要问题。

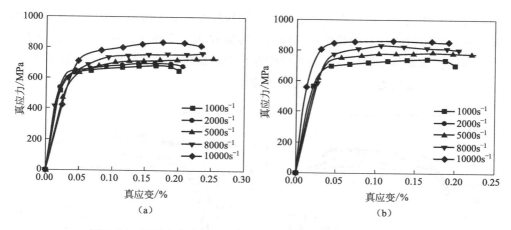

图 7-16 不同应变率下石墨烯/铝复合材料的动态应力-应变曲线

（a）2%；（b）4%

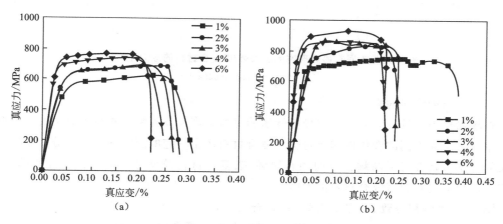

图 7-17 不同体积分数的石墨烯/铝复合材料的动态应力-应变曲线

（a）1000s^{-1}；（b）10000s^{-1}

（3）石墨烯形态的影响

在复合材料中，增强相的形态也会对材料性能产生一定的影响。颗粒存在尖端、棱角等特征都会对基体材料产生不同程度的应力集中或破坏，从而使材料发生变形甚至损伤失效。本节将采用增强相颗粒为圆片状（ellipsoid）形态来模拟石墨烯分布均匀的薄片状态，采用圆饼状（platelet）、薄圆柱状（cylinder）及薄三棱柱状（prism）形态来模拟堆积折叠后的石墨烯层片在铝基体中的分布情况，对比四种形态下铝基复合材料的动态应力-应变曲线，揭示相形态对复合材料的动态力学性能的影响规律。

图 7-18 为石墨烯体积分数为 3% 的铝基复合材料在 1000s^{-1} 及 10000s^{-1} 应变率下四种形态复合材料的动态应力-应变曲线，采用石墨烯取向为 90° 的模型进行模拟。由图 7-18 可见，在两种应变率下，材料的性能变化趋势相似，在低应变率时，形态为圆片状时的复合材料弹性模量最大，屈服强度最高，材料表现出较好的力学性能，其他三种情况下材料的弹性模量无明显差别，但圆饼状形态的屈服强度较高，圆柱状及棱柱状情况的屈服强度

较低，综合力学性能最差。但在高应变率下，四种形态下复合材料的力学性能具有明显差异，圆片状以及圆饼状具有较高的流动应力，薄圆柱状以及薄三棱柱状的流动应力较低。这是由于薄圆柱状及薄三棱柱状形态的颗粒存在大量棱角，导致材料在受力过程中更容易切割基体而引起高度应力集中，使界面发生破坏。

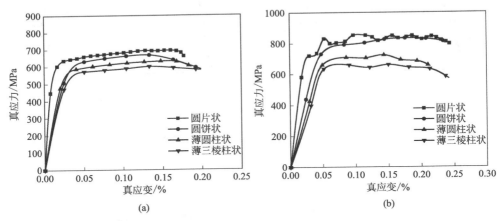

图 7-18　不同石墨烯形态的石墨烯/铝复合材料的应力-应变曲线

(a) $1000s^{-1}$；(b) $10000s^{-1}$

（4）石墨烯取向的影响

石墨烯作为一种具有明显各向异性性质的材料，当其作为增强相材料添加在金属基体材料中时，研究不同的颗粒取向是否会对复合材料产生一定的影响是具有十分重要的实际意义的。本节将针对不同颗粒取向的石墨烯/铝复合材料模型进行动态力学性能的研究，探究石墨烯取向对铝基复合材料的影响。

图 7-19 为体积分数 2%的石墨烯/铝复合材料，在 $1000s^{-1}$ 及 $10000s^{-1}$ 应变率下，石墨烯形态为圆饼状（platelet）时，不同石墨烯取向的复合材料的应力-应变曲线。由图可见，在两种应变率下，不同石墨烯取向的复合材料模型无明显应变硬化现象，复合材料的

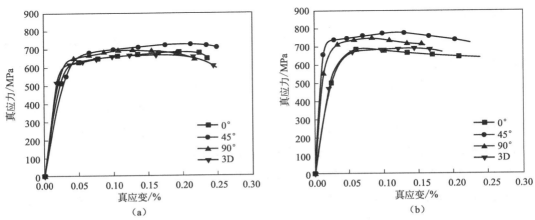

图 7-19　不同石墨烯取向的石墨烯/铝复合材料的应力-应变曲线

(a) $1000s^{-1}$；(b) $10000s^{-1}$

弹性模量变化不大，但屈服强度明显不同。由图 7-19（a）可知，当石墨烯取向为 45°时，该复合材料的屈服强度最高，取向为 90°次之，而取向为 0°以及随机分布时，复合材料的屈服应力最低且两种情况差别不明显。但当应变率较高时［图 7-19（b）］，取向为 45°及 90°时材料的屈服强度远大于 0°以及随机分布情况，表明这两种石墨烯取向的铝基复合材料更能适用于高应变率环境。综上所述，针对本文中的石墨烯/铝复合材料而言，石墨烯取向为 45°时复合材料动态力学性能最佳。

（5）变形行为及损伤机制

通过前述研究，理解了石墨烯/铝复合材料在不同影响因素下的动态力学性能的变化规律。本节将探究石墨烯/铝复合材料的变形行为及损伤机制，分别从宏观到微观角度分析石墨烯/铝复合材料的变形规律及损伤机制。

图 7-20 为不同石墨烯体积分数、形态及取向的石墨烯/铝复合材料在应变率为 $1000s^{-1}$ 及 $10000s^{-1}$ 时冲击后的宏观变形图。从图中可以看出，复合材料的变形规律基本相似，均是在与冲击速度平行方向发生压缩变形，在与冲击速度垂直方向发生损伤破坏，损伤破坏是沿着内部石墨烯分布进行的，同时较高应力出现在材料内部。

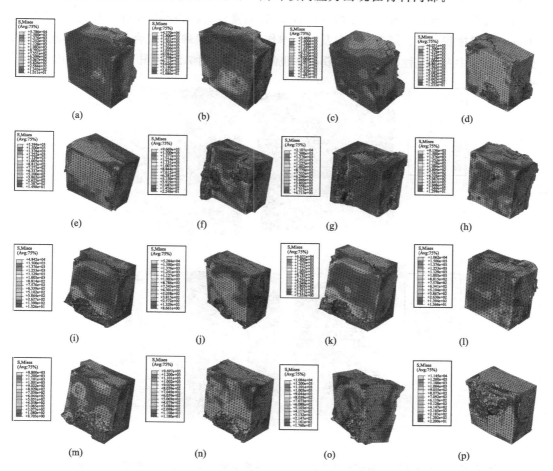

图 7-20

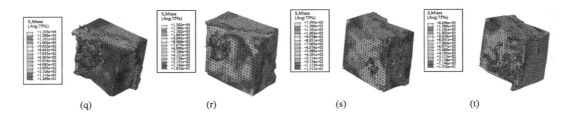

图 7-20 石墨烯/铝复合材料冲击后的宏观变形图

(a) 1%/圆片状/90°/1000s⁻¹；(b) 1%/圆片状/90°/10000s⁻¹；(c) 1%/薄圆柱状/90°/1000s⁻¹；(d) 1%/薄圆柱状/90°/10000s⁻¹；(e) 1%/圆饼状/90°/1000s⁻¹；(f) 1%/圆饼状/90°/10000s⁻¹；(g) 1%/薄三棱柱状/90°/1000s⁻¹；(h) 1%/薄三棱柱状/90°/10000s⁻¹；(i) 3%/圆片状/90°/1000s⁻¹；(j) 3%/圆片状/90°/10000s⁻¹；(k) 3%/圆饼状/90°/1000s⁻¹；(l) 3%/圆饼状/90°/10000s⁻¹；(m) 2%/圆饼状/0°/1000s⁻¹；(n) 2%/圆饼状/0°/10000s⁻¹；(o) 2%/圆饼状/45°/1000s⁻¹；(p) 2%/圆饼状/45°/10000s⁻¹；(q) 2%/圆饼状/90°/1000s⁻¹；(r) 2%/圆饼状/90°/10000s⁻¹；(s) 2%/圆饼状/3D/1000s⁻¹；(t) 2%/圆饼状/3D/10000s⁻¹

7.2.1 节中的结果表明，SiCp/Al 复合材料是沿着 SiC 颗粒的分布轨迹展开破坏，且较高应力出现在 SiC 颗粒周围，故而本节对石墨烯/铝复合材料内部的变化规律进行研究。由于不同石墨烯体积分数、形态、取向及应变率作用下的石墨烯/铝复合材料的变形规律趋于一致，选取其中有代表性模型进行损伤破坏机制的分析。图 7-21 和图 7-22 为石墨烯/铝复合

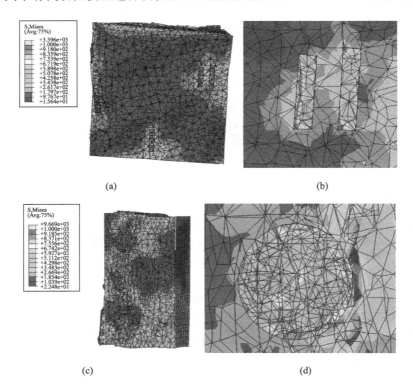

图 7-21 体积分数为 1% 的石墨烯/铝复合材料冲击后的微观变形截面图及局部放大图

(a) 薄圆柱状/90°/1000s⁻¹；(b) 图(a) 的局部放大图；(c) 圆饼状/90°/10000s⁻¹；(d) 图(c) 的局部放大图

材料冲击后的微观变形截面图及局部放大图。从图中可以看出，冲击发生的过程中，沿着石墨烯的分布轨迹展开破坏，在石墨烯表面出现大量应力集中现象，由于本文中的模型均是完美界面结合，即不考虑基体与增强相之间存在第三相的物质生成，所以石墨烯表面的应力将直接作用在铝基体上，而基体材料较软，当应力达到一定程度，石墨烯如同刀具对基体材料造成损伤破坏。从局部放大图中可以清晰地看到，石墨烯材料与基体材料界面处产生高度应力集中，应力集中会导致基体材料与增强相界面开裂，出现局部网格失效进而扩展为整个模型失效。从宏观上看，复合材料损伤破坏是从基体开始的，但实际上载荷通过基体传递到了石墨烯上，而石墨烯的强度很高，并未发生变形，在石墨烯周围引起高度应力集中，这种应力集中使石墨烯与基体间的界面损伤破坏，在冲击过程中，冲击压缩载荷产生的高度应力被基体传递到石墨烯上，使石墨烯与基体间的界面损伤破坏，失效机制为界面损伤破坏机制。

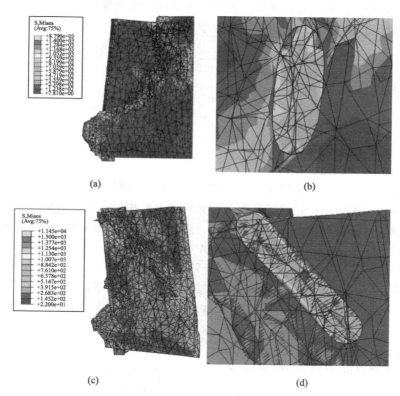

图 7-22　体积分数为 2% 的石墨烯/铝复合材料冲击后的微观变形截面图及局部放大图

（a）圆饼状/0°/1000s⁻¹；（b）图（a）的局部放大图；（c）圆饼状/45°/1000s⁻¹；（d）图（c）的局部放大图

7.3　石墨烯增强铝基复合材料的导热性能模拟

复合材料导热性能的预测理论是高导热材料设计的依据，具有重要的理论意义。一般情况下，复合材料的热导率不仅与填料和基体的本征热导率有关，还与填料的体积分数、尺寸、形状、取向，以及界面结构等因素有关[16]。然而目前这些因素对复合材料导热性能的影响比较复杂，对于显微结构与导热性能之间的定量关系还缺乏系统、深入的研究。本节将通过数值模拟的方法，针对石墨烯/铝复合材料的稳态热传导过程，探究石墨烯体积分数、形态、取向分布对复合材料的导热性能的影响，为高导热石墨烯-铝复合材料的设计和制备工艺的选择提供理论指导。

7.3.1 复合材料导热性能的预测理论

关于复合材料热导率的理论研究有很多。研究人员展开了大量的工作，考察了各向同性的球形颗粒、圆柱状颗粒以及椭球形颗粒等不同形状分散相的复合物体系，建立了众多预测复合材料热导率的解析模型[17-25]。

（1）Maxwell 模型[17]

该模型是通过麦克斯韦方程推导而来的，通常用于研究复合材料中增强相粒子为随机分布的球状颗粒且无相互作用的情况，其数学表达式如下：

$$\lambda_c = \frac{2\lambda_1 + \lambda_2 + 2V(\lambda_2 - \lambda_1)}{2\lambda_1 + \lambda_2 - 2V(\lambda_2 - \lambda_1)} \lambda_1 \tag{7-2}$$

式中　λ_c——复合材料的热导率；

　　　λ_1——基体材料的热导率；

　　　λ_2——增强相材料的热导率；

　　　V——增强相在基体中的体积分数。

（2）Bruggeman 模型[18]

该模型适用于研究增强相填充体积分数较大的复合材料导热能力的计算。在这种情况下增强相较多，间距较小，颗粒间存在范德瓦耳斯力的作用，微小的颗粒变化就会使整个复合材料模型发生较大差异，针对这种情况，先推导出 Maxwell 模型的微分形式，如下：

$$d\lambda = 3\lambda \frac{dV(\lambda_2 - \lambda)}{(1-V)(\lambda_2 + 2\lambda)} \tag{7-3}$$

再对上式积分，得到 Bruggeman 模型，其数学表达式如下：

$$(1-V)^3 = \frac{\lambda_1}{\lambda_c}\left(\frac{\lambda_c - \lambda_2}{\lambda_1 - \lambda_2}\right)\lambda \tag{7-4}$$

（3）Fricke 模型[19,20]

当增强相以椭球形态的颗粒填充在基体中时，适用于 Fricke 模型，其数学表达式如下：

$$\lambda_c = \lambda_1\left\{\frac{1 + V[F(\lambda_2/\lambda_1 - 1)]}{1 + V(F-1)}\right\} \tag{7-5}$$

式中　F——与增强相尺寸、增强相和基体的温度梯度相关的因子。

（4）Rayleigh 模型[21]

该模型适用于在所研究的问题中，加热速度大到不能被热传导向外充分排出而形成对流的情况，其数学表达式如下：

$$\lambda_c = \lambda_1\left(\frac{1 + 2V\dfrac{1 - \lambda_1/\lambda_2}{2\lambda_1/\lambda_2 + 1}}{1 - V\dfrac{1 - \lambda_1/\lambda_2}{\lambda_1/\lambda_2 + 1}}\right) \tag{7-6}$$

（5） Russell 模型[26]

当增强相以等体积正方体形态的颗粒填充在基体中时，且颗粒间无相互作用，适用于 Russell 模型，其数学表达式如下：

$$\lambda_c = \lambda_1 \left[\frac{V^{\frac{2}{3}} + \frac{\lambda_1}{\lambda_2}\left(1 - V^{\frac{2}{3}}\right)}{V^{\frac{2}{3}} - V + \frac{\lambda_1}{\lambda_2}\left(1 - V^{\frac{2}{3}}\right)} \right] \tag{7-7}$$

在应用这些模型预测复合材料的热导率时，应根据复合体系的实际情况（如填料种类、填料体积分数等）进行选择。通常，当填料体积分数小于 10% 时可选用 Maxwell、Bruggeman、Russell 模型；Maxwell 和 Bruggeman 模型都被广泛地应用于高体积分数颗粒增强金属基复合材料导热性能的预测。但需要注意的是，这些模型有一个基本假设，即单个颗粒是嵌入无限大的基体中，其预测结果依赖于该精确解[27]。换句话说，这些模型都是低浓度近似，将其扩展应用于有限基体的情况（即高体积分数的情况）并不十分严谨。这些模型在高体积分数下的适用性还有待理论验证。

7.3.2　模拟方法

（1）模拟模型

本节中进行导热模拟的模型与 7.2 节中的石墨烯/铝复合材料微观几何模型相同。

（2）材料参数

本节采用的基体材料为 7075 铝合金，在模拟过程中考虑设置为各向同性材料。增强相材料为片状石墨烯，假定石墨烯也为各向同性材料，两种材料的热学性能参数见表 7-5。

⊡ 表 7-5　7075 铝合金及石墨烯材料热力学性能参数

材料	密度/(kg/m³)	热导率/[W/(m·K)]	比热容/[J/(kg·℃)]
7075 铝合金	2700	146.44	963
石墨烯	2260	5300	710

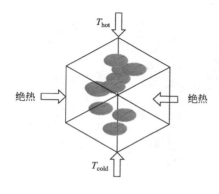

图 7-23　导热模型的边界
条件及温度加载

（3）边界条件及温度加载

对于三维稳态导热性能分析，忽略热对流及热辐射的影响，只考虑模型的热传导作用。如图 7-23 所示，在模型两端施加不同温度边界条件，其他为绝热条件。其中模型的导热温度及热流密度满足以下条件：

$$\frac{\partial}{\partial x}\left(\lambda \frac{\partial T}{\partial x}\right) + \frac{\partial}{\partial y}\left(\lambda \frac{\partial T}{\partial y}\right) + \frac{\partial}{\partial z}\left(\lambda \frac{\partial T}{\partial z}\right) = 0 \tag{7-8}$$

$$q_z = \lambda \frac{\partial T}{\partial z} \tag{7-9}$$

式中　T——热力学温度；

λ——热导率；

q_z——热流密度向量。

在模型左右两端加不同温度边界条件：

$$T_{x=0} = T_{hot} \tag{7-10}$$

$$T_{x=0} = T_{cold} \tag{7-11}$$

通过模拟得到模型的平均热流密度 q^{avg}，代入傅里叶公式[式(7-12)]，得到复合材料的热导率：

$$\lambda = q^{avg} \times \frac{L}{\Delta T} \tag{7-12}$$

式中 L——模型冷热两端的距离；

ΔT——冷热两端温差。

7.3.3   模拟结果

(1) 初始温度的影响

图 7-24 为石墨烯体积分数为 1% 的复合材料模型在不同初始温度下的热流密度云图。

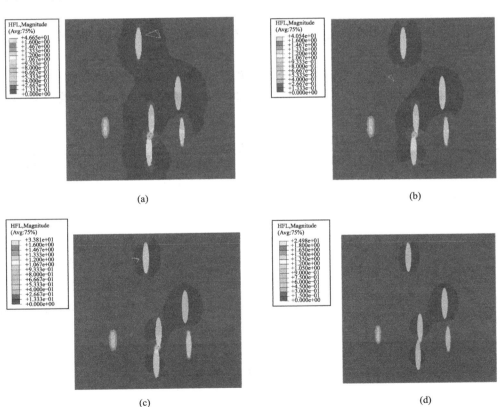

(a)

(b)

(c)

(d)

图 7-24   石墨烯体积分数为 1% 不同初始温度下石墨烯/铝复合材料的热流密度云图

(a) 25℃；(b) 100℃；(c) 200℃；(d) 400℃

由图可以看出，热流的流动趋向于热阻较小的部分。最小热阻法则表明，在模型中，热流一定会向热阻小的一方流动。在该复合材料中，铝基体的热阻明显高于石墨烯，因此热流向石墨烯方向流动，热流密度的最大值集中在石墨烯附近，热流由石墨烯向铝基体扩散，逐渐减小。该规律符合最小热阻法则。

依据傅里叶定律［式(7-12)］可以计算出复合材料的热导率，图 7-25 为不同初始温度下石墨烯为圆片状（ellipsoid）形态，取向为 0°时体积分数分别为 1％、2％及 4％时石墨烯/铝复合材料的热导率。由图可知，随着初始温度的增加，复合材料的热导率增加，总体呈线性变化趋势。体积分数为 1％的模型在室温（25℃）下的热导率为 152W/(m·K)，当温度升高到 100℃、200℃、400℃时，热导率增加至 160W/(m·K)、168W/(m·K)、187W/(m·K)，较室温分别增长 5.3％、10.5％及 23％。

（2）石墨烯含量的影响

由于石墨烯具有优异的导热性能，石墨烯的含量会对石墨烯/铝复合材料的导热性能产生一定影响。本节针对石墨烯为圆片状（ellipsoid）形态，取向为 0°时体积分数为 1％、2％、3％、4％、5％、6％的石墨烯/铝基复合材料模型进行导热性能模拟及热导率计算分析。图 7-26 为不同石墨烯体积分数的复合材料在室温（25℃）下的热导率。由图可见，石墨烯含量对复合材料的性能有显著的影响。随着石墨烯含量的增加，复合材料的热导率增加。每种含量对应的热导率分别为 152W/(m·K)、162W/(m·K)、172W/(m·K)、180W/(m·K)、187W/(m·K)、206W/(m·K)，较铝基体材料热导率分别提高了 3.8％、10.6％、17.5％、22.9％、27.7％及 40.7％。当体积分数达到 5％时，热导率增加的幅度明显变小，而当体积分数达到 6％时，热导率急剧增加，增幅约为前者的二倍，但总体而言，热导率变化呈线性变化趋势。廖小军[28]分别采用热压烧结和微波烧结的方法制备了石墨烯铝基复合材料，测试表明，当石墨烯的体积分数为 2％时，复合材料的热导率分别达到了 224.22W/(m·K) 和 208.316W/(m·K)，相比于同种材料制备的

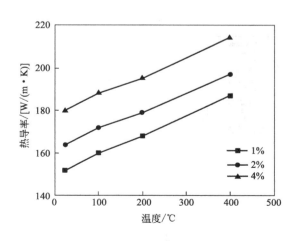

图 7-25 不同初始温度下石墨烯/铝
复合材料的热导率

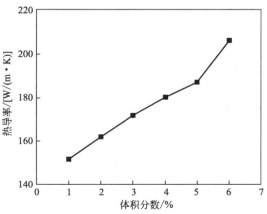

图 7-26 不同石墨烯体积分数
铝基复合材料的热导率

基体材料分别提升了 43％和 38％。张乐[29]采用原位还原法将石墨烯包覆于铝粉表面，随后采用粉末冶金的方法制备石墨烯铝基复合材料，测试表明当石墨烯的添加量为 0.3％时，复合材料的热导率为 165W/(m·K)。王振廷等[30]采用摩擦搅拌焊制备的质量分数为 0.3％石墨烯纯铝基复合材料的热导率为 240W/(m·K)，相比于基体提升了 14％。目前，石墨烯铝基复合材料的导热性能的报道并不多见。

（3）石墨烯形态的影响

增强相的形态也是影响复合材料导热性能的重要因素，王寅[31]研究发现 SiCp/Al 复合材料中不同 Si 颗粒形态下材料热导率存在较大差异，球形颗粒的材料平均热流密度更大，热导率更高。本节将探究石墨烯形态对复合材料热导率的影响。常见石墨烯呈不规则薄片状形态，但在实际实验过程中，会因为各种因素导致石墨烯堆积、折叠等情况，故研究石墨烯的形态对石墨烯/铝复合材料的导热性能的影响具有一定的必要性。本节针对含量为 3％的圆片状（ellipsoid）、圆饼状（platelet）、薄圆柱状（cylinder）及薄三棱柱状（prism）的石墨烯/铝基复合材料模型进行导热性能模拟及热导率计算分析。

如图 7-27 为体积分数为 3％的圆片状（ellipsoid）、圆饼状（platelet）、薄圆柱状

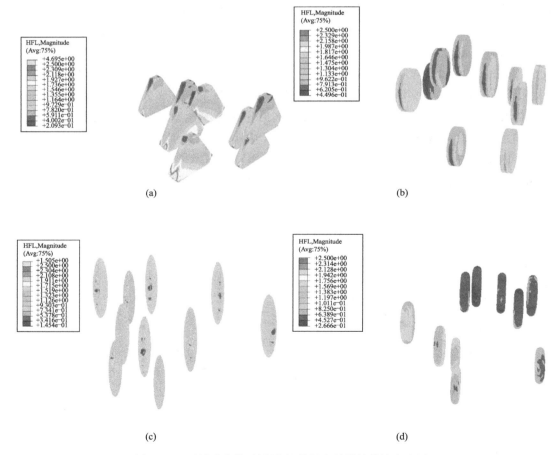

(a)　　　　　　　　　　　　　　　(b)

(c)　　　　　　　　　　　　　　　(d)

图 7-27 不同形态的石墨烯/铝基复合材料的热流密度图

（a）圆片状；（b）圆饼状；（c）薄圆柱状；（d）薄三棱柱状

（cylinder）及薄三棱柱状（prism）的石墨烯/铝基复合材料模型在室温（25℃）下的热流密度图。由图可见，在石墨烯表面出现了不同程度的热流集中，其中，圆片状和圆饼状的石墨烯复合材料模型的热流分布较为均匀，而圆柱及三棱柱形态的石墨烯复合材料模型的棱角及尖端部分会发生热流集中，影响热流向铝基体的扩散，导致材料的导热性能较差。

图 7-28 为 3%的四种石墨烯形态的复合材料模型在室温（25℃）下的热导率。由图可知，石墨烯形态的变化对复合材料的热导率具有显著的影响。石墨烯形态从薄三棱柱状、薄圆柱状变化到圆饼状、圆片状，石墨烯/铝复合材料的热导率则依次增加。当石墨烯为薄圆柱状（cylinder）及薄三棱柱状（prism）形态时，复合材料的热导率分别为 153W/(m·K) 和 149W/(m·K)，较铝基体的热导率仅提高了 2.4%和 1.7%，而当石墨烯为圆片状（ellipsoid）及圆饼状（platelet）时，复合材料的热导率分别为 172W/(m·K) 和 165W/(m·K)，较铝基体的热导率分别提高了 17.4%及 12.7%。总体而言，圆片状形态下的复合材料导热性能最好。

（4）石墨烯取向的影响

在前文的研究中，假设石墨烯为各向同性材料，但实际应用中，片状石墨烯材料具有较强的各向异性，所以本节将针对圆片状颗粒形态的复合材料模型进行关于取向分布因素的研究。设定石墨烯体积分数为 3%，初始温度为 25℃，颗粒形态为圆片状，主要研究 0°、45°、90°及随机分布（3D）四种取向下复合材料的导热性能。

图 7-29 为不同石墨烯取向复合材料的热导率。从图中可以看出，石墨烯的取向对复合材料的导热性能有显著影响。当石墨烯以 0°取向分布时，复合材料的热导率仅为 149W/(m·K)，较基体仅仅提高了 1.7%。在 0°~45°的变化区间内，复合材料的热导率随角度的增加而增大，热导率在取向为 45°时达到最大，为 175W/(m·K)，较基体提高19.5%。当角度继续增大至 90°时，复合材料的热导率反而减小。当石墨烯以随机分布的形式添加在铝基体材料中时，复合材料也未能表现出优异的导热性能。总体而言，当

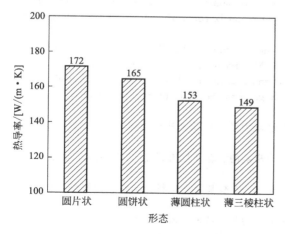

图 7-28 不同石墨烯形态的铝基
复合材料的热导率

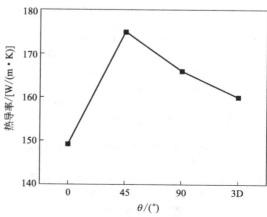

图 7-29 不同石墨烯取向复合
材料的热导率

石墨烯以 0°取向以及随机分布情况添加到基体材料中时，复合材料的导热性能相对于基体材料提升并不明显。综上所述，在设计石墨烯/铝复合材料时，应将石墨烯的分布角度控制在 45°左右，尽量避免铺层角度为 0°以及随机分布的情况，这样可以在相同条件下使复合材料的导热性能得到优化。

参考文献

[1] Eshelby J D. The determination of the elastic field of an ellipsoidal inclusion and related problems [J]. Proceedings of the Royal Society of A，1957，241（1226）：376-396.

[2] Mori T，Tanaka K. Average stress in matrix and average elastic energy of materials with misfitting inclusions [J]. Acta Metallica，1973，21（73）：571-574.

[3] Yan Y W，Geng L，Li A B. Experimental and numerical studies of the effect of particle size on the deformation behavior of the metal matrix composites [J]. Materials Science and Engineering：A，2007，448（1-2）：315-325.

[4] Ganesh V V，Chawla N. Effect of particle orientation anisotropy on the tensile behavior of metal matrix composites：experiments and microstructure-based simulation [J]. Materials Science and Engineering：A，2005，391（1-2）：342-353.

[5] Bao G，Lin Z. High strain rate deformation in particle reinforced metal matrix composites [J]. Acta Metallurgical Materialia，1996，44（3）：1011-1019.

[6] Pandorf R，Broeckmann C. Numerical simulation of matrix damage in aluminium based metal matrix composites [J]. Computational Materials Science，1998，13：103-107.

[7] Leggoe J W，Mammoli A A，Bush M B，et al. Finite element modelling of deformation in particulate reinforced metal matrix composites with random local microstructure variation [J]. Acta Materialia，1998，46（17）：6075-6088.

[8] Yan Y W，Geng L，Li A B. Experimental and numerical studies of the effect of particle size on thedeformation behavior of the metal matrix composites [J]. Materials Science and Engineering：A，2007，448（1-2）：315-325.

[9] Su Y，Yang Q O，Zhang W，et al. Composite structure modeling and mechanical behavior of particle reinforced metal matrix composites [J]. Materials Science and Engineering：A，2014，597（0）：359-369.

[10] Williams J J，Segurado J，Llorca J，et al. Three dimensional（3D）microstructure-based modeling of interfacial decohesion in particle reinforced metal matrix composites [J]. Materials Science and Engineering：A，2012，557（0）：113-118.

[11] Segurado J，Llorca J. A computational micromechanics study of the effect of interface decohesion on the mechani-cal behavior of composites [J]. Acta Materialia，2005，53（18）：4931-4942.

[12] Johnson G R，Cook W. H. A constitutive model and data for metals subjected to large strains，high strain rates and high temperatures [C]. Proceedings of the Seventh International Ballistics Symposium. The Hague：The Netherlands，1983：541-547.

[13] 谢灿军，童明波，刘富，等 . 7075-T6 铝合金动态力学试验及本构模型研究 [J]. 振动与冲击，2014，33（18）：110-114＋125.

[14] 曹东风 . 细观特征对 SiCp/Al 复合材料力学行为影响的实验及数值研究 [D]. 武汉：武汉理工大学，2011.

[15] 邵乐天，尧军平，胡启耀，等 . 颗粒尺寸对 TiC/AZ91 镁基复合材料力学性能的影响 [J]. 材料热处理学报，2019，40（09）：1-7.

[16] 谢华清，奚同庚 . 低维材料热物理 [M]. 上海：上海科学技术文献出版社，2008.

[17] Maxwell J C. Electricity and Magnetism [M]. Oxford，UK：Clarendon Press，1873.

[18] Bruggeman D A G. Calculation of various physics constants in heterogenous substances：I Dielectricity constants and conductivity of mixed bodies from isotropic substances [J]. Annalen Der Physik，1935，24：636-664.

[19] Fricke H. A mathematical treatment of the electric conductivity and capacity of disperse systems：I. The electric conductivity of a suspension of homogeneous spheroids [J]. Physical Review，1924，24：575-587.

[20] Fricke H. The Maxwell-Wagner dispersion in a suspension of ellipsoids [J]. Journal of Physical Chemistry，1953，57 (9)：934-937.

[21] Rayleigh L. On the influence of obstacles arranged in rectangular order upon the properties of a medium [J]. Philosophical Magazine，1892，34 (211)：481-502.

[22] Benveniste Y. Effective thermal conductivity of composites with a thermal contact resistance between the constituents：Nondilute case [J]. Journal of Applied Physics，1987，61 (8)：2840-2843.

[23] Jeffrey D J. Conduction through a random suspension of spheres [J]. The Proceedings of Royal Society of London A，1973，335 (1602)：355-367.

[24] Davis R H. The effective thermal conductivity of a composite material with spherical inclusions [J]. International Journal of Thermophysics，1986，7 (3)：609-620.

[25] Progelhof R C，Throne J L，Ruetsch R R. Methods for predicting the thermal conductivity of composite systems：a review [J]. Polymer Engineering and Science，1976，16 (9)：615-625.

[26] Russell H W. Principles of heat flow in porous insulators. Journal of the American Ceramic Society，1935，18 (1-12)：1-5.

[27] Tavangar R，Molina J M，Weber L. Assessing predictive schemes for thermal conductivity against diamond-reinforced silver matrix composites at intermediate phase contrast [J]. Scripta Materialia，2007，56 (5)：357-360.

[28] 廖小军. 石墨烯/铝复合材料制备及导热性能研究 [D]. 南昌：南昌航空大学，2016.

[29] 张乐. 原位还原法制备石墨烯铝金属复合材料及其性能研究 [D]. 济南：山东大学，2018.

[30] 王振廷，戴东言，刘爱莲，等. 石墨烯铝基复合材料的组织和导热性能 [J]. 黑龙江科技大学学报，2019，29 (2)：201-204.

[31] 王寅. 颗粒增强铝基复合材料导热性能分析 [D]. 南昌：南昌航空大学，2010.